高等职业教育软件技术专业新形态教材

软件工程（微课版）

主　编　陈亚峰

副主编　程方玉　邢国军　杨敬伟

中国水利水电出版社
www.waterpub.com.cn
·北京·

内 容 提 要

  本书从实用的角度，介绍软件工程的基础知识和技术方法，力求做到结合实际、注重应用、便于教学，凸显内容的新颖性和系统性。

  本书分为 12 个单元：绪论、可行性研究与软件开发计划、需求分析、概要设计、详细设计、软件编码、软件测试、软件维护、面向对象方法与 UML、面向对象技术与 UML 应用、软件重用和再工程、软件工程管理等。本书针对软件工程的各个阶段给出案例，并对案例的实际处理方法、步骤等进行介绍，同时每个单元都有单元小结和习题，有助于读者学习和掌握有关知识。

  本书主要面向高职软件技术专业、人工智能专业、移动互联开发专业、计算机网络技术专业、大数据应用专业学生，也可供软件工程师、软件项目管理人员、软件开发人员和计算机爱好者阅读参考。

图书在版编目（C I P）数据

  软件工程：微课版 / 陈亚峰主编. -- 北京：中国水利水电出版社，2021.8
  高等职业教育软件技术专业新形态教材
  ISBN 978-7-5170-9777-8

  Ⅰ．①软… Ⅱ．①陈… Ⅲ．①软件工程－高等职业教育－教材 Ⅳ．①TP311.5

  中国版本图书馆CIP数据核字(2021)第149246号

策划编辑：石永峰   责任编辑：石永峰   封面设计：李　佳

书　　名	高等职业教育软件技术专业新形态教材 软件工程（微课版） RUANJIAN GONGCHENG（WEIKE BAN）
作　　者	主　编　陈亚峰 副主编　程方玉　邢国军　杨敬伟
出版发行	中国水利水电出版社 （北京市海淀区玉渊潭南路 1 号 D 座　100038） 网址：www.waterpub.com.cn E-mail：mchannel@263.net（万水） sales@waterpub.com.cn 电话：（010）68367658（营销中心）、82562819（万水）
经　　售	全国各地新华书店和相关出版物销售网点
排　　版	北京万水电子信息有限公司
印　　刷	三河市铭浩彩色印装有限公司
规　　格	184mm×260mm　16 开本　20.25 印张　456 千字
版　　次	2021 年 8 月第 1 版　2021 年 8 月第 1 次印刷
印　　数	0001—3000 册
定　　价	49.00 元

前　言

教材是教学改革的重要载体，加快教材的改革与创新，是更新教学内容、推进教学改革、提高人才培养质量的基础。教材建设涉及教学内容、教学方法与手段、教学媒体等，对教学改革具有重要的推动作用。教材应在充分反映产业最新进展的同时，对接科技发展趋势和市场需求，及时吸收比较成熟的新技术、新工艺、新规范等。另外，教材建设还要求教材符合技术技能人才成长规律和学生认知特点，对接国际先进职业教育理念，适应创新人才培养模式和优化课程体系的需要。专业课程教材突出理论和实践相统一，强调实践性，注重以真实生产项目、典型工作任务和案例等为载体组织教学单元。因此，教师应更新教育教学理念，编写教材时始终围绕满足学生未来职业的需求展开，并开发线上立体资源，帮助学生完成从"校园人"向"职业人"的过渡，以此积极推动"三教"改革，提升人才培养质量，为职业教育改革发展做出更大贡献。在这种背景下，《软件工程（微课版）》这一新形态教材应运而生。

本书由拥有丰富开发经验和授课经验的一线名师进行编写，教材是以 IT 互联网企业的实际用人要求为导向，借鉴国家示范性高职院校软件专业教学改革经验编写而成的。本书不仅仅是一本普通的高职院校专业系统教材，还是一本体现新形态数字教材概念的微课教材，它既是一本丰富的立体资源教材，也是一本配有在线课程的教材。这种新形态教材打破了纸质教材的局限，添加了可视性强的动态图例，补充更新了实践案例，根据学生个性化发展需求拓展内容，增强了表现力和吸引力，强化了育人功能。本书不仅在解决传统教材更新不及时的老大难问题上取得了成效，还能有效服务于线上教学、混合式教学等新型教学模式。

《软件工程（微课版）》是一本针对高职计算机相关专业软件工程课程所编写的教材，主要介绍了软件工程的基础知识与应用技术。书中内容包括软件工程的基本概念和基本知识，软件生命周期与软件开发的各种模型，软件立项与合同，软件需求分析的概念、方法和工具，软件策划的规模、费用和资源的估计方法，软件建模的思想及三个模型的分析，软件设计概论和设计方法，软件测试方法，软件实施及维护的方法，以及软件管理。

本书共 12 个单元，单元 1 主要介绍软件工程、软件生命周期、软件过程模型；单元 2 主要介绍软件定义与可行性研究、制订软件工程开发计划；单元 3 主要介绍需求分析、结构化分析步骤，如何使用需求分析图形工具、数据字典，如何撰写软件需求分析规格说明书；单元 4 主要介绍概要设计步骤、软件结构设计的基本原理，使用软件结构设计的图形工具、概要设计方法，如何撰写与复审概要设计说明书；单元 5 侧重介绍过程设计、用户界面设计、数据代码设计、数据输入输出设计、数据安全设计、撰写与复审详细设计说明书；单元 6 主要介绍结构化程序设计、程序设计语言选择、程序设计风格选择、评价程序设计质量、撰写程序设计文档；单元 7 主要介绍软件测试目标和原则、软件测试方法，如何实施软件测试、设计测试方案，如何对软件进行调试验证与确认，如何制订软件测试计划并撰写分析报告；单元 8 侧重介绍软件维护过程，如何实施软件维护；单元 9 主要介绍面向对象方法、UML 以及如何使用 UML 图；单元 10 主要介绍面向对象分析，对象模型、动态模型、功能模型的建立，以及面向对象设计、面向对象的测试、UML 应用、统一过程和 Rational Rose；单元 11 主要介绍可重用的软件成分、软件重用实现；单元 12 主要介绍软件工程管理、软件规模估算、软件工程人员组建、管理软件配置、软件质量保证、软件开发风险管理、软件工程标准实施。

软件工程学科具有知识面广、发展迅速、实践性强等特点。《软件工程（微课版）》的编者针对软件工程的学科特点，在系统讲解软件工程理论、方法和工具的同时，注重结合实例分析软件工程方法、技术和工具的综合应用；在兼顾传统的结构化方法的同时，注重介绍广为采用的面向对象方法。本书在内容上注重科学性、先进性，强调实践性，提供了丰富的软件开发实例和素材，反映了软件工程的最新发展技术。本书内容全面、深入浅出、理论和实践相结合，便于初学者掌握必要的知识和技能。通过对本书的学习，读者能够较好地掌握软件工程的基本知识和基本技术。

本书由河南轻工职业学院陈亚峰担任主编并统稿，程方玉、邢国军、杨敬伟担任副主编。陈亚峰编写了单元 1～单元 3，程方玉编写了单元 4～单元 6，邢国军编写了单元 9～单元 11，杨敬伟编写了单元 7、单元 8、单元 12。齐英兰、张素智、辛向军、马江涛等专家和企业总工给予了指导和帮助，并提出了很多宝贵意见。

本书在编写过程中，直接或间接地参考了大量专家学者的文献，同时得到了中国水利水电出版社的大力支持，在此一并表示衷心感谢。由于软件工程的很多理论和方法还处在研究和探索之中，加之编者水平所限，疏漏和不妥之处在所难免，敬请各位读者、同仁批评指正，使本书日臻完善。读者可以通过电子邮件（765524628@qq.com）与我们取得联系。

陈亚峰

2021 年 4 月于郑州

目 录

单元 1　绪论

单元导读

在已经步入智能化时代的今天，我们的工作、学习和生活都已经离不开软件。每天我们都会与各种各样的软件打交道。软件与其他产品一样都有质量要求，软件产品质量的保证需要软件开发人员严格遵守软件开发规范。

随着计算机应用的日益普遍，计算机软件的开发、维护工作越来越重要。如何以较低的成本开发出高质量的软件，如何开发出用户满意的软件，怎样使所开发的软件易于维护以延长软件的使用周期，这些就是软件工程学所研究的问题。软件工程学是指导计算机软件开发和维护工作的工程学科。

本单元将介绍软件工程的产生、软件工程的定义、软件工程学的内容、软件工程的基本原理、软件生命周期及软件过程模型。

教学目标

- 能说出软件生产的发展过程。
- 能说出软件危机的表现形式、形成原因和解决途径。
- 能说出软件工程的定义、软件工程学的主要内容、软件工程的过程及软件工程的基本原理。
- 能描述软件生命周期。
- 能描述在传统软件工程方法中如何将软件生命周期划分为若干阶段以及各阶段的基本任务。

任务 1　认识软件工程

任务描述

公司有一批优秀毕业生应聘软件开发岗位，海龙是人力资源部职员，这次面试由他负责。针对这次面试内容，海龙想了很多方案，最后决定考查软件工程最基本知识点，你能帮他出一些结构化面试题目吗？

任务要求

软件工程是一门研究如何用工程化方法构建和维护有效、实用、高质量软件的学科。它涉及程序设计语言、数据库、软件开发工具、系统平台、标准、设计模式等方面。

在现代社会中，软件应用于多个方面。典型的软件有电子邮件、嵌入式系统、人机界面、办公套件、操作系统、编译器、数据库、游戏等。同时，各个行业几乎都有计算机软件的应用，如工业、农业、银行业、航空业等。这些应用促进了经济和社会的发展，也提高了工作效率和生活效率。

那么你能说出软件工程产生的原因、定义吗？你能否描述软件危机的表现，并合理运用软件工程原理解决实际问题？

知识链接

对于软件大家应该都不陌生，我们每天都会使用各种各样的软件，如 Windows、微信、QQ 及各种 App。软件是相对于硬件而言的，它是按照一系列特定顺序组织的计算机数据和指令的集合。如同其他产品一样，软件也有一个从产生到消亡的过程。在计算机软件生产的发展过程中，产生了软件危机，为了解决软件危机，产生了软件工程。软件工程形成和发展的过程，实际上就是软件生产的发展过程。

1. 软件生产的发展

自 20 世纪 40 年代电子计算机问世以来，计算机软件即随着计算机硬件的发展而逐步发展。软件和硬件一起构成计算机系统，最初只有程序的概念，后来才出现软件的概念。软件生产的发展，大体经历了程序设计、软件由程序和文档组成、软件工程及第四代技术等阶段。

（1）程序设计阶段。程序设计阶段指 20 世纪 40 年代中期到 60 年代中期，在此期间，电子计算机价格昂贵，运算速度慢，存储量小；计算机程序主要是描述计算任务的处理对象、处理规则和处理过程。早期的程序规模小，程序往往是个人设计，自己使用。在进行程序设计时，通常要注意如何节省存储单元，提高运算速度，除了程序清单之外，没有其他任何文档资料。

（2）软件由程序和文档组成的阶段。20 世纪 60 年代中期到 70 年代中期为软件阶段，采用集成电路制造的电子计算机的运算速度和内存容量大大提高。随着程序数量的增加，人们把程序区分为系统程序和应用程序，并把它们称为软件。随着计算机技术的发展，计算机软件的应用范围也越来越广泛，当软件需求量大大增加后，许多用户去"软件作坊"购买软件。人们把软件视为产品，确定了软件生产的各个阶段必须完成的，为描述计算机程序的功能、设计和使用而编制的文字或图形资料，并把这些资料称为"文档"。软件是程序以及描述程序的功能、设计和使用的文档的总称，没有文档的软件，用户是无法使用的。

软件产品交付给用户使用之后，开发者为了纠正错误或适应用户需求的改变，对软件进行修改的这一行为称为软件维护。以前，由于软件开发过程中很少考虑到将来维护的问题，软件维护费用以惊人的速度增长，软件不能及时满足用户要求，质量也得不到保证。所谓的"软件危机"就是由此开始的，人们由此开始重视软件"可维护性"的问题，软件开发开始采用结构化程序设计技术，规定软件开发时必须编写各种需求规格说明书、设计说明书、用户手册等文档。1968 年北大西洋公约组织（North Atlantic Treaty Organization，NATO）的计算机科学家在联邦德国召开国际会议，讨论软件危机问题，正式提出了"软件工程"这一术语，从此一门新兴的工程学科诞生了。

（3）软件工程阶段。20 世纪 70 年代中期到 90 年代为软件工程阶段，这一阶段使用大规模集成电路制作的计算机，功能和性能不断得到提高，个人计算机已经成为大众化商品，计算机应用空前普及。软件开发日益火热，为了维护软件要耗费大量的资金。美国当时的统计数据表明，对计算机软件的投资占计算机软件、硬件总投资的 70%，到 1985 年时软件成本大约占总成本的 90%。为了应付日益严重的"软件危机"，软件工程学把软件作为一种产品进行批量生产，运用工程学的基本原理和方法来组织和管理软件生产，以保证软件产品的质量，提高软件生产率。由于软件生产使用数据库、软件开发工具等，并且软件开发技术有了很大的进步，因此软件生产开始采用工程化开发方法、标准和规范以及面向对象技术。

（4）第四代技术阶段。计算机系统发展的第四代技术阶段不再是针对单台计算机和计算机程序，而是面向计算机和软件的综合影响。复杂的操作系统控制的强大的桌面系统，连接局域网和互联网、高带宽的数字通信技术与先进的应用软件相互配合，产生了综合的效果。计算机体系结构从主机环境转变为分布式的客户机/服务器环境。

随着移动通信技术的快速发展和智能终端的普及，人们进入了移动互联网时代。移动通信是指利用无线通信技术，完成移动终端与移动终端之间或移动终端与固定终端之间的信息传送，即通信双方至少有一方处于运动中。移动互联网通过智能移动终端，采用移动无线通信的方式获取移动通信网络服务和互联网服务，其包含终端、软件和应用三个层面。终端层包括智能手机、平板电脑、电子书等设备；软件包括操作系统、中间件、数据库和安全软件等；应用层包括休闲娱乐类、工具媒体类、商务财经类等不同应用与服务。移动互联网阶段的软件开发和维护工作产生了新的特点，光计算机、化学计算机、生物计算机和量子计算机等新一代计算机的研制发展，必将给软件工程技术带来一场革命。

2. 软件危机

软件危机是指在计算机软件开发和维护时所遇到的一系列问题。软件危机主要包含以下两方面的问题：

认识软件危机

（1）如何开发软件以满足社会对软件日益增长的需求。

（2）如何维护数量不断增长的已有软件。

3. 软件危机的主要表现形式

（1）软件的发展速度跟不上硬件的发展速度和用户的需求，软件成本高。

硬件成本逐年下降，软件应用日趋广泛，软件产品供不应求，与硬件相比，软件成本越来越高。

（2）软件的成本和开发进度不能预先估计，用户不满意。

由于软件应用范围越来越广，很多应用领域往往是软件开发人员所不熟悉的，加之开发人员与用户之间信息交流不够，导致软件产品不符合要求，不能如期交付。因此，软件开发成本和进度都与原计划相差太大，引起用户不满。

（3）软件产品质量差，可靠性不能保证。

软件质量保证技术没有应用到软件开发的全过程，导致软件产品频频发生质量问题。

（4）软件产品可维护性差。

软件设计时不注意程序的可读性，不重视可维护性，导致程序中存在的错误很难改正。软件需求发生变化时，维护相当困难。

（5）软件没有合适的文档资料。

软件开发时文档资料不全或文档与软件不一致使用户不满意，同时也会造成软件难以维护。

4. 软件危机产生的原因

（1）软件危机产生的原因与软件的特点有关，也与软件开发的方式、方法、技术和软件人员本身的素质有关。

（2）软件是计算机系统中的逻辑部件，软件产品往往规模庞大，因此会给软件的开发和维护带来客观的困难。

（3）软件一般要使用 5～10 年，在这段时间里，很可能出现开发时没有预料到的问题。例如，当系统运行的硬件、软件环境发生变化时，或者系统需求发生变化时，都需要及时地维护软件，使软件可以继续使用。

（4）软件开发技术落后，生产方式和开发工具落后。

（5）软件人员忽视软件需求分析的重要性，对软件的可维护性不重视。

5. 解决软件危机的途径

目前，计算机硬件的基本功能只是做简单的运算与逻辑判断，主要还是适用于数值计算。随着计算机应用的日益广泛，许多企事业单位 80% 以上的计算机用于管理方面，对于这样非数值计算的问题，要设计计算机软件来进行处理，因此会使软件变得复杂、庞大。

要解决软件危机问题，需要采用以下措施：使用好的软件开发技术和方法；使用好的软件开发工具，提高软件生产率；有良好的组织、严密的管理，各方面人员相互配合共同完成任务。

为了解决软件危机，既要有技术措施（好的方法和工具），也要有组织管理措施。软件工程正是从技术和管理两方面来研究如何更好地开发和维护计算机软件的。

6. 软件

软件是计算机程序及其相关的数据和文档。计算机程序是能够完成预定功能，达到预定性能要求的可执行指令序列；数据是程序能适当处理的信息，具有适当的数据结构；软件文档是开发、使用和维护程序所需要的图文资料。软件文档是以人们可读的形式出现的技术数据和信息。它用来描述或规定软件设计的细节，说明软件所具备的能力，介绍使用软件的操作过程。著名软件工程专家 B. Boehm 指出："软件是程序以及开发、使用和维护程序所需要的所有文档。"特别是当软件成为商品时，文档更是必不可少的。没有文档仅有程序，是不能称为软件产品的。

7. 影响软件质量的因素

现代社会处处离不开软件，为保证人们生活和工作可以正常有序地进行，就要严格控制好软件的质量。由于软件自身的特点和目前的软件开发模式使得隐藏在软件内部的质量问题无法完全解决，因此每一款软件都会存在一些质量问题。影响软件质量的因素有很多，下面介绍几种比较常见的影响因素。

（1）需求模糊。在软件开发之前，确定软件需求是一项非常重要的工作，它是后面软件设计与软件开发的基础，也是最后软件验收的标准。但是软件需求是不可视的，往往也说不清楚，导致产品设计人员、开发人员与客户存在一定的理解误差，开发人员对软件的真正需求不明确，导致开发出的产品与实际需求不符，这势必会影响软件的质量。

除此之外，在开发过程中客户往往会一而再再而三地变更需求，导致开发人员频繁地修改代码，这可能会导致软件在设计时期出现不能调和的问题，最终影响软件的质量。

（2）软件开发缺乏规范性文件指导。现代软件开发，大多数团队都将精力放在开发成本与开发周期上，而不太重视团队成员的工作规范，导致团队成员开发"随意性"比较大，这也会影响软件质量，而且一旦最后软件出现质量问题，也很难定责，导致后期维护困难。

（3）软件开发人员问题。软件是由人开发出来的，因此个人的意识对产品的影响非常大。除了个人技术水平限制，开发人员的问题还包括人员流动。新来的成员可能会继承上一任的产品接着开发下去，新老两位成员的思维意识、技术水平等都会不同，导致软件开发前后不一致，进而影响软件质量。

（4）缺乏软件质量控制管理。在软件开发行业，并没有一个量化的指标去度量一款软件的质量，软件开发的管理人员更关注开发成本和进度，毕竟这是显而易见的，并且是可以度量的。但软件质量则不同，软件质量无法用具体的量化指标去度量，而且软件开发的质量并没有落实到具体的责任人，因此很少有人关心软件最终的质量。

8. 软件工程

软件工程是计算机科学的一个重要分支。《软件工程术语》（GB/T 11457—1995）对软件工程的定义是："软件工程是软件开发、运行、维护和引退

认识软件工程

的系统方法。"

软件工程是指导计算机软件开发和维护的学科。软件工程采用工程的概念、原理、技术和方法来开发与维护软件。软件工程的目标是实现软件的优质高产，其目的是在经费的预算范围内按期交付出用户满意的、质量合格的软件产品。

9. 软件工程学的内容

软件工程学的主要内容是软件开发技术和软件工程管理。软件开发技术包含软件工程方法学、软件工具、软件工程过程和软件工程环境；软件工程管理包含软件工程经济学和软件管理学，具体来说为费用管理、人员组织、工程计划管理、软件配置管理、软件开发风险管理。

（1）软件工程方法学。最初，程序设计是个人进行的，只注意如何节省存储单元和提高运算速度。在这之后兴起了结构化程序设计，人们采用结构化的方法来编写程序。结构化程序设计只采用顺序结构、条件分支结构和循环结构 3 种基本结构，并且仅用这 3 种结构可以组成任何一个复杂的程序，软件工程的设计过程就是用这 3 种基本结构的有限次组合或嵌套来描述软件功能的实现算法。这样不仅改善了程序的清晰度，而且提高了软件的可靠性和软件生产率。后来，人们逐步认识到编写程序仅是软件开发过程中的一个环节。典型的软件开发工作中，编写程序的工程量只占软件开发全部工作量的 10% ~ 20%。软件开发工作应包括需求分析、软件设计、编写程序等几个阶段，因此逐渐形成了结构化方法、面向数据结构的 Jackson 方法、Warnier 方法等传统软件工程方法，20 世纪 80 年代得以广泛应用的是面向对象设计方法。

软件工程方法学是编制软件的系统方法，它确定软件开发的各个阶段，规定每一阶段的活动、产品、验收的步骤和完成准则。

软件工程方法学有 3 个要素，包括方法、工具和过程。

● 方法：完成软件开发任务的技术方法。

● 工具：为方法的运用提供自动或半自动的软件支撑环境。

● 过程：规定了完成任务的工作阶段、工作内容、产品、验收的步骤和完成准则。

各种软件工程方法的适用范围不尽相同，目前使用得最广泛的软件工程方法学是传统方法学和面向对象方法学。

1）传统方法学。软件工程传统方法学也称结构化方法，采用结构化技术，包括结构化分析、结构化设计和结构化程序设计，来完成软件开发任务。软件工程传统方法学把软件开发工作划分成若干个阶段，并顺序完成各阶段的任务，每个阶段的开始和结束都有严格的标准，每个阶段结束时要进行严格的技术审查和管理复审。传统方法学先确定软件功能，再对功能进行分解，确定怎样开发软件，然后再实现软件功能。

2）面向对象方法学。面向对象方法学把对象作为数据和在数据上的操作（服务）相结合的软件构件，用对象分解取代了传统方法的功能分解；把所有对象都划分成类，把若干个相关的类组织成具有层次结构的系统，下层的类继承上层的类所定义的属性和服务，对象之间通过发送消息相互联系。使用面向对象方法开发软件时，可以重复使用对象和类等软件构件，从而降低了软件开发成本。

（2）软件工具。软件工具是指为了支持计算机软件的开发和维护而研制的程序系统。使用软件工具的目的是提高软件设计的质量和生产效率，降低软件开发和维护的成本。

软件工具可用于软件开发的整个过程，软件开发人员在软件生产的各个阶段可根据不同的需要选用合适的工具。例如，需求分析工具使用类生成需求说明；设计阶段需要使用编辑程序、编译程序、连接程序，有的软件能自动生成程序等；在测试阶段可使用排错程序、跟踪程序、静态分析工具和监视工具等；软件维护阶段有版本管理、文档分析工具等；软件管理方面也有许多软件工具。目前，软件工具发展迅速，其目标是实现软件生产各阶段的自动化。

（3）软件工程过程。国际标准化组织是世界性的标准化专门机构。ISO9000 把软件工程过程定义为"把输入转化为输出的一组彼此相关的资源和活动"。

软件工程过程是为了获得高质量软件所需要完成的一系列任务的框架，它规定了完成各项任务的工作步骤。

软件工程过程简称软件过程，是把用户要求转化为软件需求，把软件需求转化为设计，用代码来实现设计，对代码进行测试，完成文档编制，并确认软件可以投入运行使用的全部过程。

软件过程定义了运用方法的顺序、应该交付的文档、开发软件的管理措施、各阶段全部过程和任务完成的标志。软件过程是软件工程方法学的 3 个要素（方法、工具和过程）之一。软件过程必须科学、合理，才能获得高质量的软件产品。

（4）软件工程环境。软件工程方法和软件工具是软件开发的两大支柱，它们之间密切相关。软件工程方法提出了明确的工作步骤和标准的文档格式，这是设计软件工具的基础，而软件工具的实现又将促进软件工程方法的推广和发展。

软件工程环境是方法和工具的结合。软件工程环境的设计目标是提高软件生产率和改善软件质量。本书将在后续章节中介绍一些常用的软件工程方法、软件工具及软件工程环境。

计算机辅助软件工程（Computer Aided Sofeware Engineering，CASE）是一组工具和方法的集合，可以辅助软件工程在生命周期各阶段进行软件开发活动。CASE 是多年来软件工程管理、软件工程方法、软件工程环境和软件工具等方面研究和发展的产物。CASE 吸收了计算机辅助设计（Computer Aided Design，CAD）软件工程、操作系统、数据库、网络和其他许多计算机领域的原理和技术。因此，CASE 领域是一个应用、集成和综合的领域。其中，软件工具不是对任何软件工程方法的取代，而是对方法的辅助，它旨在提高软件工程的效率和软件产品的质量。

（5）软件工程管理。软件工程管理就是对软件工程各阶段的活动进行管理。软件工程管理的目的是能按预定的时间和费用，成功地生产出软件产品。软件工程管理的任务是有效地组织人员，按照适当的技术、方法，利用好的工具来完成预定的软件项目。

软件工程管理包括软件费用管理、人员组织、工程计划管理、软件配置管理、软件开发风险管理等方面的内容。

1）费用管理。一般来讲，开发一个软件是一种投资，人们总是期望将来获得较大的经济效益。从经济角度分析，开发一个软件系统是否划算，是软件使用方决定是否开发这个项目的主要依据，因此需要从软件开发成本、运行费用、经济效益等方面来估算整个系统的投资和回报情况。

软件开发成本主要包括开发人员的工资报酬、开发阶段的各项支出。软件运行费用取决于系统的操作费用和维护费用，其中操作费用包括操作人员的人数、工作时间、消耗的各类物资等开支。系统的经济效益是指因使用新系统而节省的费用和增加的收入。由于运行费用和经济效益两者在软件的整个使用期内都存在，软件总效益和软件使用时间的长短有关，因此，应合理地估算软件的寿命。在进行成本效益分析时，一般假设软件使用期为 5 年。

2）人员组织。软件开发不是个体劳动，需要各类人员协同配合，共同完成工程任务，因而应该有良好的组织和周密的管理。

3）工程计划管理。软件工程计划是在软件开发的早期确定的。在软件工程计划实施过程中，需要时应对工程进度做适当的调整。在软件开发结束后应写出软件开发总结，以便今后能制订出更切实际的软件工程计划。

4）软件配置管理。软件工程各阶段所产生的全部文档和软件本身构成软件配置。每完成一个软件工程步骤，都涉及软件工程配置，必须使软件配置始终保证其精确性。软件配置管理就是在系统的整个开发、运行和维护阶段内控制软件配置的状态和变动，验证配置项的完全性和正确性。

5）软件开发风险管理。软件开发总会存在某些风险，应对风险应该采取主动的策略。早在技术工作开始之前就应该启动风险管理活动，标识出潜在的风险，评估它们出现的概率和影响，并且按重要性把风险排序，然后制订计划来管理风险。风险管理的主要目标是预防风险，但并非所有风险都能预防。因此，软件开发人员还必须制订处理意外事件的计划，以便一旦风险变成现实，能以可控的和有效的方式做出反应。

10. 软件工程的基本原理

著名软件工程专家 B. Boehm 结合有关专家和学者的意见，根据自己多年来开发软件的经验，提出了如下 7 条软件工程的基本原理。

1）用分阶段的生命周期计划进行严格的管理。
2）坚持进行阶段评审。
3）实行严格的产品控制。
4）采用现代程序设计技术。
5）软件工程结果应能清楚地审查。
6）开发小组的人员应该少而精。
7）承认不断改进软件工程实践的必要性。

B. Boehm 指出，遵循前 6 条基本原理，能够实现软件的工程化生产；遵循第 7 条原理，不仅要积极主动地应用新的软件技术，还要注意不断总结经验。

任务实施

软件工程领域的主要研究热点是软件复用和软件构件技术，它们被视为是解决"软件危机"的一条现实可行的途径，是软件工业化生产的必由之路。而且软件工程会朝着可以确定行业基础框架、指导行业发展和技术融合的开放性计算方向发展。

软件工程的目标：在给定成本、进度的前提下，开发出具有适用性、有效性、可修改性、可靠性、可理解性、可维护性、可重用性、可移植性、可追踪性、可互操作性和满足用户需求的软件产品。追求这些目标有助于提高软件产品的质量和软件开发效率，减少维护的困难。具体如下：

（1）适用性：软件在不同的系统约束条件下，使用户需求得到满足的难易程度。

（2）有效性：软件系统能最有效地利用计算机的时间和空间资源。各种软件无不把系统的时空开销作为衡量软件质量的一项重要技术指标。很多场合，在追求时间有效性和空间有效性时会发生矛盾，这时不得不牺牲时间有效性换取空间有效性或牺牲空间有效性换取时间有效性。时空折中是经常采用的方法。

（3）可修改性：允许对系统进行修改而不增加原系统的复杂性。它支持软件的调试和维护，是一个难以达到的目标。

（4）可靠性：能防止因概念、设计和结构等方面的不完善造成的软件系统失效，具有挽回因操作不当造成软件系统失效的能力。

（5）可理解性：系统具有清晰的结构，能直接反映问题的需求。可理解性有助于控制系统软件复杂性，并支持软件的维护、移植或重用。

（6）可维护性：软件交付使用后，能够对它进行修改，以改正潜伏的错误，改进性能和其他属性，使软件产品适应环境的变化等。软件维护费用在软件开发费用中占有很大的比重。可维护性是软件工程中一项十分重要的目标。

（7）可重用性：把概念或功能相对独立的一个或一组相关模块定义为一个软部件。该部件可组装在系统的任何位置，降低工作量。

（8）可移植性：软件从一个计算机系统或环境搬到另一个计算机系统或环境的难易程度。

（9）可追踪性：根据软件需求对软件设计、程序进行正向追踪，或根据软件设计、程序对软件需求进行逆向追踪。

（10）可互操作性：多个软件元素相互通信并协同完成任务的能力。

软件工程是指导计算机软件开发和维护的学科。软件工程采用工程的概念、原理、技术和方法来开发与维护软件。软件工程的目标是实现软件的优质高产，目的是在经费的预算范围内按期交付出用户满意的、质量合格的软件产品。

软件工程的基本原理如下：

- 用分阶段的生命周期计划进行严格的管理。
- 坚持进行阶段评审。
- 实行严格的产品控制。
- 应用现代程序设计技术。
- 软件工程结果应能清楚地审查。
- 开发小组的人员应该少而精。

● 承认不断改进软件工程实践的必要性。

任务 2　认识软件生命周期

任务描述

软件生命周期又称为软件生存周期或系统开发生命周期，这种按时间分程的思想方法是软件工程中的一种思想原则，即按部就班、逐步推进，每个阶段都要有定义、工作、审查、形成文档以供交流或备查，以提高软件的质量。但随着新的面向对象的设计方法和技术的成熟，软件生命周期设计方法的指导意义在逐步减少。

生命周期的每一个周期都有确定的任务，并产生一定规格的文档（资料），提交给下一个周期作为继续工作的依据。按照软件的生命周期，软件的开发不再只是单单强调"编码"，而是概括了软件开发的全过程。软件工程要求每一周期工作的开始必须只能建立在前一个周期结果正确的基础上；因此，每一周期都是按"活动 - 结果 - 审核 - 再活动 - 直至结果正确"循环往复进展的。

作为面试官，海龙出了这样一道题：开发软件一般需要几个步骤？其主要任务是什么？有哪些注意事项？你如何应答？

任务要求

软件生命周期是软件从产生直到报废或停止使用的生命周期。软件生命周期内有问题定义、可行性分析、总体描述、系统设计、编码、调试和测试、验收与运行、维护升级到废弃等阶段，也有将以上阶段的活动组合在内的迭代阶段，即迭代作为生命周期的阶段。那么你能描述软件生命周期各个阶段的主要任务及注意事项吗？

知识链接

软件生命周期分为多个阶段，每个阶段都有明确的任务，因此原本结构复杂、管理烦琐的软件开发变得易于控制和管理。可以将软件生命周期概括为软件计划与可行性研究阶段（问题定义、可行性研究）、需求分析阶段、软件设计阶段（概要设计和详细设计）、软件编码阶段、软件测试阶段和软件运行与维护阶段。软件计划与可行性研究阶段（问题定义、可行性研究）：此阶段由软件开发方与需求方共同讨论，主要确定软件的开发目标及其可行性。

1. 软件生命周期简介

软件生命周期是从设计软件产品开始到产品不能使用为止的时间周期。软件生命周期通常包括软件计划阶段、需求分析阶段、设计阶段、实现阶段、测试阶段、安装阶段和验收阶段以及使用和维护阶段，有时还包括软件引退阶段。

认识软件生命周期

软件产品从软件定义开始，经过开发、使用和维护，直到最后被淘汰的整个过程就是软件生命周期。

软件生命周期有时与软件开发周期作为同义词使用。一个软件产品的生命周期可划分为若干个互相区别而又有联系的阶段。把整个软件生命周期划分为若干个阶段，赋予每个阶段相对独立的任务，逐步完成每个阶段的任务。这样，既能够简化每个阶段的工作，便于确立系统开发计划，还可明确软件工程各类开发人员的职责范围，以便分工协作，共同保证质量。

软件生命周期每一阶段的工作均以前一阶段的结果为依据，并作为下一阶段的前提。每个阶段结束时都要有技术审查和管理复审，从技术和管理两方面对这个阶段的开发成果进行检查，及时决定系统开发是继续进行，还是停工或返工，以防止到开发结束时，才发现先期工作中存在的问题，造成不可挽回的损失和浪费。每个阶段都进行的复审主要检查是否有高质量的文档资料，前一个阶段复审通过了，后一个阶段才能开始。开发方的技术人员可根据所开发软件的性质、用途及规模等因素，决定在软件生命周期中增加或减少相应的阶段。

2. 软件生命周期划分阶段的原则

把一个软件产品的生命周期划分为若干个阶段，是实现软件生产工程化的重要步骤。划分软件生命周期的方法有许多种，可按软件的规模、种类、开发方式、开发环境等来划分。不管用哪种方法划分生命周期，划分阶段的原则是相同的，具体如下所述。

（1）各阶段的任务彼此间尽可能相对独立。这样便于逐步完成每个阶段的任务，能够简化每个阶段的工作，容易确立系统开发计划。

（2）同一阶段的工作任务性质尽可能相同。这样有利于软件工程的开发和组织管理，明确系统各方面开发人员的分工与职责范围，以便协同工作，保证质量。

3. 软件生命周期的阶段划分

软件生命周期一般由软件计划、软件开发和软件运行维护 3 个时期组成。软件计划时期分为软件定义、可行性研究、需求分析 3 个阶段。软件开发时期可分为软件概要设计、软件详细设计、软件实现、综合测试等阶段。软件交付使用后，在软件运行过程中，需要不断地进行维护，才能使软件持久地满足用户的需要。

软件生命周期各阶段的主要任务简述如下：

（1）软件定义。确定系统的目标、规模和基本任务。

（2）可行性研究。从经济、技术、法律及软件开发风险等方面分析确定系统是否值得开发，及时停止不值得开发的项目，避免人力、物力和时间的浪费。

（3）需求分析。确定软件系统应具备的具体功能。通常用数据流图、数据字典和简明算法描述表示系统的逻辑模型，以防止产生系统设计与用户的实际需求不相符的后果。

（4）软件概要设计。确定系统设计方案、软件的体系结构、软件的模块结构。

（5）软件详细设计。描述如何具体地实现系统。

（6）软件实现。进行程序设计（编码）和模块测试。

（7）综合测试。通过各种类型的测试，找出软件设计中的错误并改正，确保软件的质量，并在用户的参与下进行验收，最终交付使用。

（8）软件维护。软件运行期间，应通过各种必要的维护使系统改正错误或修改扩充功能，使软件适应环境变化，以延长软件的使用寿命，提高软件的效益。每次维护的要求及修改步骤都应详细准确地记录下来，作为文档加以保存。

任务实施

软件开发是一个复杂的过程，一般由软件计划、软件开发和软件运行维护 3 个阶段组成。具体为软件定义、可行性研究、需求分析、概要设计、详细设计、软件实现、综合测试和软件维护等 8 个时期。

任务 3　认识软件过程模型

任务描述

从概念提出的那一刻开始，软件产品就进入了软件生命周期。在经历需求分析、设计、实现、部署后，软件将被使用并进入维护阶段，直到最后由于缺少维护费用而逐渐消亡。这样的一个过程称为"生命周期模型"。典型的几种生命周期模型包括瀑布模型、快速原型模型、螺旋模型等。根据实际的应用场所，合理选择相应的开发模型。

任务要求

能说出常见的软件过程模型及具体分类；能合理运用合适的软件过程模型进行软件开发；能说出各种模型的优缺点。

知识链接

软件过程模型规定了软件开发应遵循的规则和步骤，是软件开发的向导，它能够清晰直观地表达软件开发的全过程，每个阶段进行的活动和完成的任务。开发人员在选择开发模型时，根据软件的特点、开发人员的参与方式选择稳定可靠的开发模型。

根据软件生产工程化的需要，软件生命周期的划分也有所不同，从而形成了不同的软件生命周期模型，也称为软件开发模型或软件过程模型。软件过程模型总体来说有传统的瀑布模型和后来兴起的快速原型模型两类，具体可分为瀑布模型、快速原型模型、增量模型、喷泉模型和统一过程模型等。

1. 瀑布模型

瀑布模型（Waterfall Model）遵循软件生命周期阶段的划分，明确规定每个阶段的任务，各个阶段的工作以线性顺序展开，恰如奔流不息、破空而下的瀑布。

瀑布模型把软件生命周期划分为计划时期、开发时期、运行时期 3 个时期，这 3 个时期又可细分为若干个阶段。计划时期可分为问题定义、可行性研究、需求分析 3 个阶段；开发时期分为概要设计、详细设计、程序设计、软件测试等阶段；运行时期则需要不断进行软件维护，以延长软件的使用寿命。瀑布模型如图 1-1 所示。瀑布模型要求开发过程的每个阶段结束时都进行复审，复审通过了才能进入下一阶段，复审不通过要进行修改或回到前面的阶段进行返工。软件维护时可能需要修改错误和排除故障，如果是因为用户的需求或软件的运行环境有所改变而需要修改软件的结构或功能，维护工作可能要从修改需求分析或修改概要设计，或从修改软件编码开始。图 1-1 中的实线箭头表示开发工作的流程方向，每个阶段顺序进行，有时会返工；虚线箭头表示维护工作的流程方向，表示根据不同情况返回不同的阶段进行维护。

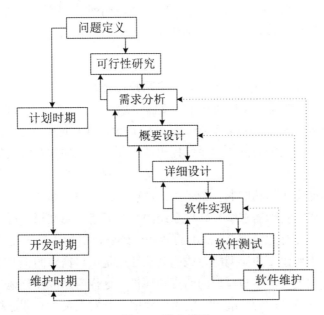

图 1-1　瀑布模型

使用瀑布模型进行软件开发有以下几个特点。

（1）软件生命周期的顺序性。顺序性是指只有前一阶段工作完成以后，后一阶段的工作才能开始。前一阶段输出的文档就是后一阶段输入的文档，只有在前一阶段有正确的输出，后一阶段才可能有正确的结果。因而，瀑布模型的特点是由文档驱动。如果生命周期的某一阶段出现了错误，往往要追溯到该阶段之前的一些阶段。

瀑布模型开发适合在软件需求比较明确、开发技术比较成熟、软件工程管理比较严格的场合下使用。

（2）尽可能推迟软件的编码。程序设计也称为软件编码。实践表明，大、中型软件的编码阶段开始得越早，完成所需功能的时间反而越长。瀑布模型在软件编码之前安排了需求分析、概要设计、详细设计等阶段，从而把逻辑设计和编码清楚地划分开来，应尽可能推迟程序编码阶段。

（3）保证质量。为了保证质量，瀑布模型软件开发规定了每个阶段需要完成的文档，每个阶段都要对已完成的文档进行复审，以便及早发现隐患，排除故障。

瀑布模型为整个项目划分了清晰的检查点，当一个阶段完成之后，只需要把全部精力放置在后面的开发即可，便于对大型软件开发人员进行组织管理及对工具的使用和研究，可以提高开发的效率。但是瀑布模型是严格按照线性方式进行的，无法适应用户需求变更，用户只能等到最后才能看到开发成果，增加了开发风险。如果开发人员与客户对需求理解有偏差，到最后开发完成后，最终成果与客户需求可能会差之千里。使用瀑布模型开发软件时，如果早期犯的错误在项目完成后才发现，此时再修改错误需要付出巨大的代价。瀑布模型要求每个阶段必须看到结果产出，这势必增加了文档的数量，使软件开发的工作量变大。

此外，现代软件开发各个阶段之间的关系大部分不再是线性的，很难使用瀑布模型，所以瀑布模型不再适合现代软件开发，逐渐被废弃。

2. 快速原型模型

正确的需求定义是系统成功的关键。许多用户在开始时，往往不能准确地叙述他们的需求，软件开发人员需要反复多次地和用户交流信息，才能全面、准确地了解用户的需求。用户使用了目标系统以后，通过对系统的执行、评价，往往能够更加明确对系统的需求，此时常常会改变原来的某些想法，对系统提出新的需求，以便使系统更加符合他们的实际需求。快速原型模型是快速开发出的一个可以运行的原型系统，该原型系统所能完成的功能往往是最终产品能完成的功能的一个子集。请用户试用原型系统，以便准确地了解他们的实际需求，然后根据实际需求编写软件系统的需求规格说明文档，再根据说明文档进行开发。这与工程上先制作"样品"，试用后做适当改进，然后再批量生产的道理一样。快速原型模型的第一步所建立的原型能完成的功能往往是用户需求的主要功能。快速原型模型鼓励用户参与开发过程，参与原型的运行和评价，这样用户能充分地与开发人员协调沟通。开发期间，原型还可作为终端用户的教学模型，开发人员可立即进行修改，如此反复进行，直到用户满意为止。

虽然这种方法要额外花费一些成本，但是可以及早为用户提供有用的产品，及早发现问题，随时纠正错误，尽早获得更符合需求的软件模型，从而减少软件测试和调试的工作量，提高生产率，提高软件的质量。因此，快速原型模型使用得当，能减少软件开发的总成本，缩短开发周期，是目前比较流行的实用开发模型。

建立原型的目的不同，实现原型的途径也有所不同，通常有下述 3 种类型的原型。

（1）渐增式的原型。渐增式的原型开发模型也称增量模型，是快速原型模型中用得较多的一种。

（2）用于验证软件需求的原型。系统分析员在确定了软件需求之后，从中选出某些需要验证的功能，用适当的工具快速构造出可运行的原型系统，由用户试用和评价。这类原型往往用后就丢弃，因此构造它们的软件环境不必与目标系统的软件环境一致，通常使用简洁而易于修改的高级语言对原型进行编码。

（3）用于验证设计方案的原型。原型可作为新颖设计思想的呈现工具，开发员应用新的设计思想开发部分软件的原型，即软件快速原型模型，可增加风险开发的安全因素，验证设计的可行性。为了保证软件产品的质量，在概要设计和详细设计过程中，可用原型来验证总体结构或某些关键算法。如果设计方案验证完成后就将原型丢弃，则构造原型的工具不必与设计目标系统的工具一致；如果想把原型作为最终产品的一部分，原型和目标系统可使用同样的软件设计工具。

软件快速原型模型的开发过程如图 1-2 所示。开发人员听取用户意见，进行需求分析，尽快构造出原型，以便获得用户的真正需求。原型由用户运行、评价和测试，开发人员根据用户的意见修改后再次请用户试用，逐步满足用户的需求；产品一旦交付给用户使用，维护便开始，根据需要，维护工作可能返回需求分析、设计或编码等不同的阶段。

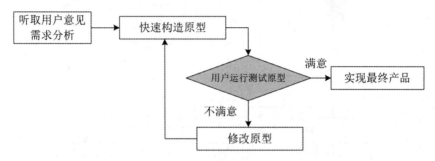

图 1-2   软件快速原型模型的开发过程

3. 增量模型

增量模型也称渐增模型，是先选择一个或几个关键功能建立的一个不完整的系统。这个系统只包含目标系统的一部分功能，或对目标系统的功能从某些方面进行了简化，通过用户的运行取得经验，加深对软件需求的理解，使其逐步得到扩充和完善。如此反复进行，直到用户对所设计的软件系统满意为止。

增量模型是对瀑布模型的改进，增量模型使开发过程具有了一定的灵活性和可修改性。增量模型把软件产品作为一系列增量构件来设计、编码、集成和测试。增量模型开发的软件系统是逐渐增长和完善的，所以整体结构如使用瀑布模型开发的软件那样清晰。由于增量模型的开发过程自始至终都有用户参与，因此能及时发现问题并加以修改，可以更好地满足用户需求。增量模型在项目开发过程中，以一系列的增量方式来逐步开发系统。增量方式包括增量开发和增量提交两个方面。增量开发：不是整体地开发软件，而是按一定的时间间隔开发部分软件。增量提交：先提交部分软件给用户试用，听取用户意见并进行修正，再提交另一部分软件，让用户试用，反复多次，直到全部提交。

增量开发和增量提交方式可以同时使用，也可以单独使用。增量开发方式可以在软件开发的部分阶段采用，也可以在全部开发阶段采用。

例如，在软件需求分析和设计阶段采用整体需求分析开发方式，在编码和测试阶段采用增量模型开发方式，如图 1-3 所示，先对部分功能进行编码、测试，提交给用户试用，听取用户意见及早发现问题、解决问题；再对另一部分功能进行编码、测试，提交用户试用。另一种方式是，所有阶段都采用增量模型开发方式。先对某部分功能进行需求分析、设计、编码和测试，提交给用户试用，充分听取用户意见；再对另一部分功能进行需求分析、设计、编码和测试，提交用户试用，直至所有功能增量开发完毕，如图1-4所示。用这种方式开发软件时，不同功能的软件构件可以并行地构建，因此有可能加快工程进度，但是存在软件构件无法集成为一个整体的风险。

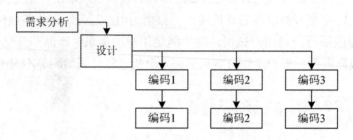

图1-3 增量模型

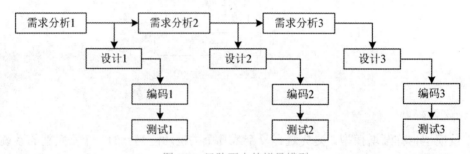

图1-4 风险更大的增量模型

增量模型的优点是，能在较短时间内向用户提交已完成一定功能的产品，并使用户有较充裕的时间学习和适应产品。

增量模型的困难是，软件的体系结构设计必须是开放的，要便于向现有结构加入新的构件。每次增量开发的产品都应当是可测试、可扩充的。从长远来看，具有开放结构的软件的可维护性明显好于封闭结构的软件。

4. 喷泉模型

按传统的瀑布模型开发和管理软件需要有两个前提：一个是用户能清楚地提供系统的需求；另一个是开发人员能完整地理解用户的需求，软件生命周期各阶段能明确地划分，每个阶段结束时要复审，复审通过之后，下一阶段才能开始。

然而，在实际开发软件时，用户往往事先难以说清需求，开发人员也由于主客观的原因，缺乏与用户交流的机会，其结果是系统开发完成后修改和维护的开销及难度过大。

应用面向对象方法开发软件的喷泉模型着重强调不同阶段之间的重叠，认为面向对象的软件开发过程不需要或不应该严格区分不同的开发阶段。基于喷泉模型，Hodge等人提出将软件开发过程划分为系统分析、系统设计、对象设计和对象实现（编程）、测试和系统组装集成5个阶段，每个阶段之间可以重叠，也就是分析和设计之间可以重叠，如图1-5所示。

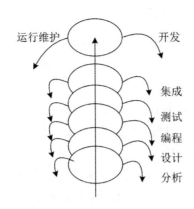

图 1-5　喷泉模型

（1）系统分析。在系统分析阶段建立对象模型和过程模型。系统模型中的对象是现实世界中的客观对象的抽象，模型应当结构清晰，易于理解，易于规范地描述。

（2）系统设计。给出对象模型和过程模型的规范描述。

（3）对象设计和对象实现（编程）。面向对象设计方法强调软件模块的再用和软件的合成，因而在对象设计和实现时，并不要求所有对象都从头开始设计，而是充分利用以前的设计工作。在软件开发时，先检索对象库，对象库中已经存在的对象，则可不必设计，只要重复使用或加以修改后使用；若不存在，则定义新的对象并对其进行设计和实现。面向对象设计方法要求与用户充分沟通，在用户试用软件的基础上，根据用户的需求不断改进、扩充和完善系统功能。

（4）测试。测试所有对象相互之间的关系是否符合系统需求。

（5）系统组装集成。面向对象的软件特点之一是软件重用和组装技术。对象是数据和操作的封装载体，组装在一起才构成完整的系统。模块组装也称为模块集成、系统集成，软件设计是将对象模块集成，构造生成所需的系统。

（6）运行、维护或进一步开发。由于喷泉模型主张分析和设计过程的重叠，不严格加以区分，所以模块集成的过程就是要反复经过分析、设计、测试、集成，再经过反复测试，得到用户认可的软件才可以运行，软件运行过程中还需要不断地对其进行维护，使软件适应不断变化的硬件、软件环境。另外，在现有软件的基础上，还可以进一步开发新的软件。

5. 螺旋模型

1988 年，B. Boehm 正式发表了软件系统开发的"螺旋模型"，它将瀑布模型和快速原型模型结合起来，强调了其他模型所忽视的风险分析，特别适用于大型复杂的系统。

神奇的螺旋模型

螺旋模型沿着螺线进行若干次迭代，四个象限代表了以下活动：

● 制订计划：确定软件目标，选定实施方案，弄清项目开发的限制条件；

● 风险分析：分析评估所选方案，考虑如何识别和消除风险；

● 实施工程：实施软件开发和验证；

● 客户评估：评价开发工作，提出修正建议，制订下一步计划。

螺旋模型由于风险驱动，强调可选方案和约束条件，从而支持软件的重用，有助于将软件质量作为特殊目标融入产品开发之中。但是，螺旋模型也有一定的限制条件，具体如下：

（1）螺旋模型强调风险分析，但要求客户接受和相信这种分析，并做出相关反应是不容易的，因此，这种模型往往适用于内部的大规模软件开发。

（2）如果执行风险分析将大大影响项目的利润，那么进行风险分析毫无意义，因此，螺旋模型只适用于大规模软件项目。

（3）软件开发人员应该擅长寻找可能的风险，准确地进行分析风险，否则将会带来更大的风险。一个阶段首先是确定该阶段的目标，为完成这些目标选择的方案及其约束条件，然后从风险角度分析方案的开发策略，努力排除各种潜在的风险，有时需要通过建造原型来完成。如果某些风险不能排除，该方案立即终止，否则启动下一个开发步骤。最后，评价该阶段的结果，并设计下一个阶段。

6. 统一软件开发过程

统一软件开发过程（Rational Unified Process，RUP）由 Rational 软件公司推出，它是汲取了各种生命周期模型的先进思想和丰富的实践经验而产生的一种软件工程处理过程。RUP 将成为软件开发的主流过程。RUP 使用统一建模语言，采用用例驱动和架构优先的策略，采取迭代增量的建造方法。

UML 采用了面向对象的概念，引入了各种独立于语言的表示符号。UML 建立了用例模型、静态模型和动态模型完成对整个系统的建模，所定义的概念和符号可用于软件开发过程的分析、设计和实现的全过程。软件开发人员不必在开发过程的不同阶段进行概念和符号的转换。"用例"代表某些用户可见的功能，实现一个具体的用户目标。"用例"代表一类功能，而不是使用该功能的某一具体实例，"用例"是精确描述需求的重要工具。统一过程所构造的软件系统是由软件构件建造而成的，这些软件构件定义了明确的接口，相互连接成整个系统。在构造软件系统时，RUP 采用架构优先的策略。软件架构概念包含了系统中最重要的静态结构和动态特征，体现了系统的整体设计。

为了管理、监控软件开发过程，RUP 把软件开发过程划分为多个循环，每个循环生成产品的一个新版本。每个循环都由初始阶段、细化阶段、构造阶段和提交阶段组成。每个阶段都是一个小的瀑布模型，要经过分析、设计、编码、集成、测试等阶段。统一过程通过反复多次的循环迭代，来达到预定的目的或完成确定的任务。每次迭代增加尚未实现的用例，所有用例建造完成，系统也就建造完成了。

在具体的软件项目开发过程中，要选用合适的软件生命周期模型，按照某种开发方法，使用相应的工具进行开发；要把各种模型有机地结合起来，充分利用各种模型的优点。通常结构化方法和面向数据结构方法可使用瀑布模型、增量模型进行开发；面向对象方法可采用快速原型模型、喷泉模型或统一软件开发过程模型进行开发。

7. 敏捷模型

敏捷模型是 20 世纪 90 年代兴起的一种软件开发模型。在现代社会，技术发展非常快，软件开发也是在快节奏的环境中进行的。在业务快速变换的环境下，往往无法在软件开发之前收集到完整而详尽的软件需求。没有完整的软件需求，传统的软件开发模型就难以展开工作。

为了解决这个问题，人们提出了敏捷开发模型。敏捷模型以用户的需求进化为核心，采用迭代、循序渐进的方法进行软件开发。在敏捷模型中，软件项目在构建初期被拆分为多个相互联系而又独立运行的子项目，然后完成各个子项目。开发过程中，各个子项目都要经过开发测试。当客户有需求变更时，敏捷模型能够迅速地对某个子项目做出修改以满足客户的需求。在这个过程中，软件一直处于可使用状态。

除了响应需求，敏捷模型还有一个重要的概念——迭代，就是不断对产品进行细微、渐进式的改进，每次改进一小部分，如果可行再逐步扩大改进范围。在敏捷模型中，软件开发不再是线性的，开发的同时也会进行测试工作，甚至可以提前写好测试代码，因此在敏捷模型中，有"开发未动，测试先行"的说法。

另外，相比于传统的软件开发模型，敏捷模型更注重"人"在软件开发中的作用，项目的各部门应该紧密合作、快速有效地沟通（如面对面沟通），提出需求的客户可以全程参与开发过程，以便各部门适应软件频繁的需求变更。为此，敏捷模型描述了一套软件开发的价值和原则，具体如下：

（1）个体和交互重于过程和工具。

（2）可用软件重于完备文档。

（3）客户协作重于合同谈判。

（4）响应变化重于遵循计划。

对于敏捷模型来说，并不是工具、文档等不重要，而是更注重人与人之间的交流沟通。

敏捷模型可以及时响应客户需求变更，不断适应新的趋势，但是在开发灵活的同时也带来了一定程度的混乱。例如：缺乏文档资料；软件之前版本的可重现性、可回塑性较低；对于较大的项目，人员越多，面对面的有效沟通越困难。因此敏捷模型比较适用于小型项目的开发，而不太适用于大型项目。

🗨 任务实施

软件生命周期同任何事物一样，一个软件产品或软件系统也要经历孕育、诞生、成长、成熟、衰亡等阶段，一般称为软件生命周期（软件生存周期）。软件生命周期模型是指人们为开发更好的软件而归纳总结的软件生命周期的典型实践参考。软件生命周期模型的发展实际上是体现了软件工程理论的发展。在最早的时候，软件的生命周期处于无序、混乱的状态。一些人为了能够控制软件的开发过程，就把软件开发严格地区分为多个不同的阶段，并在各阶段间加上严格的审查。这就是瀑布模型产生的原因。瀑布模型体现了人们对软件过程的一个希望：严格控制、确保质量。可惜的是，现实往往是残酷的。瀑布模型根本达不到这个过高的要求，因为软件的开发过程往往难以预测，反而导致了其他的负面影响，例如大量的文档、烦琐的审批。因此人们就开始尝试着用其他的方法来改进或替代瀑布方法，例如把过程细分，增加过程的可预测性。

1. 本次要开发的系统类似于某个团队之前已经做过的某个项目，只是规模更大、复杂性更高，需求已经有用户写成文档。采用哪个模型更好一些？

该团队之前已经做过的某个项目，可以使用面向复用的软件过程。因为需求已经明确写成文档，可以使用瀑布模型。

2. 本次要开发某个突破性的产品，规模很大，所需的开发技术先进，风险较大，且市面上尚未有类似产品，用户尚未对其形成完整的预期，团队人员充足。采用哪个模型更好一些？

考虑到风险较大，又是螺旋过程，侧重风险分析，所以采用螺旋模型。

单元小结

为描述计算机程序的功能、设计和使用而编制的文字或图形资料称为文档，软件开发的各个阶段必须完成各种需求规格说明书、设计说明书、用户手册等文档的编制。

软件是计算机程序及其相关的数据和文档。

软件危机是指在计算机软件开发和维护时所遇到的一系列问题。

软件危机主要包含两方面的问题：一是如何开发软件以满足对软件日益增长的需求；二是如何维护数量不断增长的已有软件。

软件工程是软件开发、运行、维护和引退的系统方法。

软件工程是指导计算机软件开发和维护的学科。软件工程采用工程的概念、原理、技术和方法来开发和维护软件，目标是实现软件的优质高产。

软件工程学的主要内容是软件开发技术和软件工程管理。

软件工程方法学是编制软件的系统方法，它确定软件开发的各个阶段，规定每一阶段的活动、产品、验收的步骤和完成准则。常用的软件工程方法有结构化方法、面向数据结构方法和面向对象方法等。

软件工程过程是为了获得高质量软件所需要完成的一系列任务的框架，它规定了完成各项任务的工作步骤，定义了运用方法的顺序、应该交付的文档、开发软件的管理措施、各阶段任务完成的标志。软件工程过程必须科学、合理，才能获得高质量的软件产品。

软件产品从问题定义开始，经过开发、使用和维护，直到最后被淘汰的整个过程称为软件生命周期。根据软件生产工程化的需要，生命周期的划分有所不同，从而形成了不同的软件生命周期模型，或称软件过程模型。本单元介绍了以下几种软件过程模型。

瀑布模型：规范的、文档驱动的方法；开发阶段按顺序进行，适用于需求分析较明确、开发技术较成熟的情况。快速原型模型：构建原型系统，让用户试用并收集用户意见，获取用户真实需求。增量模型：优点是能在早期向用户提交部分产品且易于维护，应用的难点是软件的体系结构必须是开放的。喷泉模型：适用于面向对象方法。螺旋模型：将瀑布模型和快速原型模型结合起来，强调了其他模型所忽视的风险分析，特别适用于大型复杂的系统。统一软件开发过程模型：适用于面向对象方法，使用统一建模语言（UML），采用用例驱动和架构优先的策略，以及迭代增量的建造方法。进行软件开发时可把各种模型的特点结合起来，充分利用优点，规避缺点。

习题 1

一、简答题

1. 什么是软件？软件和程序的区别是什么？

2. 什么是软件危机？软件危机的主要表现是什么？怎样消除软件危机？

3. 什么是软件工程？什么是软件过程？

4. 软件工程学的主要内容是什么？

5. 什么是软件工程方法？有哪些主要软件工程方法？

6. 软件工程学的基本原理是什么？

7. 什么是软件生命周期？软件生命周期为什么要划分阶段？划分阶段的原则是什么？

8. 比较几种软件过程模型的特点。

9. 假设你要开发一个软件，它的功能是把 73624.9385 这个数开平方，所得到的结果精确到小数点后 4 位。一旦实现并测试完之后，该产品将被弃。你打算选用哪种软件生命周期模型？请说明你这样选择的理由。

10. 假设你要为一家生产和销售长靴的公司开发一个软件，使用此软件来监控该公司的存货，并对从购买橡胶开始，到生产长筒靴、发货给各个连锁店，直至卖给顾客的全部过程进行跟踪，以保证生产、销售过程的各个环节供需平衡，既不会有停工待料现象，也不会有供不应求现象。你在为这个项目选择生命周期模型时会使用什么准则？

二、选择题

1. 选择填空

快速原型模型是一种体现用户和设计人员之间的交互过程的模型，适用于 __A__ 系统。它从设计用户界面开始，首先形成 __B__ ，然后用户 __C__ 并就 __D__ 提出意见。它是一种 __E__ 型的设计过程。

A. ①需求不确定性较高的　②需求确定的　③管理信息　④决策支持

B. ①用户使用手册　②系统界面原型　③界面需求分析说明书　④完善用户界面

C. ①阅读文档资料　②改进界面的设计　③模拟界面的运行　④运行界面的原型

D. ①使用哪种编程语言　②程序的结构　③同意什么和不同意什么　④功能是否满足要求

E. ①自外向内　②自底向上　③自顶向下　④自内向外

2．选择填空

_____是将软件生命周期各个阶段依线性顺序连接、用文档驱动的模型。

_____模型采用用例驱动和架构优先的策略，采用迭代增量建造方法，软件是"逐渐"被开发出来的。

_____是一种以用户需求为动力，以对象作为驱动的模型，适用于面向对象的软件开发方法。

①统一软件开发过程模型　②瀑布模型　③增量模型　④喷泉模型　⑤快速原型模型

单元2 可行性研究与软件开发计划

单元导读

　　作为生命周期的第一步，可行性研究阐述该软件开发项目的实现在技术上、经济上和社会条件上的可行性，对为合理地达到开发目标可能选择的各种方案进行评述。可行性研究的目的是用最小的代价在尽可能短的时间内去确定该项目是否能够开发，是否值得开发。其最根本任务是对以后的行动方针提出建议。可行性研究一般占预期工程总成本的 5% ~ 10%。

教学目标

● 能运用软件项目可行性研究及项目计划的基本原理与方法。
● 能说出可行性研究任务。
● 能说出系统定义的目的。
● 能制订软件开发计划。
● 会使用甘特图描述进度计划安排。
● 会使用工程网络图描述进度计划安排。

任务1 软件定义与可行性研究

任务描述

可行性研究在进行概要的分析研究后，初步确定项目的规模和目标，确定项目的约束和限制，并列举出来。然后进行简要的需求分析，抽象出项目的逻辑结构，建立逻辑模型，从逻辑模型出发，经过压缩的设计，探索出若干种可供选择的解决办法，对每种解决方法都要研究其可行性。那么作为软件生命周期第一个阶段，可行性研究由哪些内容构成？分别是什么？本任务将解决这些问题。

任务要求

能说出可行性研究的任务。

能说出系统定义的目的。

知识链接

在软件生命周期中的软件计划时期要进行系统定义、软件定义、可行性研究、软件工程开发计划制订和需求分析工作。这个阶段的时间最短，要通过对用户需求的调查研究，尽快明确软件开发的目标、规模和基本要求，研究系统开发的可行性并制订软件工程开发计划。

1. 系统定义

在软件工程项目开始时，往往先进行系统定义，确定系统硬件、软件的功能和涉及的问题。系统定义不完全属于软件工程范畴，它为系统提供总体概述，根据对需求的初步理解，把功能分配给硬件、软件及系统的其他部分。系统定义的目的如下所述：

- 描述系统的接口、功能和性能。
- 把功能分配给硬件、软件和系统的其他部分。
- 确定费用限额和进度期限。
- 针对可行性、经济利益、单位需要等评价系统。

系统定义是整个工程的基础，其任务如下所述：

- 充分理解所涉及的问题，对解决问题的办法进行论证。
- 对问题解决办法的不同实现方案进行评价。
- 表达解决方案，以便进行复审。

系统定义后，软件的功能也初步确定，接下来要进行软件定义、可行性研究、软件工程开发计划制订和复审。

2. 软件定义

在软件定义阶段，通过对用户需求进行详细的调查研究，仔细阅读和分析有关的资料确定所开发的软件系统的名称以及该软件系统同其他系统或其他软件之间的相互关系；明确系统目标规模、基本要求，并对现有系统进行分析，明确开发新系统的必要性。

（1）明确系统目标规模和基本要求。在调查研究的基础上，明确准备开发的软件的基本要求、目标、假定、限制、可行性研究的方法、评价尺度等。

基本要求：

软件的功能、性能；输入，包括数据的来源、类型、数量、组织以及提供的频度；输出，包括报告、文件或数据等，说明其用途、产生频度、接口及分发对象；处理流程和数据流程；安全和保密方面的要求；与本系统相连接的其他系统。

目标：人力与设备费用的减少，处理速度的提高，控制精度或生产能力的提高，管理信息服务方式的改进，人员利用率的提高等。

条件、假定和限制：系统运行寿命的最小值，经费、投资的来源和限制，法律和政策的限制，硬件、软件、运行环境和开发环境的条件和限制，可利用的信息和资源，完成期限等。

可行性研究的方法：开发人员可采用调查、加权、确定模型、建立基准点、仿真等方法进行可行性研究。

评价尺度：经费的多少，各项功能的优先次序，开发时间的长短以及使用的难易程度等。

（2）对现有系统的分析。通过对现有系统及其存在的问题进行简单描述，阐明开发新系统或修改现有系统的必要性。

对现有系统分析包括：基本的处理流程和数据流程；所承担的工作和工作量；费用开支；人员，即各种人员的专业技术类别和数量；设备，即各种设备类型和数量；局限性，即现有系统存在的问题和开发新系统时的限制条件。

（3）设计新系统可能的解决方案。系统分析员在分析现有系统的基础上，针对新系统的开发目标设计出新系统的若干种高层次的可能解决方法，可以用高层数据流图和数据字典来描述系统的基本功能和处理流程。先从技术的角度出发提出不同的解决方案，再从经济可行性和操作可行性方面优化和推荐方案。最后将上述分析结果整理成清晰的文档，供用户方的决策者选择。需要注意的是，现在尚未进入需求分析阶段，对系统的描述不是完整、详细的，而是概括、高层的。

3. 可行性研究

在可行性研究阶段，软件开发人员要通过对用户需求详细的调查研究，确定所开发的软件系统的功能、性能、目标、规模以及该软件系统同其他系统或其他软件之间的关系。

（1）可行性研究的内容。可行性研究工作要从技术、经济、社会因素、软件开发风险等方面进行，并写出软件工程项目的可行性研究报告。

1）技术可行性。技术可行性是指对设备条件、技术解决方案的实用性和技术资源可用性的度量。在决定采用何种方法和工具时必须考虑设备条件，一般选择实用的、开发人员掌握较好的一类，此外还要考虑用户使用的可行性和操作方面的可行性。

可行性研究

2）经济可行性。经济可行性是希望以最少的成本开发具有最佳经济效益的软件产品，主要进行投资及效益分析，其内容如下：

- 支出：说明所需的费用，例如：基本建设投资和设备购置费用，操作系统、应用软件及数据库管理软件的费用，其他一次性支出及非一次性支出费用。
- 收益：包括开支的减少，速度的提高和管理方面的改进，一次性收益和价值的增加，非一次性收益和不可定量的收益等。

3）社会因素方面的可行性。社会因素方面的可行性包括法律方面的可行性和用户方面的可行性。法律方面的可行性指的是要开发的项目是否存在任何侵权、妨碍等责任问题。用户方面的可行性指的是在用户组织内，现有的管理制度、人员素质、操作方式等是否可行。

4）软件开发风险分析。在可行性研究阶段就应评估软件开发风险出现的概率和影响，如果软件开发出现风险的可能性较大，或风险出现的影响太大，就应及时终止软件的开发。

（2）可行性研究的结论。软件工程项目的可行性研究要在充分调查和具体分析的基础上写出书面报告，并且必须有一个明确的结论。软件工程可行性研究的结论有如下几种：

1）可以进行开发。

2）需要等待某些条件（例如资金、人力、设备等）落实之后才能开发。

3）需要对开发目标进行某些修改之后才能开发。

4）不能进行或不必进行开发，如所需技术不成熟，经济上不合算，软件开发风险太大等。

可行性研究阶段不要急于着手解决问题，主要目的是得到系统开发确实可行的结论或及时终止不可行的项目，应避免在项目开发进行了较长的时间后才发现项目根本不可行，造成浪费。可行性报告要得到用户方决策者的认可，所提出的结论要有具体、充分的理由。用户方的决策者根据可行性报告决定所采用的具体解决方案，之后项目才能进入计划和实施阶段。

💬 任务实施

以商品销售管理系统为例，对其进行软件定义和可行性研究。

本任务是一个简易的商品销售管理系统，具有商品的销售、采购、库存管理、账务管理、系统管理（商品价格调整、供应商管理、员工管理）及售后服务等功能。一般读者都到商场买过商品，对商场商品销售的情况有大致的了解，因而容易理解本系统的功能。

商品销售管理实际上是很复杂的，牵涉商品营销管理、成本核算、客户管理、售后服务、员工人事管理等多方面的问题。本例的目的是使读者对软件工程的全过程有所了解，因而对商品销售管理问题进行了简化和模拟，只考虑与商品销售有关的一部分工作。使读者对类似于物资的供应、销售、库存管理问题的软件开发全过程有所了解。本任务只介绍如何对该例进行软件定义和可行性分析，以及软件开发的其他阶段应如何对该系统进行分析设计。

1. 软件定义

本例将开发一个商品销售管理系统，用计算机管理有关商品销售的各项工作。商品销售系统的用户有营业员、库存管理员、采购员、会计和经理等，分别负责商品的销售、库存管理、采购、账务管理和系统管理等工作；除经理外的一般工作人员只能进入系统中与本职工作有关的模块，而经理负责全面管理，可进入系统的所有模块进行操作。

2. 可行性研究

（1）技术可行性。要开发商品销售管理系统，需要建立数据库，存放职工信息，确定系统各模块的使用权限，存放商品信息、采购进货情况、销售信息、库存数据等；设计系统界面，设计应用程序实现系统功能，方便用户使用。这些在技术上都是可行的。

（2）经济可行性。商品情况、进货情况、销售情况、库存情况等信息数据量大，且品种繁多，若靠人工管理，数据掌握不准确、不可靠、不及时；而用计算机管理数据则可以即时提供信息，并且准确、可靠，为商品销售的决策提供有效依据，是企业经济发展的重要保证。开发商品销售管理系统的投入不多，但效益显著，经济上是可行的。

任务 2   制订软件工程开发计划

任务描述

A 展览公司要开发一个展览会观众管理和信息分析系统，应该从何处着手解决此问题呢？如果立即开始考虑实现该系统的详细方案并且动手编写程序，显然不符合软件工程的开发思想。系统分析员首先要考虑，开发这样一个系统是否可行？是不是能够产生经济效益？而不是要求马上实现它。分析员还要进一步考虑，用户面临的问题究竟是什么？为什么会提出开发这样的系统呢？请制订展览会观众管理和信息分析系统软件的初步开发计划。

任务要求

能运用合理的工具制订软件开发计划。

知识链接

经过可行性论证后，对于值得开发的项目，就要制订软件工程开发计划，写出软件工程开发计划书。软件工程开发计划书的内容是项目概述和软件工程实施计划。制订软件工程实施计划，可以采用甘特图和工程网络图。

1. 软件工程项目概述

项目概述介绍以下内容：

● 软件工程项目的主要工作内容、软件的功能和性能；

- 为完成任务应具备的条件和限制；
- 主要参加人员的技术水平；
- 项目完成后应移交的程序、文件和非移交的产品；
- 应提供的服务及开始日期和期限；
- 验收标准；
- 完成项目的最后期限；
- 本项目的批准者和批准日期；
- 用户应承担的工作、对用户的要求等。

2. 软件工程实施计划

软件工程实施计划的主要内容如下：

- 各类人员的组成结构和数量；
- 本计划任务的分解，任务之间的关系和各项任务的责任人；
- 项目开发工作的进度计划，每阶段任务的开始时间和结束时间；
- 项目成本预算和来源，各阶段的费用支出预算；
- 关键问题及支持条件，软件开发风险及应对措施；
- 项目最后完工交付的日期等。

3. 甘特图

甘特图

甘特图（Gantt chart）又称为横道图、条状图（Bar chart），是以提出者亨利·L. 甘特先生的名字命名的。甘特图内在思想简单，即以图示的方式，通过活动列表和时间刻度形象地表示出任何特定项目的活动顺序与持续时间。基本是一条线条图，横轴表示时间，纵轴表示活动（项目），线条表示在整个期间上计划和实际活动的完成情况。它直观地表明任务计划在什么时候进行，以及实际进展与计划要求的对比。管理者由此可便利地弄清一项任务（项目）还剩下哪些工作要做，并评估工作进度。

甘特图是基于作业排序的目的，将活动与时间联系起来的最早尝试之一。该图能帮助企业描述工作中心中资源的使用情况。当用于负荷时，甘特图可以显示几个部门、机器或设备的运行和闲置情况，表示该系统的有关工作负荷状况，可使管理人员了解何种调整是恰当的。例如：当某一工作中心处于超负荷状态时，则低负荷工作中心的员工可临时转移到该工作中心以增加劳动力，或者在制品存货可在不同工作中心进行加工，高负荷工作中心的部分工作可移到低负荷工作中心完成，多功能的设备也可在各中心之间转移。但甘特负荷图有一些局限性，它不能解释生产变动，如意料不到的机器故障及人工错误所形成的返工等。甘特图可用于检查工作完成进度。它表明哪项工作如期完成，哪项工作提前完成或延期完成。在实践中还可发现甘特图的更多用途。

甘特图包含以下 3 个要点：

- 以图形或表格的形式显示活动；
- 是一种通用的显示进度的方法；
- 构造时应包括实际日历天和持续时间，并且不要将周末和节假日算在进度之内。

　　甘特图具有简单、醒目和便于编制等特点，在企业管理工作中被广泛应用。甘特图按反映的内容不同，可分为计划图表、负荷图表、机器闲置图表、人员闲置图表和进度表5 种形式。

　　在现代的项目管理中，甘特图被广泛应用。这可能是最容易理解、最容易使用并最全面的一种。它可以让你预测时间、成本、数量及质量上的结果。它也能帮助你考虑人力、资源、日期、项目中重复的要素和关键的部分。还可以将 10 张各方面的甘特图集成为一张总图。以甘特图的方式，可以直观地看到任务的进展情况，资源的利用率等。如今甘特图不单单被应用到生产管理领域，随着生产管理的发展、项目管理的扩展，它被应用到了各个领域，如建筑、IT 软件、汽车等。

　　甘特图的优点：图形化概要，通用技术，易于理解；中小型项目一般不超过 30 项活动；有专业软件支持，无须担心复杂计算和分析。局限：甘特图事实上仅仅部分地反映了项目管理的三重约束（时间、成本和范围），因为它主要关注进程管理（时间）软件的不足。尽管能够通过项目管理软件描绘出项目活动的内在关系，但是如果关系过多，纷繁芜杂的线图必将增加甘特图的阅读难度。

　　甘特图是制订工程进度计划的简单工具。用甘特图描述工程进度时，首先要把工程任务分解成一些子任务，常用水平线来描述每个子任务的进度安排，并描述工程的各项子任务在时间进度上的并行关系和串行关系。

　　图 2-1 所示的是采用甘特图描述软件工程进度计划的一个例子。

任务	负责人	2002年												2003年			
		1	2	3	4	5	6	7	8	9	10	11	12	1	2	3	4
分析		▲	–	–	▲												
测试计划			▲	–	△												
总体设计					▲	–	△										
详细设计						△	–	–	△								
编码									△	–	–	–	△				
模块测试										△	–	△					
集成测试												△	–	△			
验收测试														△	–	△	
文档					▲	–	–	–	–	–	–	–	–	–	–	–	

图 2-1　甘特图示例

　　在甘特图中，每一项子任务的开始时间和结束时间用空心小三角形表示，两者用横线相连，一目了然。当一个子任务开始执行时，将横线左边的小三角形涂黑，当这个子任务结束时，再把横线右边的小三角形涂黑。从图 2-1 中可以很容易地看出，需求分析工作从 2002 年 1 月初开始，到 4 月底已经完成；测试计划、编写文档工作从 2 月初开始，总体设计从 4 月初开始，这 3 项工作尚未完成；其他几项工作还没有开始，测试等工作预计到 2003 年 4 月结束。甘特图简单明了，易画易读易改，使用十分方便。由于图上显示了年、月时间，用它来检查工程完成的情况十分直观方便，但是它不能显示各项子任务之间的依赖关系，以及哪些是关键性子任务等，采用工程网络图可以弥补这一不足。

甘特图的不足：不能明显地描绘各项作业彼此间的依赖关系；进度计划的关键部分不明确，难以判定哪些部分应当是主攻以及主控的对象；计划中有潜力的部分以及潜力的大小不确定，往往造成潜力的浪费。

甘特图绘制步骤如下：

（1）明确项目牵涉到的各项活动、项目。内容包括项目名称（包括顺序）、开始时间、工期，任务类型（依赖 / 决定性）和依赖于哪一项任务。

（2）创建甘特图草图。将所有的项目按照开始时间、工期标注到甘特图上。

（3）确定项目活动依赖关系及时序进度。使用草图，按照项目的类型将项目联系起来，并安排项目进度。

此步骤将保证在未来计划有所调整的情况下，各项活动仍然能够按照正确的时序进行，也就是确保所有依赖性活动能并且只能在决定性活动完成之后按计划展开。而且要在注意不滥用项目资源的同时避免关键性路径过长。关键性路径是由贯穿项目始终的关键性任务所决定的，它既表示了项目的最长耗时，也表示了完成项目的最短可能时间。请注意，关键性路径会由于单项活动进度的提前或延期而发生变化。同时要注意，对于进度表上的不可预知事件要安排适当的富裕时间（Slack Time）。但是，富裕时间不适用于关键性任务，因为关键性任务作为关键性路径的一部分，它们的时序进度对整个项目至关重要。

（4）计算单项活动任务的工时量。

（5）确定活动任务的执行人员及适时按需调整工时。

（6）计算整个项目时间。

4. 工程网络图

PERT（Program/Project Evaluation and Review Technique）即计划评审技术，简单地说，PERT 是利用网络分析制订计划以及对计划予以评价的技术，它能协调整个计划的各道工序，合理安排人力、物力、时间、资金，加速计划的完成。在现代计划的编制和分析手段中，PERT 被广泛地使用，是现代项目管理的重要手段和方法。PERT 图，即工程网络图，它主要用于工程项目计划管理，首先将施工项目整个建造过程分解成若干项工作，以规定的网络符号表达各项工作之间的相互制约和相互依赖关系，并根据它们的开展顺序和相互关系，从左到右排列起来，最后形成一个网状图形，这种网状图形就是工程网络图。

工程网络技术又称程序评价和审查技术，利用工程网络图可以制订工程的进度计划。如果把一个工程项目分解成许多子任务，并且这些子任务之间的依赖关系又比较复杂，那么可以用工程网络图来表示。工程网络图是一种类似流程图的箭线图。它描绘出项目包含的各种活动的先后次序，标明每项活动的时间成本或其他相关的成本。对于 PERT 网络，项目管理者必须考虑要做哪些工作，确定时间上的依赖关系，辨认出潜在的可能出问题的环节，借助工程网络图还可以方便地比较不同行动方案在任务进度和成本方面的成效。

构造工程网络图，需要明确 3 个概念：事件、活动和关键路线。

- 事件（Events）表示主要活动结束的那一点；
- 活动（Activities）表示从一个事件到另一个事件之间的过程；
- 关键路线（Critical Path）是 PERT 网络中花费时间最长的事件和活动的序列。

一个 PERT 网络要求管理者确定完成项目所需的所有关键活动，按照活动之间的依赖关系排列它们之间的先后次序，并估计完成每项活动的时间。这些工作可以归纳为 5 个步骤。

- 确定完成项目必须进行的每一项有意义的活动，完成每项活动都产生事件或结果；
- 确定活动完成的先后次序；
- 绘制活动流程从起点到终点的图形，明确表示出每项活动及其他活动的关系，用圆圈表示事件，用箭线表示活动,结果得到一幅箭线流程图,我们称之为 PERT 网络；
- 估计和计算每项活动的完成时间；
- 借助包含活动时间估计的网络图，管理者能够制订出包括每项活动开始和结束日期的全部项目的日程计划。在关键路线上没有松弛时间，沿关键路线的任何延迟都直接延迟整个项目的完成期限。

在工程网络图中，圆圈表示某个子任务的开始或结束，称为一个事件，事件是可以明确定义的时间点，本身并不消耗时间和资源；有向弧或箭头表示从一个子任务的开始（一个事件），到该子任务的结束（另一个事件），可明显地表示出各子任务之间的依赖关系，例如可以用"→"连接开始事件的编号和结束事件的编号，表示某一个子任务。如图 2-2 中子任务 3 → 5 即表示从事件 3 开始，到事件 5 结束。工程网络图中，箭头上方的数字表示完成该子任务所需的持续时间，箭头下面括号中的数字表示该子任务允许的机动时间，时间的单位由工程网络图的制定者确定。如图 2-2 所示，子任务 3 → 5 的持续时间为 1，机动时间为 5，这里假设时间单位为"月"。

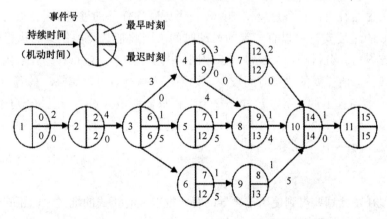

图 2-2　工程网络图示例

表示事件的圆圈内部分为左右两部分，左半部分中的数字表示事件的序号。事件圆圈的右半部分又划分为上下两部分，上部的数字表示前一子任务结束或后一个子任务开始的最早时刻；右下部的数字则表示前一子任务结束或后一子任务开始的最迟时刻。前一个子任务已经完成，在它之后的子任务才可以开始。

整个工程网络图只有一个开始点和一个终止点，开始点没有流入的箭头，最早时刻定义为零；终止点没有流出的箭头，其最迟时刻就是它的最早时刻。

工程网络图中还可以用虚线箭头表示虚拟子任务。这些虚拟子任务实际上并不存在，只是利用它表示子任务之间存在依赖关系。如图 2-2 所示，虚拟子任务 4 → 8，表示只有在子任务 4 → 8 和子任务 5 → 8 都结束后，子任务 8 → 10 才能开始。虚拟子任务 4 → 8 本身并不花费时间。但是，虚拟子任务 4 → 8 比子任务 5 → 8 开始得晚。画虚拟子任务 4 → 8 的目的是描述子任务 8 → 10 的开始条件为子任务 3 → 4 的结束。

在软件工程中，开发软件绘制工程网络图有以下几个步骤：

（1）画工程网络图。要表示出每个子任务之间的相互依赖关系，分析出哪些子任务完成后才可以开始进行其他子任务，并估算出完成每个子任务所需要的时间，依此画出工程网络图中各个事件圆圈的位置及箭头的方向。

（2）计算事件的最早时刻。沿着事件发生的顺序，从开始到结束的方向，依次计算每个事件的最早时刻。

（3）计算事件的最迟时刻。沿着从结束到开始的方向，逐一计算每个事件的最迟时刻。

（4）确定工程的关键路径。

（5）计算每个子任务的机动时间。

利用工程网络技术结合甘特图可以制订出合理的进度计划，并能科学有效地管理软件工程的进度情况。

一般来说，甘特图适用于简单的软件项目，而对各项任务依赖关系较为复杂的软件项目，使用工程网络图较为适宜。有时可同时使用这两种方法，互相比较，取长补短，随时合理调整工程计划，更好地安排项目进度。

对图 2-2 所示的工程中各项任务的进度安排，可用甘特图画出，如图 2-3 所示。这里应当首先将关键路径上的任务进度安排好，再考虑其他任务的进度安排。由于任务 3 → 5 和任务 3 → 6 的进度安排可以有一定的机动时间，因此把这两项任务的执行时间错开进行，可以节省人力。分析类似情况，在工程网络图 2-2 中有三条执行路径，由于两条非关键路径上的任务，所需要的执行时间较少，如果任务执行者可以调整，只需一组人员就可完成两条非关键路径上的任务。这样，整个工程只需两组人员，一组执行子任务 1 → 2、2 → 3、3 → 4、4 → 7、7 → 10、10 → 11；另一组人员执行子任务 3 → 5、3 → 6、5 → 8、6 → 9、8 → 10、9 → 10，如图 2-3 所示。

5. 软件工程开发计划的复审

软件工程开发计划要得到使用方领导的复审批准，有正式的批文才能正式进入软件工程的实施阶段。此时，已有的文档资料如下：

● 系统定义（包括硬件设备和软件定义）。

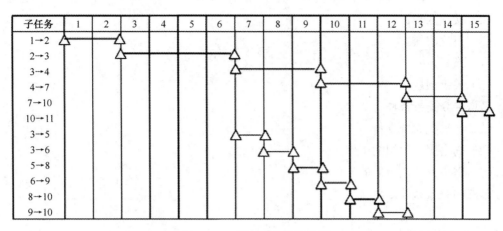

图 2-3　工程网络图的甘特图

- 可行性研究报告。
- 系统解决方案。
- 软件工程项目概述。
- 软件工程实施进度计划等。

软件工程开发计划复审的依据是软件工程开发计划书。软件工程开发计划书的编写目的是以文件形式，把软件开发工作的负责人、开发进度、所需经费预算、所需的软硬件条件等一一记录下来，以便根据计划开展和检查项目的开发工作。

6. 软件工程开发计划书的主要内容

第一部分引言

（1）编写目的。

（2）背景说明。

本项目的任务提出者、开发人员、用户及实现该软件的环境；该软件系统同其他系统的相互关系。

（3）定义。

列出本文件中用到的专门术语的定义和外文首字母组词的原词组。

（4）参考资料。

列出参考资料及资料的来源。

第二部分项目概述

（1）工作内容

（2）主要参加人员

（3）产品：包括程序、文件、服务及非移交的产品。

（4）验收标准。

（5）完成项目的最后期限，包括本计划的批准者和批准日期。

第三部分项目实施计划（可用工程网络图、甘特图等表示）

（1）工作任务的分解、任务之间的相互关系和人员分工。

（2）接口人员。

（3）进度安排。

（4）预算。

（5）关键问题。

第四部分支持条件

（1）计算机系统支持。

（2）需由用户承担的工作。

（3）需由外单位提供的条件。

第五部分专题计划要点

任务实施

制订展览会观众管理和信息分析系统的软件开发初步计划。

在软件计划时期，软件系统分析员的工作分为问题定义、可行性研究以及软件开发初步计划的制订 3 个阶段。

1. 问题定义

良好的问题定义应该明确地描述实际问题，而不是隐含地描述问题。经调查后得知目前绝大多数展览会仍然使用纸质门票，人工收取门票；对于需要向展会观众了解、统计的信息，则由工作人员发放问卷调查表。随着展览会规模的扩大，工作量越来越大，不利于分析和统计参展观众的情况。因此，软件开发的目标是对展会观众的信息进行管理和分析。

软件分析员应该考虑的另一个关键问题是软件预期的目标规模。为了开发展会观众信息管理系统，最多可以花多少钱呢？这肯定会有个限度。应该考虑下述 3 个基本数字：目前用于展会管理所花费的成本、新系统的开发成本和运行费用。新系统的运行费用必须低于目前的成本，而且节省的费用应该能使公司在一个合理的期限内收回开发投资。

目前，每次展览会至少使用两名工作人员收取展览会的门票和给观众人工发放问卷调查表并加以回收、统计每名工作人员每个月的工资和岗位津贴共约 2000 元。因而，每年为此项工作花费的人工费约 4.8 万元。因此，新系统每年可能最多获得的经济效益是 4.8 万元。

为了每年能节省 4.8 万元，对本系统投资多少钱是可以接受的呢？绝大多数单位都希望在 2～5 年内收回投资。假设两年收回投资，9.6 万元可能是投资额的一个合理的上限。虽然这是一个很粗略的数字，但是它确实能使用户对项目规模有一些了解。系统分析员对所需要解决的问题和项目的规模进行分析后，写出"关于系统规模和目标的报告书"，见表 2-1。系统分析员还应请系统用户（公司经理和展览会工作人员等）一起对此进行研究、讨论，双方达成共识，经过有关领导的批准后，再开发软件，才可能开发出满足用户实际需要的软件系统。

2. 可行性研究

可行性研究是抽象和简化了的系统分析和设计的全过程，它的目标是用最小的代价尽快确定问题是否能够解决，以避免盲目投资带来的浪费。

表 2-1 关于展览会观众信息系统规模和目标的报告书

项目	具体描述
项目名称	展览会观众信息管理系统
项目执行者	软件公司项目经理
存在问题	目前人工分析和统计展览会观众情况的费用太高
项目目标	开发费用较低的展览会观众信息管理系统
项目规模	开发成本应不超过 9.6 万元（浮动 30%）
初步设想	用计算机系统分析观众的基本情况和参观情况，生成分析和统计报表
可行性研究	为了更全面研究展会观众信息管理项目的可行性，建议进行历时两周的可行性研究，成本不超过 0.6 万元

（1）复查系统规模和目标。为了确保从一个正确的出发点着手进行可行性研究，首先通过访问经理和展会工作人员进一步验证上一阶段写出的"关于展览会观众信息系统规模和目标的报告书"的正确性。

通过访问，系统分析员对人工统计展会观众情况存在的弊端有了更具体的认识，并且了解到观众对各参展商的逗留时间和参观情况也应该增加计入信息系统。本系统应当含有参展商信息和观众对各参展单位的参观信息。

（2）研究现有的系统。了解任何应用领域的最快速有效的方法，是研究现有的系统。通过访问具体处理展会事务的工作人员，可以知道处理展会事务的大致过程：观众购买门票，同时填写简单的情况调查表，工作人员发放磁卡门票给观众，同时回收调查表，将信息输入计算机中；观众在展会入口处刷卡入内参观，每到某参展商处，都可以刷卡，以便数据库随时记录观众的走向，最终汇总并分析和统计得出本次展会所需要的报表。开始时，把展会观众信息统一看作一个黑盒子，图 2-4 描绘了处理展会事务的大致过程。

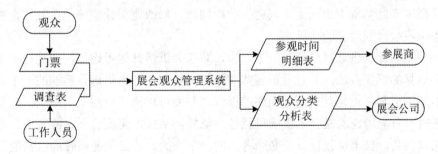

图 2-4 展会事务的大致过程

（3）导出新系统高层逻辑模型。系统流程图很好地描绘了具体的系统。但是，在这样的图中把"做什么"和"怎样做"这两类不同范畴的知识混在了一起。我们的目标不是一成不变地复制现有的人工系统，而是开发一个能完成同样功能的系统。因此，下一步应该着重描绘系统的逻辑功能。在可行性研究阶段，还不需要考虑完成这些功能的具体算法，因此没必要把它分解成一系列更具体的数据处理功能，只需画出系统的高层逻辑模型，如图 2-5 所示。在数据流图上直接用数字标明关键功能的执行顺序很有必要，在以后的系统设计过程中这将起重要作用，可以提高及时发现和纠正误解的可能性。同时必须请系统用户和有关人员仔细审查图 2-6 所示的系统流程图，有错误的应及时纠正，有遗漏的应及时补充。

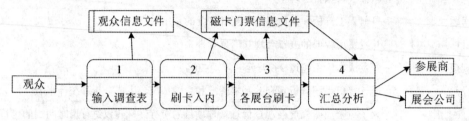

图 2-5　展会观众信息管理系统的数据流图

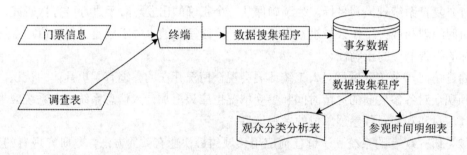

图 2-6　展会观众信息管理系统中等成本方案流程图

（4）进一步确定系统规模和目标。系统分析员现在对展会观众管理系统的认识已经比问题定义阶段深入多了，根据现有的认识，可以更准确地确定系统的规模和目标。如果系统规模有较大变化，则应及时报告给用户，以便作出新的决策。

可行性研究的上述步骤可以看作一个循环：分析员定义问题，分析问题，导出试探性的逻辑模型；在此基础上再次定义问题、分析问题，修改逻辑模型……重复这个循环，直至系统逻辑模型得到用户的认可。

（5）导出和评价供选择的解法。下一步，系统分析员开始考虑如何实现这个系统，导出一些供选择的解决办法，并且分析这些解法的可行性。导出供选择解法的一个常用方法是从数据流图出发，设想几种划分模块的模式，并为每种模式设想一个系统。在分析供选择的解法时，首先考虑的是技术上的可行性，显然，从技术角度看不可能实现的方案是没有意义的。但是，技术可行性只是必须考虑的一个方面，还必须能同时通过其他检验才是可行的，比如操作可行性。由于需要统计观众的出入情况，因此将门票由纸张改为磁卡式门票，同时在入口处设置读卡器，这样可以及时统计观众的动态流向。因此需要为展会管理系统单独购置一台计算机作为服务器，并购买必要的外部设备，如磁卡读卡器等。

最后，必须考虑经济可行性问题，即"收益大于成本吗？"。因此，分析员必须对已经通过了技术可行性和操作可行性检验的解决方案再进行成本/效益分析。

系统分析员在进行成本 / 效益分析的时候必须认识到，投资是现在进行的，效益是将来获得的。因此，不能简单比较成本和效益，还应该考虑货币的时间价值。通常用利率的形式表示货币的时间价值。假设年利率为 i，如果现在存入 P 元，假设 n 年后可以得到的钱数为 F，则 $F=P\times(1+i)n$，F 也就是 P 元钱在 n 年后的价值；反之，如果 n 年后能收入 F 元钱，那么这些钱的现在价值是 P，则 $P=F(1+i)n$。

为了给客户提供在一定范围内的选择余地，分析员应该至少提出 3 种类型的供选择方案，分别为低成本系统、中等成本系统和高成本系统。

如果不采用磁卡式门票，仍然使用纸质门票，只是将观众信息输入计算机，这样人工成本很低，大约可减少一半，即每年可减少 1.2 万元。除了已经进行的可行性研究的费用外，不再需要新的投资。这是一个很诱人的低成本方案，但是也必须认识这个低成本方案的缺点：没有对展会观众的信息进行分析和统计，不能记录观众感兴趣的参展项目及其逗留时间。随着展会规模的扩大，人工处理展会事务的费用也将成比例地增加。作为中等成本的解决方案，建议采用费用较低廉的磁卡门票，不仅可以记录观众信息，还能在各参展商处设置读卡器，记录观众的逗留时间。这样基本实现现有系统的功能：观众信息调查表交给工作人员，操作员把这些数据通过终端送入计算机，观众在参观过程中在展台前刷卡，数据被搜集并存储在数据库中；最后运行系统程序，从数据库中读取数据，统计和分析出观众分类统计表、参观时间明细表等，并可根据需要打印报表。图 2-6 所示的系统流程图描绘了上述展会观众信息管理系统中等成本方案。

上述中等成本方案比较现实，因此可以对它进行完整的成本 / 效益分析，分析结果见表 2-2。从分析结果可以看出，中等成本的解决方案是比较合理的，经济上是可行的。

表 2-2　展会观众信息管理系统中等成本方案的成本 / 效益分析

开发成本			
人力	4.8 万		
购买硬件	2.0 万		
总计	6.8 万		
新系统的运行费用			
人力和物资	0.3 万元 / 年		
维护	0.1 万元 / 年		
总计	0.4 万元 / 年		
现有系统的运行费用	4.8 万元 / 年		
每年节省的费用	4.4 万元		
年	节省	现值	累计现值
1	4.4 万	4.19 万元	4.19 万元
2	4.4 万	3.99 万元	8.18 万元
投资回收期	1.65 年		
纯投入	1.38 万		

最后，考虑一种成本更高的方案：采用光盘式门票，其中预存所有参展商信息，让观众保留，建议建立一个中央数据库，为开发完整的管理信息系统做好准备，并且把展会的观众管理系统作为该系统的第一个子系统。这样做，开发成本大约将增加到15万元，然而从观众管理这项应用中获得的经济效益不变，因此，如果仅考虑这一项应用，投资是不划算的。但是，将来其他应用系统（例如参展商管理、物资管理等）能以较低成本实现，而且这些子系统能集成为一个完整的系统。如果该公司经理对这个方案感兴趣，可以针对它完成更详尽的可行性研究（大约需要1.5万元）。

（6）推荐最佳方案。低成本方案虽然诱人，但是很难付诸实现；高成本的系统从长远看是合理的，但是它所需要的投资超出了预算。从已经确定的系统规模和目标来看，显然中等成本的方案是最好的。

3. 软件开发初步计划的制订

把软件系统生命周期划分成阶段，有助于制订出相对合理的开发计划。当然，在开发阶段的早期，制订的开发计划是比较粗略的，表2-3给出了展会观众信息管理系统中等成本方案的初步开发计划。

表2-3 展会观众信息管理系统中等成本方案的初步开发计划

阶段	需要的时间
可行性研究	0.5 月
需求分析	1.0 月
概要设计	0.5 月
详细设计	1.0 月
系统实现	2.0 月
总计	5.0 月

系统分析员归纳整理本阶段的工作成果，写出正式的文档，对于成本/效益分析的内容可根据表2-2所列的计划进行适当修正，提交给经理和展会全体工作人员参加的会议进行审查，在得到有关领导的正式批准后，才可进入正式的系统实施阶段。

单元小结

软件定义阶段是软件生命周期中最短的阶段，这个阶段要确定系统的目标、规模和基本任务，并完成书面报告。这就需要对系统用户和用户单位的负责人进行调查，根据系统设计的目标、对现有系统的分析和新系统的解决方案等给出明确的可行性报告。

可行性报告要给出系统可行的结论，或及时终止不可行的项目，避免浪费或提出需要什么条件落实后才能开发软件。

制订软件开发计划可采用甘特图和工程网络图。

软件工程可行性报告和软件工程开发计划要得到使用方领导的审核批准，才能正式进入软件工程的实施阶段。

习题 2

1．软件计划时期有哪些主要步骤？

2．什么是软件定义？

3．什么是可行性研究？可行性研究报告的内容是什么？可行性研究的结论有哪几种？

4．软件工程开发计划书有哪些内容？

5．图书馆管理系统更便于对图书进行分类和管理，对借阅者进行时间限定，使得借书的效益更高。图书馆管理系统可以提高工作效益，便于操作，能有效地对数据进行更新、查询，并能在一定程度上实现自动化。图书馆管理系统的主要功能：书目管理、借阅证管理、借还图书、查询、缴费。书目管理（比如新增书目，删除书目等）主要是针对管理员身份而言的。借阅证管理分为 5 部分：注册、补发、挂失、暂停、注销。借还图书分为两部分：借书、还书。查询分为两部分：图书查询、借阅时间。缴费主要是计算超期罚款并缴纳费用。

试对系统进行可行性研究，用 Visio 绘制图书馆管理系统的系统流程图，同时制订系统的开发计划，用甘特图描述进度计划安排。

6．试对自己所承担的软件工程课程设计课题，制订初步的进度计划。

单元 3　需求分析

单元导读

　　所谓需求分析，是指对要解决的问题进行详细的分析，弄清楚问题和要求，包括需要输入什么数据、要得到什么结果、最后应输出什么。可以说，软件工程中的需求分析就是确定要计算机"做什么"，要达到什么样的结果，也就是说，需求分析是做系统之前必须要明确的。软件需求分析是软件开发早期的一个重要阶段，它在问题定义分析和可行性研究阶段之后进行。在需求分析阶段，主要应明确软件系统必须"做什么"，需求分析是软件开发人员和用户共同明确用户对系统的确切要求的过程，是整个系统开发的基础，这是关系到软件开发成功的关键步骤。

　　为了使学生更好地掌握软件工程的技术、方法，本单元将介绍一些软件工程应用实例，如高校医疗费管理系统、高校学生成绩管理系统、商品销售管理系统等。在后续几个单元将分别对这些系统在软件生命周期其他阶段的分析设计方法、步骤和有关文档进行介绍。

教学目标

- 使学生掌握软件需求分析的方法和技能，能够对实施的项目进行高质量的需求分析，从而提高学生的软件需求分析和软件开发能力。
- 提高学生的沟通表达能力，培养学生在软件开发中的团队合作意识。
- 通过对软件需求的学习，学生能够有效地应用软件需求工程的基本原理和方法，并结合具体的开发项目，做出正确的需求分析和规范的需求分析文档等。
- 全面掌握软件需求工程的基础理论。
- 掌握结构化需求分析的方法与技术。
- 掌握有效的需求获取方法。
- 掌握需求验证方法。
- 掌握需求文档模板与写作方法。

任务 1 认识需求分析

任务描述

需求分析的任务是明确用户对系统的确切要求，需求分析阶段的依据是可行性研究阶段形成的文档。可行性研究阶段已经确定了系统必须完成的基本功能，在需求分析阶段，分析员应将这些功能进一步具体化，在这个阶段结束时应交出的文档包括实体−关系图、详细的数据流图、状态转换图和数据字典。在需求分析阶段结束时，必须对软件需求进行严格的审查，以确保软件产品的质量。

任务要求

需求分析是发现、逐步求精、建立模型、进行规格说明和复审的过程。

发现，就是尽可能准确地了解用户当前的情况和需要解决的问题。需求分析阶段并不需要马上进行具体的系统设计和需求实现。

逐步求精是人类解决复杂问题时采用的基本方法，也是软件工程很多阶段采用的办法，在软件需求分析、软件设计和实现、测试、软件集成等阶段都采用此方法。逐步求精就是"为了能集中精力解决主要问题，尽量推迟对细节问题的考虑"。人类对问题的认知过程遵守 Miller 法则：一个人在任何时候都只能把注意力集中在 7 个知识点，误差不超过 2 个（7±2 个知识点）个。因而在进行需求分析时，对用户提出的要求应反复地多次细化。一般可以通过把一个复杂的问题进行分解并逐层细化，来充分理解用户的需求，进而对系统需求有一个完整、准确、具体的了解。

建立模型，就是描述用户需求，可以帮助分析人员更好地理解软件系统的信息、功能和行为，这些模型是软件设计的基础。在模型中，人们总是剔除那些与问题无关的、非本质的东西，从而使模型与真实的实体相比更加简单、易于理解。建立模型可使用的工具有实体−关系图、数据流图、状态转换图、数据字典、层次图、IPO 图等。

软件需求分析阶段要求用需求规格说明表达用户对系统的要求。软件需求规格说明一般含有软件的目标、系统的数据描述、功能描述、行为描述、软件确认标准、资料目录及附录等。规格说明可用文字方式表示，也可用图形表示。

软件需求分析的结果要经过严格的审查。软件需求是进行软件设计、实现和质量度量的基础，与需求不符就是软件质量不高，因而必须经过软件使用方有关领导的正式审查批准，才可进入软件设计阶段。需求分析阶段的具体任务是确定目标系统的具体要求和建立目标系统的逻辑模型。

🔗 知识链接

需求分析

1. 需求分析的概念

需求分析也称为软件需求分析、系统需求分析或需求分析工程等，是开发人员经过深入细致的调研和分析，准确理解用户和项目的功能、性能、可靠性等具体要求，将用户非形式的需求表述转化为完整的需求定义，从而确定系统必须做什么的过程。

2. 需求分析的目标

需求分析的目标是把用户对待开发软件提出的要求或需要进行分析与整理，确认后形成描述完整、清晰与规范的文档，确定软件需要实现哪些功能，完成哪些工作。此外，软件的一些非功能性需求（如软件性能、可靠性、响应时间、可扩展性等），软件设计的约束条件，运行时与其他软件的关系等也是软件需求分析的目标。

3. 需求分析方法

目前，软件需求的分析方法较多，有一些大同小异，而有的则基本思路相差很大。从开发过程及特点出发，软件开发一般采用软件生存周期的开发方法，有时采用开发原型以帮助了解用户需求。在软件分析时，自上而下由全局出发全面规划分析，然后逐步设计实现。

从系统分析出发，可将需求分析方法大致分为功能分解方法、结构化分析方法、信息建模方法和面向对象的分析方法。

（1）功能分解方法。将新系统作为多功能模块的组合，各功能可分解为若干子功能及接口，子功能再继续分解，便可得到系统的雏形，即功能分解——功能、子功能、功能接口。

（2）结构化分析方法。结构化分析方法是一种从问题空间到某种表示的映射方法，是结构化方法中重要且被普遍接受的表示系统，由数据流图和数据词典构成并表示。此分析法又称为数据流法。其基本策略是跟踪数据流，即研究问题域中数据流动方式及在各个环节上所进行的处理，从而发现设计数据流并加工。结构化分析可定义为数据流、数据处理或加工、数据存储、端点、处理说明和数据字典。

（3）信息建模方法。它从数据角度对现实世界建立模型。大型软件较复杂，很难直接对其分析和设计，常借助模型。模型是开发中的常用工具。系统包括数据处理、事务管理和决策支持。实质上，系统也可看成是由一系列有序模型构成的，其有序模型通常为功能模型、信息模型、数据模型、控制模型和决策模型。有序是指这些模型是分别在系统的不同开发阶段及开发层次一同建立的。建立系统常用的基本工具是 E-R 图，此方法经过改进后称为信息建模方法，后来又发展为语义数据建模方法，并引入了许多面向对象的特点。

信息建模可定义为实体或对象、属性、关系、父类型/子类型和关联对象。此方法的核心概念是实体和关系，基本工具是 E-R 图，其基本要素由实体、属性和联系构成。该方法的基本策略是从现实中找出实体，然后再用属性进行描述。

（4）面向对象的分析方法。面向对象的分析方法的关键是识别问题域内的对象，分析它们之间的关系，并建立三类模型，即对象模型、动态模型和功能模型。面向对象主要考虑类或对象、结构与连接、继承和封装、消息通信，只表示面向对象的分析中几项最重要的特征。类的对象是对问题域中事物的完整映射，包括事物的数据特征（即属性）和行为特征（即服务）。

4. 需求分析的特点

需求分析的特点，主要体现在以下几个方面。

（1）确定问题难。主要原因：一是应用领域的复杂性及业务变化；二是用户需求所涉及的因素多，比如运行环境和系统功能、性能、可靠性和接口等。

（2）需求时常变化。软件的需求在整个软件生存周期，常会随着时间和业务而有所变化。有的用户需求经常变化，如一些企业可能正处在体制改革与企业重组的变动期和成长期，其企业需求不成熟、不稳定和不规范，致使需求具有动态性。

（3）交流难以达成共识。需求分析涉及的人事物及相关因素多，与用户、业务专家、需求工程师和项目管理员等进行交流时，不同的背景知识、角色和角度等，使交流达成共识较难。

（4）获取的需求难以达到完备与一致。由于不同人员对系统的需求认识不尽相同，所以对问题的表述不够准确，各方面的需求还可能存在着矛盾。矛盾难以消除，也就难以获取完备和一致的需求。

（5）需求难以进行深入的分析与完善。诸如需求分析做得不够全面或准确，客户环境和业务流程的改变，市场趋势的变化等，随着分析、设计和实现而得到不断完善，这些都可能在最后阶段导致重新修订软件需求。分析人员应认识到需求变化的必然性，并采取措施减少需求变更对软件的影响。对必要的需求变更要经过认真评审、跟踪和比较分析后才能实施。

5. 需求分析的原则

为了促进软件研发工作的规范化、科学化发展，软件领域提出了许多软件开发与说明的方法，如结构化方法、原型化法、面向对象方法等。这些方法有的很相似。在实际需求分析工作中，每一种需求分析方法都有独特的思路和表示法，基本都适用下面的需求分析的基本原则。

（1）侧重表达理解问题的数据域和功能域。对新系统程序处理的数据，其中数据域包括数据流、数据内容和数据结构，而功能域则反映了它们关系的控制处理信息。

（2）应分解细化需求问题，建立问题层次结构。可将复杂问题按具体功能、性能等分解并逐层细化、逐一分析。

（3）建立分析模型。模型包括各种图表，是对研究对象特征的一种重要表达形式。通过逻辑视图可给出目标功能和信息处理的关系，而非实现细节。由系统运行及处理环境确定物理视图，然后通过物理视图确定处理功能和数据结构的实际表现形式。

6. 需求分析的过程

需求分析阶段的工作包括问题识别、分析与综合、制定规格说明、评审。

（1）问题识别：从系统角度来理解软件，确定对所开发系统的综合需求，并提出这些需求的实现条件，以及需求应该达到的标准。这些需求包括功能需求（做什么）、性能需求（要达到什么指标）、环境需求（如机型、操作系统等）、可靠性需求（不发生故障的概率）、安全保密需求、用户界面需求、资源使用需求（软件运行时所需的内存、CPU 等）、软件成本消耗与开发进度需求等。

（2）分析与综合：逐步细化所有的软件功能，找出系统各元素间的联系、接口特性和设计上的限制，分析它们是否满足需求，剔除不合理部分，增加需要部分，最后综合成系统的解决方案，给出要开发的系统的详细逻辑模型（系统需要做什么的模型）。

（3）制定规格说明书：即编制文档，描述需求的文档称为软件需求规格说明书。请注意，需求分析阶段的成果是需求规格说明书（需要向下一阶段提交）。

（4）评审：对功能的正确性、完整性、清晰性以及其他需求给予评价。评审通过才可进行下一阶段的工作，否则重新进行需求分析。

7. 确定目标系统的具体要求

（1）确定系统的运行环境要求。系统运行时的硬件环境要求包括对计算机的 CPU、内存、外存储器类型、数据输入/输出方式、数据通信接口、数据输出设备等的要求，软件环境要求包括对操作系统、汉字系统、数据库管理系统、程序设计语言等的要求。

（2）确定系统的性能要求。系统的性能包括存储容量、安全性、可靠性、响应时间（即从终端输入数据到系统后，系统在多长时间内可以有反应，这对于实时系统来讲是关系到系统能否被用户接受的问题）等。

（3）确定系统功能。确定目标系统必须具备的所有详细的功能。

8. 建立目标系统的逻辑模型

需求分析实际上就是建立系统模型的活动。

模型是为了理解事物而对事物做出的一种抽象，是对事物的无歧义的书面描述。模型由一组图形符号和组成图形的规则组成，建立系统逻辑模型的基本目标如下：

● 描述用户需求。

● 为软件的设计奠定基础。

● 定义一组需求，用以验收软件产品。

软件系统的逻辑模型分为数据模型、功能模型和行为模型。

（1）数据模型。数据模型表示问题的信息域。数据模型用实体－关系图来描述数据对象之间的关系。

（2）功能模型。功能模型定义软件的功能，用数据流图来描述，其作用如下：

1）描述数据在系统中移动时如何变换。

2）描绘变换数据流的功能和子功能。

（3）行为模型。行为模型表示软件的行为，用状态转换图来描绘系统的各种行为模式（状态）和不同状态间的转换。

任务实施

针对某高校医疗费管理系统，请进行相应的需求分析。

某高校医疗费分为校内门诊费、校外门诊费、住院费、子女医疗费 4 种，要求在数据库中存放每个职工的职工号、姓名、所属部门，职工报销时填写所属部门、职工号、姓名、日期、医疗费种类和数额。该校规定，每年每个职工的医疗费报销有限额（如 480 元），限额在年初时确定，每个职工一年内报销的医疗费不超过限额时可全部报销；超过限额时，超出部分只可报销 90%，职工个人负担 10%；职工子女的医疗费报销也有限额（如 240 元），超出部分可报销 50%。

医疗费管理系统每天记录当天报销的若干职工或职工子女的医疗费的类别和金额，并存放到数据库中。当天下班前由系统自动结账、统计当天报销的医疗费总额，供出纳员核对。每笔账要保存备查，各个职工及子女每天报销的费用要和已报销的医疗费金额累计起来，以便检查哪些职工及子女已超额。系统要设计适当的查询功能。年终结算、下一年度开始时，要对数据库文件进行初始化，每位职工的初始余额为医疗费限额，凡是前一年医疗费有余额的职工，都可将上年余额累加到新年度的余额中。职工调离本单位、调入本单位或在本单位内部各部门间调动时，数据库文件要及时进行修改。

以下对医疗费管理系统进行需求分析。

（1）确定系统。字段名，则应在数据字典中说明字段名所对应的中文含义。

（2）系统性能要求。由于医疗费管理系统涉及会计经费问题，数据不能随意更改，但数据输入时又难免会出错，因而在每输入一位职工的医疗费后，屏幕提示"数据有误吗？"，要求会计进行核对，若发现有误，可及时更改。每天报销工作结束时，在数据存档前，再让出纳员核对一下经费总额，若出纳员支出的金额总数和计算机结算的数据不相符，说明数据有误。可让计算机显示每笔报销账目，供仔细核对，此时允许再修改一次。正式登账后，数据就不允许修改了，由此来保证财务制度的严格性和数据的安全性。

（3）系统功能。该系统的主要功能有数据输入、结算、累加、统计、查询打印及系统维护。

1）数据输入。报销医疗费需要输入的数据为报销日期、职工号、姓名、部门名、校外门诊费、校内门诊费、住院费、子女医疗费，数据输入后，系统会立即到数据库里查询该职工已报销的医疗费数额，计算本次可报销的数额，若未超支，则可全额报销，超支部分报销 90%。

2）结算。显示当日报销人数、各类医疗费总额及所有类别的总额以供核对。若数额有误，将当日报销人员及分类数额全部列出，供出纳员仔细核对，若发现错误，则进入"修改"模块进行修改。

3）修改。会计账是不能随意修改的，这里只允许修改当天输入的错误数据。

4）累加。结算正确后，执行"累加"程序。

● 将医疗费明细账存到当年全校医疗费明细账文件中，此项功能不可重复执行。

● 把当日报销的职工医疗费的金额分类累加到每个职工各自的医疗费总额中，并算出医疗费的余额（余额 = 限额 - 总额）。当总额超过限额时余额为 0。

5）统计。职工或子女所报销的医疗费超过限额时，称为"超支"。系统需要统计未超支职工、已超支职工、未超支子女、已超支子女，这里每项统计都要求列出有关人员名单及医疗费总额。另外，统计全校医疗费总支出，要求分别列出各类别的全校职工医疗费总额及所有类别的总额。

6）查询打印。查询内容可以选择在屏幕上显示，也可选择用打印机输出结果。可以查询的内容包括未超支职工、已超支职工、未超支子女、已超支子女、全校总支出、指定职工的医疗费明细账（最后一行列出各项累计数据）及全校职工医疗费明细账。

7）系统维护。

● 更改医疗费限额（在年初进行）。

● 更改医疗费超支时的报销比例（在年初进行）。

● 初始化（在年初进行）：建立年度每个职工医疗费明细账；职工医疗费累计文件中各类医疗费的值赋 0，每个职工的余额为新年度的限额加各职工之前年度的余额，总额为 0；人员变动包括新增职工、删除职工或修改职工所在部门。

任务 2　认识结构化分析步骤

任务描述

传统的软件工程方法学采用结构化分析（Structured Analysis，SA）技术完成需求分析工作，结构化分析实质上是一种创建模型的活动。

需求分析的步骤包括进行调查研究、分析和描述系统的逻辑模型、修正软件工程开发计划、制订初步的系统测试计划、编写初步的用户手册及对需求分析进行复审。此时的用户手册只能描述用户的输入和系统的输出结果，开发人员可在以后的系统设计过程中再对该用户手册加以补充、修改。

任务要求

对于不同的软件开发方法，在进行需求分析时具体步骤会有所不同，但有一点是相同的，那就是需求分析阶段要做充分的调查研究。做好充分的调查研究，对需求分析至关重要，真正了解了用户的需求，才能更好地构建系统的逻辑模型，这也是后续阶段成功的基础。除了分析和描述系统的逻辑模型外，还需要复审。

知识链接

1. 调查研究的目的

调查研究的目的是了解用户的真正需要。用户是信息的唯一来源，因此要对用户进行认真的调查研究，并且要让用户起积极主动的作用，这对于需求分析的成功是至关重要的。

只有在正确的需求分析的基础上进行设计和实现，系统才可能是高质量的、符合用户需要的。

2. 调查研究的方法

调查研究总是从通信开始的，软件开发人员与用户之间需要进行通信。调查研究的方法有访谈、分发调查表、开会讨论等。

访谈有正式访谈和非正式访谈。对于正式访谈，事先要准备好具体问题，以询问用户。非正式访谈要鼓励被访问人员表达自己的想法。

采用分发调查表的方法时，要列出需要了解的内容，让用户书面回答问题。用户在书面回答问题时，若经过仔细思考，可能回答得更准确。但是，调查表的回收率往往不是很高，只有在需要做大量调查研究时，才采用分发调查表的方法。

也可采用开会讨论的方法。开会之前，要让每位与会者预先做好充分的准备。开会时用户和开发人员通过讨论共同研究、定义问题，提出解决方案的要素，商讨不同的解决方法，最后确定系统的基本需求。

系统分析员要把来自用户的信息加以分析，与用户一起商定，澄清模糊的要求，删除做不到的要求，改正错误的要求；对目标系统的运行环境、功能等问题，要和用户取得一致的意见。需求分析还要对用户运行目标系统的过程和结果进行分析。

3. 分析和描述系统的逻辑模型

（1）建立目标系统的逻辑模型。本阶段要把来自用户的信息加以分析，可以通过抽象建立起目标系统的逻辑模型。系统的逻辑模型表示方式：用数据模型、数据字典描述软件使用或产生的所有数据对象，用实体－关系图描述数据对象之间的关系，用数据流图描述数据在系统中如何变换，用状态转换图描绘系统的各种行为模式（状态）和不同状态间的转换。

例如信息处理系统，通常都是把输入的数据转变为所需要的输出信息，数据决定了开发时所需要的处理和算法。所以，数据是分析的出发点。

又如 AutoCAD 绘图软件包的功能可分为绘制各种二维或三维图形、编辑或修改图形等，当绘制某具体图形时，需要有具体的数据。如绘制一圆，圆上三点的坐标，圆的半径和圆心的位置，圆的直径及直径两端的位置都可确定一个圆。用绘图软件包时，数据输入的方法也有几种，如用键盘输入具体的圆心坐标值、半径数值，或用鼠标在屏幕选择一个点，移动鼠标选择圆半径的大小，用户认为合适时再确认半径的大小。不同的参数输入系统后，系统要绘制出图形来，具体算法是各不相同的。诸如此类很多大的问题、细致的问题，都需要进行分析描述。

（2）沿数据流图回溯。目标系统的数据流图画好以后，要分析输出数据是由哪些元素组成的，每个输出数据元素又是从哪里来的，沿数据流图的输出端往输入端追溯，此时有关的算法也就初步定义了在沿数据流图回溯时，有的数据元素可能在数据流图中还没有描述，或具体算法还没有确定，需要进一步向用户请教或进一步研究算法。此方法通常把分析过程中得到的数据元素的信息记录在数据字典中，把补充的数据流、数据存储、数据处理添加到数据流图适当的位置上。

4. 需求分析的复审

系统分析员需要和用户一起对需求分析结果进行严格的审查。系统分析员得到的实体关系图、详细的数据流图、数据字典、状态转换图和一些简明的算法描述准确吗？完整吗？有处理成数据元素吗？数据元素从何来？如何处理？正确吗？……这一切都必须有确切的答案，而这些答案只能来自系统用户。因而，必须请用户对需求分析做仔细的复查。

用户对需求分析的复查是从数据流图的输入端开始的，分析员可借助于数据流图和数据字典及简明的算法描述向用户解释系统是如何将输入数据一步一步转变为输出数据的。

用户应该注意倾听分析员的详细介绍，及时地进行纠正和补充。在此过程中很可能引出新的问题，此时应及时修正和补充实体－关系图、详细的数据流图、数据字典、状态转换图和一些简明的算法描述，然后再由用户对修改后的系统做复查。如此反复循环多次，才能得到完整准确的需求分析结果，才能确保整个系统的可靠性和正确性。

需求分析阶段结束时应提供的文档有修正后的项目开发计划、软件需求规格说明书、实体－关系图、详细的数据流图、数据字典、状态转换图和一些简明的算法描述、数据要求说明书、初步的测试计划、初步的用户手册等。

软件需求说明书完成以后，需要认真地进行技术评审，保证所描述的软件系统的功能正确、完整和清晰，评审的内容如下所述。

（1）一致性。系统定义的目标要与用户的要求一致，所有需求必须是一致的，任何一条需求不能和其他需求互相矛盾。

（2）完整性。需求必须是完整的，规格说明应该包括用户需要的每个功能或性能，不能有遗漏。主要检查文档中的所有描述是否完整、清晰、准确地反映用户要求，所有数据流与数据结构是否足够、确定，所有图表是否清楚、容易理解，与其他系统组成部分的接口是否都已描述，是否详细制定了检验标准。

（3）现实性。指定的需求应该是所使用的硬件技术和软件技术可以实现的。要检查设计的约束条件或限制条件是否符合实际，软件开发的技术风险是什么，软件开发计划中的估算是否受到影响。必要时可采用仿真或性能模仿技术辅助分析需求的现实性。

（4）有效性。必须证明需求是正确有效的，确实能实现用户所需要的功能，还要考虑用户将来可能会提出的软件需求。

只有系统用户才能知道软件需求说明书是否完整、准确、有效、一致，但是许多时候用户并不能完整、准确地表达他们的需求，因此，最好能先开发一个试用版软件，通过试用让用户实际体会一下，以便更好地认识到他们实际需要什么，并在此基础上修改完善需求规格说明。这种方法就是快速原型法。快速原型法会增加软件开发成本，原型系统所显示的只是系统的主要功能而不是全部功能，因此在开发原型系统时，可以降低对接口、性能方面的要求，以降低开发成本。

任务实施

结构化分析方法的基本思想是自顶向下逐层分解。分解和抽象是人们控制问题复杂性的两种基本手段。对于一个复杂的问题，人们很难一下子考虑问题的所有方面和全部细节，通常可以把一个大问题分解成若干个小问题，每个小问题再分解成若干个更小的问题，经过多次逐层分解，每个最底层的问题都是足够简单、容易解决的，于是复杂的问题也就迎刃而解了。这个过程就是分解过程。

结构化分析与面向对象分析方法之间的最大差别：结构化分析方法把系统看作一个过程的集合体，包括人完成的和计算机完成的；而面向对象方法则把系统看成一个相互影响的对象集。结构化分析方法的特点是利用数据流图来帮助人们理解问题，对问题进行分析。

综上，其步骤如下：

（1）研究"物质环境"。首先，应画出当前系统（可能是非计算机系统，或是半计算机系统）的数据流图，说明系统的输入、输出数据流，说明系统的数据流情况，以及经历了哪些处理过程。在这个数据流图中，可以包括一些非计算机系统中数据流及处理的命名，例如部门名、岗位名、报表名等。这个过程可以帮助分析员有效地理解业务环境，在与用户的充分沟通与交流中完成需求分析。

（2）建立系统逻辑模型。当物理模型建立完成之后，接下来的工作就是画出相对于真实系统的等价逻辑数据流图。在前一步骤建立的数据流图的基础上，将所有自然数据流都转成等价的逻辑流，例如：将现实世界的报表存储在计算机系统中的文件里；或将现实世界中"送往总经理办公室"改为"报送报表"。

（3）划清人机界限。最后，确定在系统逻辑模型中，哪些将自动化完成，哪些仍然保留手工操作。这样，就可以清晰地划清系统的范围。

任务 3　使用需求分析图形工具

任务描述

一般在工作中，通常用自然语言完整、准确、具体地描述系统的数据要求、功能需求、性能需求、可靠性和可用性需求、出错处理需求、接口需求、约束、逆向需求以及将来可能提出的需求。为了更好地满足用户的真正需求，需求分析阶段需要使用形象直观的图形工具。掌握这些工具对于软件分析人员来说很重要，本任务希望学生通过案例学会使用常用的图形工具。

任务要求

通常，模型由一组图形符号和组织这些符号的规则组成。需求分析过程应该建立的三种模型：数据模型、功能模型和行为模型。实体—联系图：描绘数据对象、数据对象的属性及数据对象之间的关系，用于建立数据模型。数据流图：描绘当数据在软件系统中流动和被处理的逻辑过程，是建立功能模型的基础。状态转换图：描绘了系统的状态及引起状态转换的事件，是建立行为模型的基础。学会灵活运用需求分析阶段的图形工具，即实体—关系图、数据流图、状态转换图和 IPO（Input Processing Output，输入处理 / 输出）图。

知识链接

需求分析图形工具

1. 实体—关系图

为理解和表示问题域的信息，可以建立数据模型。数据模型包含数据对象、属性和关系 3 种相互关联的信息。

（1）数据对象。数据对象是软件中必须理解的、具有一系列不同性质或属性的事物。例如：在学生成绩管理系统中，学生的属性有学号、姓名、性别、班级、课程、成绩等。只有单个值的事物不是数据对象，比如姓名。

数据对象可以是外部实体（如产生或使用信息的事物）、事物（如报表、屏幕显示）、事件（如升级、留级）、角色（如学生、教师）、单位（如系、班级）、地点（如教室）或结构（如文件）等。

一个软件中的数据对象彼此间是有关联的。例如，数据对象"教师"和"学生"的关联是通过"课程"建立的（"教师"教某门"课程"，"学生"学某门"课程"）。

数据对象只封装了数据，没有定义对数据的操作，这是数据对象与面向对象方法中的类或对象的显著区别。

（2）属性。属性定义了数据对象的性质。应根据对要解决的问题的理解，来确定数据对象的属性。

可以确定数据对象的一个实例的一个或多个属性称为关键字。例如：学生成绩管理系统中，学生的属性有学号、姓名、性别、系、班级、课程及成绩等，其中，学号是关键字。学生的姓名可能会有重名，但是一个学号只对应一位学生。又如：某高校图书馆图书流通管理系统中，学生的属性有学号、姓名、性别、班级、借书日期、图书编号、书名及还书日期等，其中学号是关键字；图书的属性有图书编号、书名、作者、出版社、出版年月及价格等，其中图书编号是关键字，同一种书可能图书馆会有好几本，但是图书编号与每本书是一对一的。

（3）关系。数据对象之间相互连接的方式称为关系或联系，关系分为以下 3 类：

1）一对一联系（1:1），例如一个班级有一个班长。

2）一对多联系（1:N），例如一个班级每学期要学习多门课程，但这个班级的每门课程只能由一位教师担任。

3）多对多联系（$M:N$），例如学生与课程之间的联系是多对多，一个学生可以学多门课程，每门课程有多个学生学。

联系也可能有属性，例如：学生学习某门课程所取得的成绩不是学生的属性，也不是课程的属性，成绩由特定的学生、特定的课程所决定，所以成绩是学生和课程的联系"学"的属性。

实体—关系图。实体—关系图（Entity-Relationship Diagram）简称 E-R 图，由矩形框、菱形框、圆形或圆角矩形框及连线组成。其中，矩形框表示实体，菱形框表示关系，圆形或圆角矩形框表示实体（或关系）的属性。

2. 数据流图

数据流图（Data Flow Diagram）简称 DFD，它从数据传递和加工角度，以图形方式来表达系统的逻辑功能，以及描绘数据在系统中流动和处理的过程。由于它只反映系统必须完成的逻辑功能，因此它是一种功能模型，即数据流图是用来描绘信息在软件系统中的流动情况和系统处理过程的图形工具。数据流图中没有任何具体的物理元素，只是描绘信息在系统中流动和处理的情况。即使不是计算机专业技术人员，也很容易理解数据流图，它是软件设计人员和用户之间极好的通信工具。设计数据流图时，只需考虑软件系统必须完成的基本逻辑功能，完全不需要考虑如何具体地实现这些功能。因而可以在软件生命周期的早期（可行性研究阶段）绘制数据流图，以便在软件生命周期的需求分析、概要设计等阶段不断地对它进行改进、完善和细化。不要将数据流图与系统流程图、程序流程图相混淆，数据流图是从数据角度来描述一个系统，而框图是从对数据进行加工的工作人员的角度来描述系统。

数据流图有 4 种基本符号和 3 种附加符号，具体如下：

（1）数据流图的基本符号如图 3-1 所示。

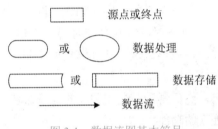

图 3-1　数据流图基本符号

1）数据源点或终点：系统外部环境中的实体（人员、组织或其他软件系统）统称外部实体，表达该系统数据的外部来源和去向。

2）数据处理（又称加工）：对数据进行某些操作或变换，每个处理需要被命名，通常使用动词短语，简明地描述完成什么处理。在分层的数据流图中还应进行编号。

3）数据存储（又称文件）：指暂时保存的数据，它可以是数据库文件或任何形式的数据组织，一般为表结构。

4）数据流：数据流是数据传递的路径，因此由一组成分固定的数据组成，箭头表示数据流向。由于数据流是流动中的数据，因此必须有流向，除了与数据存储之间的数据流不用命名外，数据流应该用名词或名词短语命名。

（2）数据流图的附加符号。

● *：表示数据流之间是"与"关系（同时存在）。

● +：表示数据流之间是"或"关系。

● ⊕：表示只能从几个数据流中选一个（互斥关系）。

数据流图附加符号使用举例如图 3-2 所示。

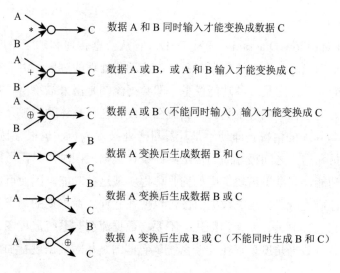

图 3-2　数据流图附加符号

1）为数据流（或数据存储）命名的方法如下：

- 名字应该代表整个数据流（或数据存储）的内容。
- 不要使用空洞的、缺乏具体含义的名字（如"数据""输入"）。
- 如果为某个数据流（或数据存储）起名字时遇到困难，则很可能是因为对数据流图的分解不恰当造成的，应该试试重新分解数据流图。

2）为处理命名的方法如下：

- 通常先为数据流命名，然后再为与之相关联的处理命名。
- 名字应该反映整个处理的功能。
- 应该尽量避免空洞笼统的动词作名字（如"处理""加工"）。
- 通常用一个动词命名，如果必须用两个动词才能描述整个处理的功能，则可能要把这个处理分解成两个处理更恰当。
- 如果在为某个处理命名时遇到困难，则很可能是发现了分解不当的情况，应考虑重新分解。

3）为数据源点／终点命名的方法如下：

通常，为"数据源点／终点"命名时，采用它们在问题域中习惯使用的名字（如"仓库管理员""采购员"）。

画数据流图的目的是让读者明确系统中数据流动和处理的情况，也就是描述系统的基本逻辑功能。对于一个大型系统来说，数据流图的表示方法不是唯一的，一般采用分层次描述系统的方法，顶层数据流图描述系统的总体概貌，表明系统的关键功能，每个关键功能分别用数据流图适当地详细描述。这样分层次地描述，便于读者逐步地深入了解一个复杂的系统。

首先介绍分层数据流图的知识。

数据流图采用分层的形式来描述系统数据流向，每一层次都代表了系统数据流向的一个抽象水平，层次越高，数据流向越抽象。高层次的数据流图中处理可以进一步分解为低层次、更详细的数据流图。

层级数据流图分为顶层数据流图、中层数据流图和底层数据流图。除顶层数据流图外，其他数据流图从零开始编号。顶层数据流图只含有一个加工表示整个系统；输出数据流和输入数据流为系统的输入数据和输出数据，表明系统的范围，以及与外部环境数据的交换关系。中层数据流图是对父层数据流图中某个加工进行细化描述的数据流图，而它的某个加工也可以再次细化，形成子图；中间层次的多少，一般视系统的复杂程度而定。底层数据流图是指其加工不能再分解的数据流图，其加工称为"原子加工"。

在单张数据流图中必须注意以下原则：一个加工的输出数据流不应与输入数据流同名，即使它们的组成成分相同；保持数据守恒，也就是说，一个加工所有输出数据流中的数据必须能从该加工的输入数据流中直接获得，或者说是通过该加工能从输入数据流产生输出数据流；每个加工必须既有输入数据流，又有输出数据流；所有的数据流必须以一个外部实体开始，并以一个外部实体结束；外部实体之间不应该存在数据流。

画数据流图的步骤如下：

- 画顶层数据流图。列出系统的全部数据源和数据终点，将系统加工处理过程作为一个整体，就可得顶层数据流图。
- 画分层数据流图。把系统处理过程自顶向下逐步进行分解，画出每层数据流图。
- 画总的数据流图。这一步对了解整个系统很有帮助，但也要根据实际情况来决定总图的布局，不要把数据流图画得太复杂。

注意事项如下：

- 一张数据流图中所含的处理不要太多。数据流图可分为高层总体数据流图和多张细化的数据流分图。调查研究表明，如果一张数据流图中包含的处理多于 9 个，人们将难以理解其含义，所以数据流图应该分层绘制，把复杂的功能分解为子功能来细化数据流图。
- 数据流图细化原则。数据流图分层细化时必须保持信息的连续性，细化前后对应功能的输入和输出数据必须相同。如果在把一个功能细化为子功能时需要写出程序代码，就不应进行细化了。
- 一个数据处理不一定是一个程序。一个处理框可以代表单个程序或一个程序模块，也可以是一个处理过程。
- 一个数据存储不一定是一个文件。数据存储可以表示一个文件或一个数据项，数据可以存储在任何介质上。
- 数据存储和数据流都是数据，只是所处的状态不同。数据存储是静止状态的数据，数据流是运动状态的数据。
- 命名。不论数据流、数据存储还是加工，合适的命名都让人们易于理解其含义。
- 画数据流而不是控制流。数据流反映系统做什么，不反映系统如何做，因此箭头上的数据流名称只能是名词或名词短语，整个图中不反映加工的执行顺序。
- 一般不画物质流。数据流反映能用计算机处理的数据，并不是实物，因此对目标系统的数据流图一般不要画物质流。

- 每个加工至少有一个输入数据流和一个输出数据流，反映出此加工数据的来源与加工的结果。
- 编号。如果将一张数据流图中的某个加工分解成另一张数据流图，则上层图为父图，直接下层图为子图，子图及其所有的加工都应编号。
- 父图与子图的平衡。子图的输入和输出数据流同父图相应加工的输入和输出数据流必须一致。
- 局部数据存储。如果某层数据流图中的数据存储不是父图中相应加工的外部接口，而只是本图中某些加工之间的数据接口，则称这些数据存储为局部数据存储。
- 提高数据流图的易懂性。注意合理分解，要把一个加工分解成几个功能相对独立的子加工，这样可以减少加工之间输入、输出数据流的数目，提高数据流图的可理解性。

3. 状态转换图

状态转换图（简称为状态图）通过描绘系统的状态及引起系统状态转换的事件，来表示系统的行为。此外，状态图还指明了作为特定事件的结果系统将做哪些动作。当在系统建模过程中需要描述某个事物或对象的不同状态，以及状态之间转移的事件和动作时，可以使用状态图。

状态是任何可以被观察到的系统行为模式，一个状态代表系统的一种行为模式。状态规定了系统对事件的响应方式。在状态图中定义的状态主要有初态（即初始状态）、终态（即最终状态）和中间状态。在一张状态图中只能有一个初态，而终态则可以有 0 至多个。状态图既可以表示系统循环运行过程，也可以表示系统单程生命期。

事件是在某个特定时刻发生的事情，它是对引起系统做动作或（和）从一个状态转换到另一个状态的外界事件的抽象。事件就是引起系统做动作或（和）转换状态的控制信息。

在状态图中，初态用实心圆表示，终态用一对同心圆（内圆为实心圆）表示。中间状态用圆角矩形表示，可以用两条水平横线把它分成上、中、下 3 个部分。上面部分为状态的名称，这部分是必须有的；中间部分为状态变量的名字和值，这部分是可选的；下面部分是活动表，这部分也是可选的。

在活动表中经常使用下述 3 种标准事件：entry、exit 和 do。entry 事件指定进入该状态的动作，exit 事件指定退出该状态的动作，而 do 事件则指定在该状态下的动作。需要时可以为事件指定参数表。活动表中的动作表达式描述应做的具体动作。

状态图中两个状态之间带箭头的连线称为状态转换，箭头指明了转换方向。状态变迁通常是由事件触发的，在这种情况下，应在表示状态转换的箭头线上标出触发转换的事件表达式；如果在箭头线上未标明事件，则表示在源状态的内部活动执行完之后自动触发转换。

那么什么情况下要画状态转换图呢？并不是所有系统都需要画状态转换图，有时系统中的某些数据对象在不同状态下会呈现不同的行为方式，此时应分析数据对象的状态，画出状态转换图，才可正确地认识数据对象的行为，并定义它的行为。

对行为规则较复杂的数据对象要进行如下分析工作：找出数据对象的所有状态；分析在不同状态下，数据对象的行为规则有无差别，若无差别，则将它们合并为一种状态；分析从一种状态可以转换到哪几种其他状态，是数据对象的什么行为能引起这种转换。

4. IPO 图

IPO 图是输入 / 加工 / 输出图的简称。IPO 是指结构化设计中变换型结构的输入（Input）、加工（Processing）、输出（Output）。IPO 图是对每个模块进行详细设计的工具，是由美国 IBM 公司发起并完善起来的一种工具。在系统模块结构图形成的过程中，产生了大量的模块，在进行详细设计时开发者应为每一个模块写一份说明。IPO 图就是用来说明每个模块的输入、输出数据和数据加工的重要工具。

IPO 图是在层次结构图的基础上推出的一种描述系统结构和模块内部处理功能的工具。在总体设计、详细设计、设计、评审、测试和维护的不同阶段，都可以使用 IPO 图对设计进行描述。IPO 图的最重要特征是它能够表示输入 / 输出数据（外部数据和内部数据流程）与软件的加工过程之间的关系，主要是配合层次图详细说明每个模块的内部功能。IPO 图的设计可因人因具体情况而异。但无论怎样设计它都必须包括输入、处理、输出，以及与之相应的数据库文件在总体结构中的位置等信息。

IPO 图其他部分的设计和处理都是很容易的，唯独其中的处理过程描述部分较为困难。对于一些处理过程较为复杂的模块，用自然语言描述其功能十分困难，并且对同一段文字描述，不同的人还可能产生不同的理解（即所谓的二义性问题）。目前用于描述模块内部处理过程的方法有如下几种：结构化语言方法、决策树方法、判定表方法和算法描述语言方法。这几种方法各有其长处和不同的适用范围，在实际工作中究竟用哪一种方法，需视具体的情况和设计者的习惯而定。

一个软件可由一张总的层次化模块结构图和若干张具体模块内部展开的 IPO 图组成。前者描述了整个系统的设计结构及各类模块之间的关系，后者描述了某个特定模块内部的处理过程和输入 / 输出关系。

IPO 图的基本形式是 3 个并排的方框，左边框中列出有关的输入数据，中间框中列出主要的处理，右边框中列出产生的输出数据。处理框中列出的处理按执行的先后顺序书写。IPO 图中用空心箭头指出数据通信的情况，例如：由哪几种数据共同进入何种处理，或什么处理会产生哪些输出结果等。在需求分析阶段可以用 IPO 图简略地描述系统的主要输入、处理和输出及其数据流向。

任务实施

1. 画出学生成绩管理系统的实体 – 关系图

拟设计一个高校学生成绩管理系统，学生每学期学习若干门课程，每门课程有课程号、课程名、学时、学分、考试或考查；每位教师担任若干门课程的教学任务；学生考试后，由任课教师分别填写其所担任课程的单科成绩单，每位学生分别有平时成绩和考试成绩；计算机自动计算每位学生各科成绩的总评分，平时成绩占 30%，考试成绩占 70%；由计算机汇总学生各科成绩，不及格的要补考，3 门以上成绩不及格的学生要留级。

该系统所含的实体主要是教师和学生，下面分析学生和教师在教学过程中的相互关系。

每位"教师"教若干门"课程"，教师和课程的关系是"教"，是1对多的关系。N位"学生"学M门"课程"，学生和课程的关系是"学"，是多对多的关系。

教师的属性：工号、姓名、性别、职称、职务。

学生的属性：学号、姓名、性别、系、班级。

课程的属性：课程号、课程名、学时、学分、类别。

每位"学生"学每一门"课程"后，得到"成绩"，学生学课程的关系可定义属性"成绩"。

学生成绩管理系统中，教师与学生的实体—关系图如图3-3所示。

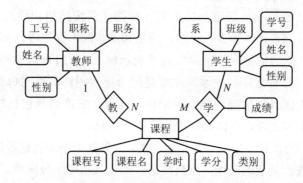

图3-3　教师与学生实体—关系图

2. 画出学生成绩管理系统的数据流图

学生成绩管理系统含输入、处理、输出3个模块。输入学生的基本信息和学生的考试成绩后，系统输出各种学生成绩表、成绩单，因此系统的数据源是学生，学生的基本信息和各门课程的成绩存放到数据库里，然后进行数据处理、计算总评分及进行各类统计，最后产生多种输出结果。个人成绩单发给学生，班级成绩表发给教师，各类统计表发给教务处，因而系统的数据终点是学生、教务处和教师。学生成绩管理系统的高层数据流图如图3-4所示。

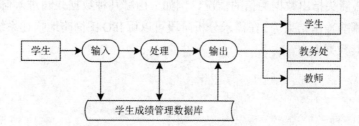

图3-4　学生成绩管理系统的数据流图

3. 画出高校医疗费管理系统的数据流图

前面的单元已对该系统进行了需求分析，系统的数据源是职工。职工的工号、姓名、所在部门等信息预先存放在数据库中，只需输入工号，就可调出该职工的姓名、所在部门等信息，供财务人员将它与该职工自己填写的内容进行核对。因此，职工的医疗费数据在进行输入时，和职工库的数据流之间使用"*"表示"与"的关系。系统执行时，要把数据先存放到当日医疗费明细账数据中，报销结束时会计要进行核对。核对的结果有两种互不相容的情况：发现错误，要修改数据；核对无误，将数据存放到医疗费明细账中去。对与错两条分支数据流之间用"⊕"号表示"互斥"的关系。每个职工的医疗费数据在每次报销后都要进行累加，以便统计其是否超支，累加的结果存放到医疗费总账数据表中。

系统含有查询功能，用户可以对医疗费明细账和医疗费总账进行查询；统计功能的数据来源是医疗费总账；维护功能对医疗费总账、医疗费明细账和职工库进行操作。该系统的数据流图如图 3-5 所示。

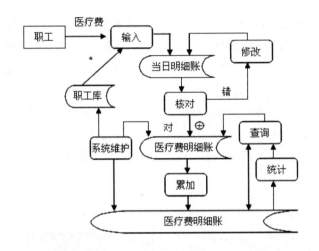

图 3-5　高校医疗费管理系统数据流图

4. 画出数据结构中"栈"对象的状态转换图

数据结构中"栈"有 3 个状态，分别为空、未满和满，可能引起栈的状态发生改变的运算是压入结点或弹出结点。

栈在创建时状态为"空"。空栈没有结点，所以不能弹出结点，若要"弹出"，应提示出错信息，栈的状态仍然为"空"。

栈的存储空间是有限的，在定义栈时应规定最大存储量。栈内结点满时，不能进行压入结点的运算，若要"压入"，应提示出错信息，而栈的状态仍然为"满"。

栈"空"时，如果可以压入一个结点，栈的状态就不再是"空"，而是转换为"未满"状态。因此，从状态"空"到"未满"是由"压入结点"这个事件引起的，不需要条件。

"未满"状态的栈若只有一个结点，而要弹出结点时，栈的状态就变为"空"状态。因此，从状态"未满"到"空"是由"弹出结点"事件引起的，条件是栈"已空"。"未满"状态的栈可以不断地压入结点，直到栈内结点满，此时，栈的状态就转变为"满"。引起栈从"满"状态到"未满"的事件是弹出结点，不需要附加条件。

通过以上分析，就可以画出栈的状态转换图，如图 3-6 所示。图中，压入结点或弹出结点的运算简写为"压入"或"弹出"；方括号内写的是状态转换的条件。

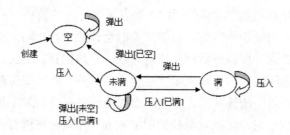

图 3-6　栈的状态转换图

5. 画出学生成绩管理系统的 IPO 图

高校学生成绩管理系统的输入数据有学生的基本情况、课程设置情况、学生各科的平时成绩和期末考试成绩，系统的处理有班级学生情况汇总、计算单科学期成绩总评分、成绩汇总、统计班级单科成绩各分数段的人数、不及格统计。系统的输出有根据学生基本情况生成班级学生成绩空白表，供教师填写成绩；单科成绩输入后，计算总评分并由此产生班级单科成绩表；各科成绩汇总后，产生个人成绩单、班级各科成绩汇总表、因多门成绩不及格而留级的学生名单等。

明确输入、处理、输出的主要内容以及数据之间的相互关系后，就可以画出 IPO 图，如图 3-7 所示。

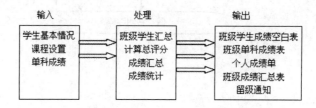

图 3-7　学生成绩管理系统的 IPO 图

任务 4　数据字典

任务描述

数据字典（Data Dictionary，DD）是在实体—关系图、状态转换图和数据流图中出现的，其作用是在软件分析和设计过程中提供数据描述，因此它是图形工具必不可少的辅助资料。图形工具和数据字典相辅相成，才能较完整地描述系统的数据和处理。

任务要求

数据字典与图形工具，既要互相补充，又要避免冗余。系统分析员在编写数据字典和使用图形工具时应遵守以下约定：

（1）可以用图形工具描述的内容，尽量使用图形工具。

（2）有关数据的组成在数据字典中进行描述。

（3）有关加工细节在数据字典中进行描述。

（4）编写数据字典时不能有遗漏和重复，要避免不一致。

（5）数据字典中条目的排列要有一定规律，要能通过名字方便地查阅条目的内容。如按英文字母表顺序或按汉字笔画顺序排列，或按功能分类等。

（6）数据字典的编写要易于更新和修改。

数据字典

知识链接

数据字典是对数据模型中数据对象或者项目的描述的集合，有利于程序员和其他需要参考的人开展工作。分析一个用户交换的对象系统的第一步就是去辨别每一个对象，以及它与其他对象之间的关系，这个过程称为数据建模，数据建模的结果是产生一个对象关系图。当分别给出每个数据对象和项目描述性的名字之后，再描述它的关系（或者使其成为潜在描述关系的结构中的一部分），然后再描述数据的类型（如文本、图像、二进制数值），列出所有可能预先定义的数值，以及提供简单的文字性描述。这个集合被组织成书的形式用来参考，叫作数据字典。

当开发用到数据模型的程序时，数据字典可以帮助理解数据项适合结构中的哪个地方，它可能包含什么数值，以及数据项在现实世界中是什么意思，例如：一家银行或者是一个银行组织可能对客户银行业涉及的数据对象进行建模。它们需要给银行程序员提供数据字典，这个数据字典就描述了客户银行业中数据模型的每一个数据项（如账户持有人和可用信用）。

数据字典最重要的作用是可以作为分析阶段的工具。任何字典最重要的用途都是供人查询对不了解的条目的解释，在结构化分析中，数据字典的作用是对数据流图上的每个成分进行定义和说明。换句话说，数据流图上所有成分的定义和解释的文字集合就是数据字典，而且在数据字典中建立的一组严密一致的定义，有助于提升分析员和用户的通信质量。

数据库数据字典不仅是每个数据库的中心，而且对每个用户也是非常重要的信息。用户可以用 SQL 语句访问数据库数据字典。

一般来说，数据字典由数据项、数据结构、数据流、数据存储和数据处理等条目组成。

1. 数据项

数据项是数据的最小组成单位（不可再分的单位），包含以下内容：

（1）数据项的名称、编号。例如准考证号、身份证号。

（2）数据项的别名（不同时期或不同用户对同一元素所用的不同名称）。例如，在数据库管理系统中，字段名如果用英文定义，则可在数据字典中写明字段名及其代表的中文名称。

（3）数据项的取值范围和取值含义。例如，学生的学号由 10 位组成，第 1、2 位表示学生入学年份；第 3、4 位表示学生所在系的编号；第 5、6 位是专业代号；第 7、8 位是班级编号；第 9、10 位是学生在班级中的序号。例如：1102011132 表示该生是 2011 年入学的、计算机系、计算机应用专业、11 班内第 32 号的学生。像这样具体的学号编码规律可以在数据字典中写明白，而在数据流图中是不能描述的。

（4）数据项的长度、定义，便于定义数据库结构。例如，考生成绩规定为 5 位，小数点后取 1 位小数，小数点占 1 位，整数部分取 3 位。

（5）数据项的简单描述。

> 数据项描述 ={ 数据项名，数据项含义说明，别名，数据类型，长度，取值范围，取值含义，
> 与其他数据项的逻辑关系 }

其中"取值范围""与其他数据项的逻辑关系"定义了数据的完整性约束条件，是设计数据检验功能的依据。若干个数据项可以组成一个数据结构。

2. 数据结构

数据结构是数据流图中数据块的数据结构说明。数据结构反映了数据之间的组合关系。一个数据结构可以由若干个数据项组成，也可以由若干个数据结构组成，或由若干个数据项和数据结构混合组成。对数据结构的描述通常包括以下内容：

> 数据结构描述 ={ 数据结构名，含义说明，组成：{ 数据项或数据结构 }}

3. 数据流

数据流主要包括数据流的来源、去处、组成数据流的数据项以及数据流的流通量。

> 数据流描述 ={ 数据流名，说明，数据流来源，数据流去向，组成：{ 数据结构 }，平均流量，
> 高峰期流量 }

其中"数据流来源"是说明该数据流来自哪个过程，即数据的来源。"数据流去向"是说明该数据流将到哪个过程去，即数据的去向。"平均流量"是指在单位时间（每天、每周、每月等）里的传输次数。"高峰期流量"则是指在高峰时期的数据流量。

4. 数据存储

数据存储描述数据文件的结构及数据文件中记录的存放规则，例如：在对信息管理系统建立关系模型时，主要分析与系统有关的所有数据及其相互关系，为数据库结构的设计做准备。

> 数据存储描述 ={ 数据存储名，说明，编号，流入的数据流，流出的数据流，组成：{ 数据结构 }，
> 数据量，存取方式 }

其中"数据量"是指每次存取多少数据，每天（或每小时、每周等）存取几次等信息。"存取方法"包括：是批处理，还是联机处理；是检索还是更新，是顺序检索还是随机检索等。另外"流入的数据流"要指出其来源，"流出的数据流"要指出其去向。

在一段时间内相对不变的数据可看作静态数据，经常改变的数据可看作动态数据。动态数据与静态数据不要放在一个数据库文件内。例如，火车票销售系统中，静态数据表有以下几种：

（1）列车时刻表：包括车次、列车类别、起点站、开车时间、每个途经站及其目的地和到达时间。

（2）各类列车到达各地的票价表：列车类别包括空调车、快速列车、特快列车、直达特快列车、动车组及高铁列车等。票价表要包含出发车站到不同目的地站的各种列车类别所对应的不同票价。

（3）车票座位编码：每次列车的车厢有编号，每节车厢的类别有硬座车厢、软座车厢、硬卧车厢、软卧车厢等，每节车厢内的座位有编号。

假如售票处每天预售 5 天内的车票，每天每次列车所有车票的销售情况表就是动态数据表。动态数据表包含列车的日期、车次、车厢号、座位号、出发站、到达站以及是否已出售等。

动态数据表可以通过与静态数据表建立连接，来调用静态数据表中的内容。这样可以降低动态数据表的数据量，从而提高数据运算的速度。

根据以上原则，在编写数据字典时，就可以将动态数据表与静态数据表中所包含的数据元素分别列出，使后续的数据库设计阶段能更准确快捷。

5. 数据处理

数据字典可以描述数据处理的逻辑功能及其算法，如计算公式、简明的处理描述等。但是数据处理一般用其他工具描述会更清晰、更合适。

处理过程描述 ={ 处理过程名，说明，输入：{ 数据流 }，输出：{ 数据流 }，处理：{ 简要说明 }}

其中"简要说明"中主要说明该处理过程的功能及处理要求。功能是指该处理过程用来做什么（并不是怎么样做）；处理要求包括处理频度要求，如单位时间里处理多少事务，多少数据量，响应时间要求等，这些处理要求是后面物理设计的输入及性能评价的标准。

6. 数据字典使用的符号

数据字典中可采用以下符号表示系统中使用数据项的情况及数据项之间的相互关系。

- = ：表示"等价于"或"定义为"。
- + ：连接两个数据元素。
- []，| ：表示"或"，[] 中列举的各数据元素用 | 分隔，表示可任选其中某一项。
- {} ：表示"重复"，{} 中的内容可重复使用。
- （）：表示"可选"，（） 中的内容可选、可不选，各选择项之间用 "," 隔开。

如果要对 {} 表示的重复次数加以限制，可将重复次数的下限和上限写在花括号的前后或花括号的左下角和左上角。

- 1{A} ：表示 A 的内容至少要出现 1 次。
- {B} ：表示 B 的内容允许重复 0 或任意次。

例如, 成绩单 = 学号 + 姓名 +1{ 课程名 + 成绩 }3, 表示有 3 门课程的考试成绩, 重复 3 次。也可写为"成绩单 = 学号 + 姓名 +3 1{ 课程名 + 成绩 }"。

又例如, 存款期限 =[活期 | 半年 | 1 年 | 3 年 | 5 年], 表示到银行存款时, 储户可选择存款期限为活期、半年期、1 年期、3 年期或 5 年期。

💬 **任务实施**

1. 定义电话号码

在某单位拨打电话时，电话号码的组成规则是这样的：单位内部电话号码由 4 位数字组成，第 1 位数字不是 0；单位外部电话又分为本市电话和外地电话两类，拨打单位外部电话需先拨 9，如果是本市电话，再接着拨 8 位市内电话号码（第 1 位数字不是 0）；如果是外地电话，则先拨 3 到 4 位的区码（区码的第一位是 0），再拨打 7 到 8 位的电话号码（第 1 位不是 0）。请用数据字典所使用的符号，定义上述电话号码。

解：数字 1=[1｜2｜3｜4｜5｜6｜7｜8｜9]

数字 2=[1｜2｜3｜4｜5｜6｜7｜8｜9｜0]

数字 3=9

数字 4=0

内部电话 = 数字 1+3{ 数字 2}3

本市电话 = 数字 3+ 数字 1+7{ 数字 2}7

外地电话 = 数字 3+ 数字 4+ 数字 1+1{ 数字 2}2+ 数字 1+6{ 数字 2}7

外部电话 =[本市电话｜外地电话]

电话号码 =[内部电话｜外部电话]

2. 写出学生成绩管理系统的数据字典

（1）数据项定义：

院系号 =[01= 机械｜02= 计算机｜03= 化工｜04= 建筑｜05= 艺术]

计算机学院的专业代号 =[01= 计算机应用｜02= 软件工程｜03= 网络工程]

班级 = 入学年份 + 院系号 + 专业代号 + 班级号

课程 = 课程号 + 课程名 + 班级 +[考试｜考查]+ 学时 + 学分

学号 = 班级 + 序号

学生 = 学号 + 姓名 + 性别 +1{ 课程名 + 成绩 }5+ 总分

学生成绩单 = 班级 + 学号 + 姓名 +1{ 课程名 + 成绩 }5

留级通知书 = 专业 + 班级 + 学号 + 姓名 +1{ 课程名 + 考试 + 成绩 }5

教师 = 工号 + 姓名 + 性别 + 职称 + 职务

教师任课 = 工号 + 课程号

学生文件建立后，可以建立几种查询文件：一种按学号顺序排列，另一种按成绩总分由高到低排列。还可以建立课程总评成绩不及格的学生查询文件等。

（2）处理算法：

$$总评分 = 平时成绩 \times 0.3+ 考试成绩 \times 0.7$$

留级条件：3 门以上考试课程成绩不及格。

3. 写出医疗费管理系统的数据字典

（1）数据项定义：

医疗费管理系统需要建立的数据表：职工库、当日明细账、医疗费总账、医疗费明细账。

职工库 ={ 部门名 + 职工号 + 姓名 }

当日明细账 ={ 报销日期 + 部门名 + 职工号 + 姓名 + 校外门诊费 + 校内门诊费 + 住院费 + 总额 + 余额 + 子女医疗费 + 子女总额 }

医疗费总账 ={ 部门名 + 职工号 + 姓名 + 校外诊费 + 校内门诊费 + 住院费 + 总额 + 余额 + 子女医疗费 + 子女总额 }

医疗费明细账 ={ 当日明细账 }

（2）处理算法：

$$余额 = 限额 - 总额（值小于 0 时，则取 0）$$

职工的医疗费总额大于限额时，只能报销 90%；职工子女的医疗费也有限额，子女总额超过限额时，可报销 50%。

（3）操作说明：

1）输入数据时只需输入职工号，就可在职工库中查找出该职工所属部门名及姓名，显示在屏幕上供核对，并将医疗费总账中该职工今年内今日前已报销的医疗费总额和余额显示出来。

2）输入当日报销的校外门诊费、校内门诊费、住院费、子女医疗费后，计算机自动算出该职工的医疗费总额和余额。

3）核对：算出当日所有职工报销的校外门诊费、校内门诊费、住院费、子女医疗费的分类总和及所有总和，供出纳员核对。如果核对时发现错误，应进入"修改"模块进行修改，核对正确后可进入"累加"模块。

4）累加：把职工及子女当日报销的各类医疗费与前一日报销的医疗费分类进行累加并算出总额。

5）系统维护：每年年初设置医疗费的限额，对当年的医疗费总账设初始值；职工有人事变动时，进行职工的添加、修改或删除工作等。

任务 5　撰写软件需求分析规格说明书

🔍 任务描述

需求分析阶段需要编写的文档包括软件需求规格说明和用户手册。本任务详细介绍如何撰写需求分析文档，并针对具体的信息管理系统完成需求分析，给出相应的图形和数据字典。

📋 任务要求

以商品销售管理系统进行需求分析，画出系统管理、商品信息管理、商品供销存管理、供货管理、销售管理、库存管理、账册管理、售后服务管理商品销售数据流图及数据字典等。

🔗 知识链接

1. 软件需求规格说明

需求分析阶段除了建立模型之外，还应写出软件需求规格说明，软件需求规格说明有时应附上可执行的原型、测试用例和初步的用户手册，它是需求分析阶段的最终成果。软件需求规格说明的框架如下所述。

（1）引言

1）系统参考文献：经核准的计划任务书、合同或上级批文、引用的标准、资料和规范等。

2）软件项目描述：项目名称、与其他系统的关系、委托单位、开发单位和主管领导。

3）整体描述：软件目标和运行环境。

（2）信息描述

1）信息内容：数据字典、数据采集和数据库描述。

2）信息流：数据流和控制流。

（3）功能描述

1）功能分解。

2）功能具体描述。

3）处理说明、条件限制、性能需求。

4）控制描述：开发规格说明和设计约束。

（4）行为描述

1）系统状态。

2）事件和动作。

（5）确认标准

1）性能范围：响应时间、数据传输时间、运行时间等。

2）测试种类（测试用例）。

3）预期的软件响应：更新处理和数据转换。

4）特殊考虑（安全保密性、可维护性、可移植性等）。

（6）运行需求

1）用户界面。

2）硬件接口。

3）软件接口。

4）故障处理。

（7）附录

2. 用户手册编写提示

系统的需求分析阶段可以编写初步的用户手册，并在以后的各个软件开发阶段逐步对其进行改进和完善。用户手册的主要内容如下所述。

（1）引言

1）编写目的。

2）背景说明。

3）定义。

（2）用途

1）功能。

2）性能（时间特性、灵活性、安全保密）。

（3）运行环境

1）硬件设备。

2）软件环境。

3）数据结构。

（4）使用过程

以图表的形式说明软件的功能与系统的输入源机构、输出接收机构之间的关系，详细写出系统使用过程。

1）安装和初始化。

2）输入（写出每项输入数据的背景情况、输入格式、输入举例）。

3）输出（对每项输出说明背景、输出格式、输出举例）。

4）问卷查询。

5）出错处理和恢复。

6）终端操作。

3. 编写需求分析文档的步骤

编写需求分析文档的步骤如下所述。

（1）编写软件需求分析说明书。需求分析说明书是需求分析的结果，是软件开发、软件验收和管理的依据，必须特别重视它的准确性，不能有错误。软件需求分析说明书包含软件需求规格说明、数据字典、实体－关系图、数据流图、状态转换图、初步的系统结构层次图及 IPO 图等。

（2）编写初步的用户手册。

（3）编写确认测试的计划，作为今后软件确认和验收的依据。

（4）修改和完善项目开发计划。在需求分析阶段，由于对系统有了更进一步的了解，因此能更加准确地估计软件开发成本和对资源的要求；对软件工程进度计划可以进行适当的修正。

（5）对需求分析进行复审。要确保软件需求的一致性、完整性、现实性和有效性。

任务实施

1. 系统权限管理

该系统的用户有商场的营业员、库存管理员、会计、采购员、经理等各类人员，分别负责商品的销售、库存管理、采购、账册管理、售后服务等工作。建立商场职工数据表存放所有职工的编号、姓名、职务、密码等信息。系统建立权限设置功能，只有经理可以进行权限设置操作，使进入系统的各类人员各司其职。经理可进入系统的所有模块，其他人员只能进入与本职工作有关的模块，不能进入其他职权的模块。

凡经允许进入本系统的人员都可以查询商品的编号、名称、价格、库存量等信息。但是，一般人员对商品信息表只能查询，不能修改。

2. 经理的职责

经理可进入系统管理功能模块，进行员工管理、商品管理、供应商管理。

员工管理有新增职工、修改职工信息、删除职工等功能。每个职工进入系统的权限不同，由经理来设置。

商品管理有删除商品、调整商品价格等功能。由于商品有编号，可按商品的编号或名称来进行删除或调整价格的工作。新增商品的工作由采购员在进入供货模块后完成，新增商品时，要存放该商品的编号、名称、销售价、进价、计量单位、安全库存量、供货商编号、型号、规格及货号等信息。如果是新增供应商，可以在进货时添加供应商信息。

由于商品的供应商往往相对固定，因此要建立供应商数据表存放供应商的名称、地址电话、联系人等信息。供应商管理模块可以进行新增、删除、修改供应商的信息。

3. 商品信息管理

通过调查研究、分析可知，商品销售管理系统需要编制商品目录表，为所有商品编号，将有关信息存入表里。商品目录表含编号、名称、销售价、进价、计量单位等信息。

每一种商品可能会进行很多次进货、很多次销售，商品在进货、销售时，数量是不断变化的。建立商品库存量表，存放每种商品的编号和数量，通过和商品目录表的链接，在每次销售或进货时，只需输入商品编号、数量，不必输入商品的名称、生产厂家、单价、型号、规格等信息。这样可避免大量的数据冗沉和数据的不一致。

各种商品的库存量应当合理，数量太多会造成商品积压、浪费资金；数量太少则可能供不应求、影响商场收入。因此，商品目录表要含有各类商品的安全库存量，可以编写应用程序，当某种商品在销售过程中的库存量少于或等于其安全库存量时，及时提醒采购员进货、补充货源。每种商品的库存量应当随时可以查询。还应设计应用程序，让计算机自动生成需要进货的缺货表，提供给采购员。

4. 商品供销存管理

商品供应、销售过程大致有销售、库存变化、采购、入账、售后服务等步骤。

（1）销售。销售商品工作由营业员进行，要记录销售经手人、销售日期、商品编号、数量等。由于营业员上班后，一般要为很多个顾客销售商品，如果每次都输入营业员姓名、日期，既烦琐又没有必要，可利用计算机的记忆功能来处理。可在职工进入本系统时，根据他输入的工号、密码，从数据表中查出他的职工编号、姓名、职务等信息，经他销售的商品在入账时，不必再次输入经手人。至于销售日期，可以编写应用程序，让计算机自动取当天的系统日期作为每次销售商品的销售日期，既节省输入时间，又可避免销售人员的误操作。

商场销售过程中，每位顾客购买的每一种商品，都要作为一条记录存放到销售数据表中，内容有商品编号、数量、单价、合计等；为每位顾客购买的所有商品打印一份清单，除了上述内容，还要有销售经手人、日期等，每一份清单都要保存到数据库里。商品销售数据表所含内容有商品编号、销售数量、经手人、销售日期。

（2）库存。营业员每次销售某种商品，计算机都要自动将该商品的库存量减去销售量，得到的结果是销售后的实际库存量。为避免误操作，每次操作都要有确认界面，确认无误后再将数据存入系统，若操作有误，可以改正。

（3）采购。当某种商品在销售过程中库存量少于或等于其安全库存量时，应及时提醒采购员进货、补充货源。商场每次采购进货时，要将商品的库存量加上对应的进货数量，得到的和数是该商品实际的库存量。

（4）账册管理。商品的销售、采购等情况要及时存放到账册数据库里，根据账册可生成商品销售明细表、采购明细表、员工日结算、商场日结算、月结算及年结算等报表。

（5）售后服务。商场都会设置售后服务功能，可根据顾客的要求进行商品的修理、退货或换货。售后服务的具体情况都要存放到数据库里，修理商品要记录修理情况，商场库存量不变；退货时，将顾客退回的商品退还厂家，商场的库存量也不变；换货时，一般将顾客退回的一件商品还给生产厂家，另外给顾客同样的一件商品，因而应将该商品的库存数量减 1。

5. 商品销售数据流图

商品销售管理系统需要建立商品目录表、商品销售表、商品库存量表、供应商表、职工表等数据表。为了使数据流图简单一些，供应商表和职工表不在本数据流图中画出。有关商品销售管理系统的数据流图如图 3-8 所示。

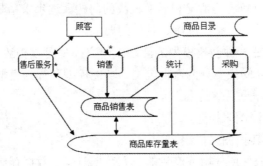

图 3-8　商品销售数据流图

6. 数据字典

（1）本系统的数据项定义如下所述。

数据项定义可作为建立数据库的依据，带"#"的是数据表中的关键字。

1）职工 ={ 职工号 #+ 姓名 + 性别 + 年龄 + 联系地址 + 邮编 + 电话 + 职务 + 密码 }。

2）供货商 ={ 供货商编号 #+ 生产厂家 + 地址 + 邮编 + 电话 + 联系人 + 职务 + 联系人电话 }

3）商品目录 ={ 商品编号 #+ 名称 + 单价 + 进价 + 计量单位 + 安全库存量 + 型号 + 规格 + 货号 + 供货商编号 }。

4）销售 ={ 商品编号 #+ 单价 + 数量 + 日期 + 经手人 }。

5）库存 ={ 商品编号 #+ 库存量 }。

6）缺货 ={ 商品编号 #+ 数量 + 日期 }

7）进货 ={ 商品编号 #+ 进价 + 数量 + 供货商编号 + 日期 + 经手人 }

8）换货 ={ 商品编号 #+ 数量 + 换货原因 + 日期 + 经手人 }

9）维修 ={ 商品编号 #+ 数量 + 维修原因 + 日期 + 经手人 }

10）退货 ={ 商品编号 #+ 数量 + 退货原因 + 日期 + 经手人 }

11）明细账 ={[销售 | 进货换货 | 退货 | 维修]}

（2）处理算法如下：

1）采购员需要统计缺货商品。每种商品在库存量小于安全库存量时为缺货，需要进货。

2）对每天每个营业员经手的销售额进行统计，可以考查营业员的业绩。对商场所有销售额也可按日、月、年进行统计。

3）盈亏：统计某个时间段内（月或年）销售表中所有商品的"单价 × 数量"之和，以及进货表中所有商品的"进价 × 数量"之和，若前者值大，则盈利，否则为亏损。

单元小结

软件需求分析阶段是软件生命周期中最关键的阶段。软件需求分析是进行软件设计实现和质量度量的基础。需求分析是发现、逐步求精、建模、规格说明和复审的过程。发现是尽可能准确地了解用户当前的情况和需要解决的问题。逐步求精是对用户提出的要求反复地多次细化，对系统提出完整、准确、具体的要求。

结构化分析实质上是一种创建模型的活动。建立模型可以描述用户需求，定义需求，用以验收产品。可以建立的模型分为数据模型、功能模型和行为模型。

● 数据模型用实体—关系图来描述。

● 功能模型用数据流图来描述。

● 行为模型用状态转换图来描绘。

数据字典用来描述软件所使用或产生的所有数据对象、数据存储规则、处理算法等。

需求分析阶段还应写出软件需求规格说明，有时需附上可执行的原型及初步的用户手册，它是需求分析阶段的最终成果。需求分析的结果要经过严格的审查，确保软件需求的一致性、完整性、现实性和有效性。

习题 3

1. 什么是需求分析？结构化分析的基本任务是什么？结构化分析的步骤有哪些？

2．什么是实体－关系图？它的基本符号及含义是什么？

3．什么是数据流图？它的基本符号及含义是什么？

4．什么时候需要画状态转换图？其基本符号及含义是什么？

5．开发房产经营管理系统，要求有查询、售房、租房、统计等功能。

系统中存放经营公司现有房产的地点、楼房名称、楼房总层次、房间的层次、朝向规格（一室一厅、二室一厅或三室一厅）、面积。房间可以出售或出租，分别定出每平方米的单价和房间总价。客户可随时查询未出售或未出租房间的上述基本情况。房产经营商可随时查询已售出或已出租房产的资金回收情况及未出售或未出租房产的资金占用情况。试写出该系统的数据字典，并画出数据流图和 IPO 图。

6．开发火车软席卧铺、硬席卧铺车票售票系统。

列车运行目录存放车次、始发站、终点站、途经站的站名。车站每天按运行目录发出若干车次的列车，每次列车的发车时间和终点站不同。每次列车分别设软卧车厢、硬卧车厢若干，软卧分上铺、下铺，硬卧分上铺、中铺、下铺，车票的价格各不相同。铺位编号格式为"车厢号铺位号"，如 8 车厢 5 号上铺。旅客可根据列车运行目录预订 5 天内火车的卧铺车票。试写出该系统的数据字典，并画出数据流图和 IPO 图。

7．计算机银行储蓄管理系统的工作过程大致如下所述。

银行存款类型分为定期和活期，定期又分为 3 月、6 月、1 年、3 年、5 年，存款类型不同，利率也不相同。储户存款要填写存款单（包括姓名、日期、存款类型、金额等信息），由业务员将数据输入系统。系统根据存款类型查出存款利率，将数据存放到数据库中。储户取款要填写取款单，系统从数据库里查找储户的账号，进行取款处理，若存款全部取出，系统就把该账户注销。存款或取款操作都要给储户办理处理凭证。

根据以上信息，画出该系统的数据流图。

8．传真机的工作过程大致如下所述。

传真机在开机后，未接到传真命令时处于就绪状态，收到传真命令则进入传真状态，完成一个传真任务后又回到就绪状态，等待下一个传真命令。如果执行传真任务时发现缺纸，发出警告并等待装纸。装入传真纸后，进入传真状态，完成一个传真任务后又回到就绪状态。如果传真时发生卡纸故障，则进入卡纸状态，发出警告并等待维修，故障排除后，回到传真状态，完成传真任务后再回到就绪状态。

请用状态转换图描绘传真机的行为。

9．选择填空

软件需求分析的任务不应包括__A__，进行需求分析可以使用多种工具，但__B__是不适用的。在需求分析中，开发人员要从用户那里决定的最重要的问题是__C__。需求规格说明书的内容不应包括__D__，其作用不应包括__E__。

A．（1）问题分析　（2）信息域分析　（3）结构化程序设计　（4）确定逻辑结构

B．（1）数据流图　（2）判定表　（3）PAD 图　（4）数据字典

C.（1）软件应当做什么　（2）要给软件提供哪些信息

　　（3）要求软件工作效率怎样　（4）软件具有何种结构

D.（1）对软件功能的描述　（2）对算法的详细描述

　　（3）软件确认的准则　（4）软件性能

E.（1）软件设计依据　（2）用户和设计人员要明确软件需求

　　（3）软件验收的标准　（4）软件可行性分析依据

单元 4　概要设计

单元导读

经过需求分析阶段的工作，系统必须"做什么"已经完全清楚了，下一步是如何实现系统的需求。如果系统较简单，一旦确定了需求，就可以立即开始编写程序了。但对于大型软件系统来说，还不能急于进入编写程序的阶段。概要设计的基本目的就是回答"概括地说，系统应该如何实现？"这个问题，因此概要设计又称为总体设计或初步设计。通过这个阶段的工作将划分出组成系统的物理元素、程序、文件、数据库、人工过程和文档等，但是每个物理元素仍然处于黑盒子级，这些黑盒子里的具体内容将在以后仔细设计。

概要设计阶段的另一项重要任务是设计软件的结构，也就是要确定系统中每个程序是由哪些模块组成的，以及这些模块相互间的关系是什么。在概要设计阶段，首先寻找实现目标系统的各种不同方案，需求分析阶段得到的数据流图是设想各种可能方案的基础。然后分析员从这些供选择的方案中选取若干个合理的方案，为每个合理的方案都准备一份系统流程图，列出组成系统的所有物理元素，进行成本/效益分析，并且制订实现这个方案的进度计划。分析员综合分析比较这些合理的方案，从中选出一个最佳方案向用户和使用部门负责人推荐。如果用户和使用部门负责人接受了推荐的方案，分析员进一步为这个最佳方案设计软件结构。通常设计出初步的软件结构后还要进行多方改进，从而得到更合理的结构，进行必要的数据库设计，确定测试要求并且制订测试计划。概要设计阶段要确定软件的模块结构，进行数据结构设计、数据库设计等。概要设计阶段结束之后，再进行详细设计、程序设计等。

从上面的叙述中不难看出，在详细设计之前先进行概要设计的必要性：可以站在全局高度上，花较少成本，从较抽象的层次上分析对比多种可能的系统实现方案和软件结构，从中选出最佳方案和最合理的软件结构，从而用较低成本开发出较高质量的软件系统。

教学目标

- 掌握软件设计过程中应遵循的基本原理和相关概念。
- 掌握描绘软件结构的图形工具的运用。
- 掌握面向数据流设计方法的概念，变换分析、事务分析法的过程和应用。
- 理解典型的总体设计过程所包括的步骤。
- 理解设计中的启发式规则。

任务1 认识概要设计步骤

任务描述

概要设计通常由两个主要阶段组成：系统设计阶段——确定系统的具体实现方案；结构设计阶段——确定软件结构。典型的概要设计的基本任务如下：

（1）系统分析员审查可行性研究报告和需求分析规格说明书，作为设计的基础。

（2）确定软件的模块结构、数据文件结构、系统接口和测试方案策略。

（3）编写概要设计说明书、用户手册和测试计划。

（4）复审。

概要设计的基本步骤包括软件结构设计、数据文件设计、系统接口设计、测试方案设计和复审。

任务要求

软件需求：解决"做什么"这一问题。软件设计：解决"怎么做"这一问题。

软件设计的任务：以软件需求规格说明书为依据，着手实现软件的需求，并将设计的结果反映在"设计规格说明书"文档中。

软件设计的重要性：软件设计是软件开发阶段的第一步，最终影响软件实现的成败和软件维护的难易程度。

（1）第一阶段：概要设计（又称总体设计）。

根据软件需求，设计软件系统结构和数据结构，确定程序的组成模块及模块之间的相互关系。回答"概括地说，系统应该如何实现？"这一问题。

重要性：站在全局高度，从较抽象的层次上分析对比多种可能的系统实现方案和软件结构，从中选出最佳的方案和最合理的软件结构，从而用较低成本开发出较高质量的软件系统。

（2）第二阶段：详细设计（又称过程设计）。

确定模块内部的算法和数据结构；选定某种过程的表达形式来描述各种算法；产生精确描述各模块程序过程的详细文档，并进行评审。

软件结构设计以需求分析中得到的数据流图为基础而进行。

知识链接

概要设计

1. 软件结构设计

软件结构设计是非常重要的，要经过系统分析员的仔细研究，还要经过用户单位决策者的批准才能确定。软件结构设计一般先设计系统方案，选取最佳方案后再进行系统结构设计。

（1）设计供选择的方案。需求分析阶段得到的逻辑模型是概要设计的基础。把数据流图中的某些处理有逻辑地进行组合，不同的组合可能就是不同的实现方案，之后对各种方案进行分析，首先抛弃在技术上行不通的分组方案，余下的分组方案代表可实现的策略，并且可以启示供选择的物理系统。通常至少选取低成本、中等成本和高成本的 3 种方案。在判断哪些方案合理时，应该考虑在问题定义和可行性研究阶段确定的工程规模和目标，有时可能还需要进一步征求用户的意见。然后分析员提供合理方案时应该准备以下资料：

1）数据流图、实体—关系图、状态转换图、IPO 图等。

2）需求规格说明、数据字典。

3）成本 / 效益分析。

4）实现这个系统的进度计划。

实现这个系统的进度计划可参考已经实现的软件系统的计划执行情况来制订，可以在软件工程的后面几个阶段再做适当的调整。每项软件工程结束后，应做好记录，并进行总结，以便制订更加合理、准确的进度计划。

（2）推荐最佳实现方案。分析员应该综合分析和对比各种合理方案的利弊，推荐一个最佳方案，并且为推荐的方案制订详细的实现计划。用户和有关的技术专家应该认真审查分析员所推荐的最佳系统，如果该系统确实符合用户的需要，并且是在现有条件下完全能够实现的，则应该提请使用部门负责人进一步审批。在使用部门的负责人也接受了分析员所推荐的方案之后，将进入总体设计过程下一个重要的阶段——软件结构设计阶段。

（3）设计软件结构。在软件结构设计阶段要确定系统由哪些模块组成，以及这些模块之间的关系。软件结构设计通常采用逐步求精的方法。所谓逐步求精是指为了能集中精力解决主要问题而推迟对问题细节的考虑。这是因为，人类对事物的认知过程遵守 Miller 法则：一个人在任何时候都只能把注意力集中在 7±2 个知识块上。在软件工程的各个阶段都应遵守 Miller 法则，优先考虑最重要的几个（7±2）问题，细节问题放到下一步去考虑。

为进行软件结构设计，首先需要从实现角度把复杂的功能进一步分解。分析员结合算法描述仔细分析数据流图中的每一个处理，如果一个处理的功能过分复杂，必须把它的功能适当地分解成一系列比较简单的功能，此时数据流图也可进一步细化。一般说来，经过分解之后应该使每个功能对大多数程序员而言都是明显易懂的。通常，一个模块完成一个适当的子功能。分析员应把模块组织成有层次的结构，顶层模块能调用它的下一层模块，下一层模块再调用其下层模块，如此依次地向下调用，最下层的模块完成某项具体的功能。同时还应该用 IPO 图或其他适当的工具简要描述细化后每个处理的算法。

2. 数据结构设计和数据库设计

对于大型的数据处理软件系统，除了系统结构设计以外，数据结构设计和数据库设计也很重要。

（1）数据结构设计。数据结构设计常常采用逐步细化的方法。在需求分析阶段，用数据字典对数据的组成、操作约束以及数据之间的关系等进行描述。在概要设计阶段要进一步细化，可使用抽象的数据类型描述，例如用队列、栈描述。到详细设计阶段应规定具体的实现细节，例如具体规定用线性表还是用链表来实现队列或栈的建立、插入、删除、查询等操作。设计合理有效的数据结构，可以大大简化软件模块处理过程的设计。

（2）数据库设计。数据库用来存放软件系统所涉及的数据，供系统中各模块共享或与系统外部进行通信。数据库设计主要是数据库结构设计。对于管理信息系统，通常都用数据库来存放数据。分析员在需求分析阶段用 E-R 图表示的数据模型是进行数据库设计的主要依据。

数据库设计首先要确定数据库结构，还要考虑数据库的完整性、安全性、一致性、优化等问题。数据库设计是计算机管理信息系统的一个重要阶段，是一项专门的技术。

3. 系统接口设计

系统接口包括内部接口、外部接口和用户接口。接口包含数据流和控制情况等信息，数据它们是接口设计的基础。在面向对象设计方法中，接口设计称为消息设计。接口设计的任务是描述系统内部各模块之间如何通信、系统与其他系统之间如何通信以及系统与用户之间如何通信。

概要设计阶段的接口设计是在需求分析的基础上明确系统的内部接口、外部接口和用户接口，在详细设计阶段再细化，到实现阶段再进一步设计。

4. 设计测试方案

在软件开发的早期阶段考虑测试问题，能促使软件设计人员在设计时注意提高软件的可测试性。在概要设计阶段，测试方案主要根据系统功能来设计，这称为黑盒法测试。在详细设计阶段，主要根据程序的结构来设计测试方案，这称为白盒法测试。本书后面章节将详细介绍软件测试的目标、步骤及测试方案的设计方法。

⊙ 任务实施

概要设计是一个设计师根据用户交互过程和用户需求来形成交互框架和视觉框架的过程，其结果往往以反映交互控件布置、界面元素分组以及界面整体版式的页面框架图来呈现。这是一个在用户研究和设计之间架起桥梁，使用户研究和设计无缝结合，把用户目标与需求转换成具体界面设计解决方案的重要阶段。

概要设计的主要任务是把需求分析得到的系统扩展用例图转换为软件结构和数据结构。设计软件结构的具体任务：将一个复杂系统按功能进行模块划分、建立模块的层次结构及调用关系、确定模块间的接口及人机界面等。数据结构设计包括数据特征的描述、数据结构特性的确定以及数据库的设计。显然，概要设计建立的是目标系统的逻辑模型，与计算机无关。

任务 2　认识软件结构设计的基本原理

⊙ 任务描述

软件设计是从不同的层次和角度对许多事物和问题进行抽象。将问题或事物分解并模块化，使得解决问题变得容易，分解得越细模块数量也就越多，它的副作用就是使得设计者需要考虑更多模块之间耦合度的情况。

软件设计的基本目标是用比较抽象、概括的方式确定目标系统如何完成预定的任务，软件设计是确定系统的物理模型，是开发阶段最重要的步骤，是将需求准确地转化为完整的软件产品或系统的唯一途径。

软件设计原则如下：

（1）设计对于分析模型应该是可跟踪的，软件的模块能被映射到多个需求上。

（2）设计结构应该尽可能地模拟实际问题。

（3）设计应该表现出一致性。

（4）不要把设计当成编写代码。

（5）在创建设计时就应该能够评估其质量。

（6）评审设计以减少语义性的错误。

（7）设计应该模块化，将软件逻辑地划分为元素或子系统，并清晰表示软件的数据、体系结构、接口和构件。

🔲 任务要求

本任务介绍与软件结构设计有关的基本概念、软件结构设计应遵循的基本原理以及软件结构设计的优化准则。软件结构设计基本原理包括软件的模块化、抽象、模块独立性、信息隐蔽等。

🔗 知识链接

软件结构设计的基本原理

1. 模块与模块化

（1）模块。模块（Module）是由边界元素限定的相邻程序元素的序列，能够单独命名，能独立地完成一定功能，而且有一个总体标识符代表它。在软件的体系结构中，模块是可以组合、分解和更换的单元。像 PASCAL 或 Ada 这样的块结构语言中的 Begin…End 对，或者 C、C++ 和 Java 语言中的 {…} 都是边界元素的例子。按照模块的定义，过程、函数、子程序和宏等，都可作为模块。面向对象方法学中的对象是模块，对象内的方法（或称为服务）也是模块，模块是构成程序的基本构件。

模块具有以下基本属性：

1）名称：模块的名称必须能表达该模块的功能，指明每次调用它时应完成的功能。模块的名称由一个动词和一个名词组成，例如计算成绩总评分、计算日销售额等。

2）接口：模块的输入和输出。

3）功能：模块实现的功能。

4）逻辑：模块内部如何实现功能及实现功能所需要的数据。

5）状态：模块的调用与被调用关系。

通常，模块从调用者那里获得输入数据，然后把产生的输出数据返回给调用者。

（2）信息隐蔽。信息隐蔽是指在设计和确定模块时，使得一个模块内所包含的信息（过程或数据），不能被不需要这些信息的其他模块所访问。在定义和实现模块时，通过信息隐蔽，可以对模块的过程细节和局部数据结构进行存取限制。这里"隐蔽"的不是模块的一切信息，而是模块的实现细节。有效的模块化通过一组相互独立的模块来实现，这些独立的模块彼此之间仅仅交换为了完成系统功能所必需的信息，而将自身的实现细节与数据"隐蔽"起来。

一个软件系统在整个生命周期中要经过多次修改，信息隐蔽对软件系统的修改、测试和维护都有好处。因此，在划分模块时要采取措施，如采用局部数据结构，使得大多数过程（即实现细节）和数据对软件的其他部分是隐蔽起来的。这样，修改软件时偶然引入的错误所造成的影响，只局限在一个或少量的几个模块内部，不会影响其他模块，提高了软件的可维护性。

（3）模块化。模块化（Modularization）就是把程序划分成独立命名且可独立访问的模块，每个模块完成一个子功能，把这些模块集成起来构成一个整体，则可以完成指定的功能，以满足用户的需求。

模块化是为了使一个复杂的大型程序能被人的智力所管理，是软件应该具备的唯一属性。如果一个大型程序仅由一个模块组成，它将很难被理解。在软件工程中，模块化是大型软件设计的基本策略。模块化可产生的效果如下所述。

1）减少复杂性。对复杂问题进行分割后，每个模块的信息量小、问题简单，便于对系统进行理解和处理。下面根据人类解决问题的一般规律来论证上述结论。

设函数 $C(X)$ 定义问题 X 的复杂程度，函数 $E(X)$ 确定解决问题 X 所需要的工作量（时间）。对于问题 $P1$ 和问题 $P2$，如果

$$C(P1) > C(P2)$$

显然有

$$E(P1) > E(P2)$$

根据人类解决一般问题的经验，另一个有趣的规律是

$$C(P1+P2) > C(P1) + C(P2)$$

也就是说，如果一个问题由 $P1$ 和 $P2$ 两个问题组合而成，那么它的复杂程度大于分别考虑每个问题时的复杂程度之和。

综上所述，得到下面的不等式：

$$E(P1+P2) > E(P1) + E(P2)$$

即独立解决问题 $P1$ 和问题 $P2$ 所需的工作量，比把 $P1$ 和 $P2$ 合起来解决所需的工作量少。从这个不等式可以得出"各个击破"的结论——把复杂的问题分解成许多容易解决的小问题，原来的问题也就容易解决了。这就是模块化的根据。由此可见，模块化是解决复杂问题的最好办法。先独立地对各部分进行分析，确定解决问题的途径的正确性，最后才进行整体验证，这种办法行之有效，有利于提高软件的开发效率。

2）提高软件的可靠性。程序的错误通常出现在模块内及模块间的接口中，模块化使软件易于测试和调试，有助于提高软件的可靠性。在软件设计时应先对模块进行测试，确

认模块运行无差错后，才可把它集成到系统中去，使差错尽可能少。

3）提高可维护性。软件模块化后，即使对少数模块进行大幅度的修改，由于其他模块没有变动，对整个系统的影响也会比较小，使得系统易于维护。

4）有助于软件开发工程的组织管理。承担各模块设计的人员可以独立地、平行地进行开发，可将设计难度大的模块分配给技术更熟练的程序开发员。

5）有助于信息隐蔽。在模块分割时，应当遵守信息隐蔽和局部化原则。这样做，在修改软件时偶然引入的错误所造成的影响只局限在与其相关的模块内，不会影响其他模块，提高了软件的可维护性。

（4）模块分割。模块化的关键问题是如何分割模块和设计系统的模块结构，模块分割的方法有以下几种。

1）抽象与详细化。人类在认识复杂现象的过程中使用的最强有力的思维工具是抽象。人们在实践中认识到，在现实世界中一定事物、状态或过程之间总存在着某些相似的方面（共性），把这些相似的方面集中和概括起来，暂时忽略它们之间的差异就是抽象。或者说抽象就是抽出事物本质的共同特性，而暂时不考虑它们的细节和其他因素。软件工程实施过程的每一步都可以看作对软件抽象层次的一次细化。

模块化的过程是自顶向下由抽象到详细的过程，软件结构顶层的模块控制了系统的主要功能，软件结构底层的模块完成对数据的具体处理。自顶向下、由抽象到具体地分析和构造软件的层次结构，简化了软件的设计和实现，提高了软件的可理解性和可测试性，使软件易于维护。

2）根据功能来划分模块。该方法根据系统功能的各种差异来划分组成系统的各个模块。根据系统本身的特点可采用以下几种不同的模块分割方法。

a. 横向分割。根据系统所含的不同功能来分割模块。

例如：文字处理软件 Word 按功能划分为文件、引用、视图、插入、格式、工具、审阅及帮助等不同模块。

b. 纵向分割。根据系统对信息进行处理的过程中不同的变换功能来分割，前一步结束，后一步才可进行；前一步数据有误，会影响后一步工作的数据正确性。

2.　模块的耦合和内聚

模块独立的概念是模块化、抽象、信息隐藏和局部化概念的直接结果。开发具有独立功能而且和其他模块之间没有过多相互作用的模块，就可以做到模块独立。换句话说，希望这样设计软件结构，使得每个模块完成一个相对独立的特定子功能，并且和其他模块之间的关系很简单。

模块的独立性如此重要主要是由于两点。第一，有效的模块化的软件比较容易开发出来。这是由于模块化能够分割功能而且可以简化接口，当许多人分工合作开发同一个软件时，这个优点尤为重要。第二，独立的模块比较容易测试和维护。这是因为相对来说，修改设计和程序需要的工作量比较小，错误传播范围小，需要扩充功能时能够"插入"模块。总之，模块独立是便于设计的关键，而设计又是决定软件质量的关键环节。

评价模块分割好坏的标准主要是模块之间的联系程度耦合（Coupling）和模块内的联

系程度内聚（Cohesion）。耦合衡量不同模块彼此间互相依赖（连接）的紧密程度，内聚衡量一个模块内部各个元素彼此结合的紧密程度。

（1）模块的耦合。耦合是对一个软件结构内不同模块之间互连程度的度量。耦合强弱取决于模块间接口的复杂程度，一般由模块之间的调用方式、传递信息的类型和数量来决定。

在软件设计中应该追求尽可能松散耦合的系统。在这样的系统中可以研究、测试或维护任何一个模块，而不需要对系统的其他模块有较多了解。此外，由于模块间联系简单，发生在一处的错误传播到整个系统的可能性就较小。因此，模块间的耦合程度会强烈影响系统的可理解性、可测试性、可靠性和可维护性。

区分模块间耦合程度的强弱：如果两个模块中的每一个都能独立地工作而不需要另一个模块的存在，那么它们彼此完全独立，这意味着模块间无任何连接，耦合程度最低。但是，在一个软件系统中不可能所有模块之间都没有任何连接。

如果两个模块彼此间通过参数交换信息，而且交换的信息仅仅是数据，那么这种耦合称为数据耦合。如果传递的信息中有控制信息，则这种耦合称为控制耦合。

数据耦合是低耦合。系统中必须至少存在这种耦合，因为只有当某些模块的输出数据作为另一些模块的输入数据时，系统才能完成有价值的功能。一般来说，一个系统内可以只包含数据耦合。控制耦合是中等程度的耦合，它增加了系统的复杂程度。控制耦合往往是多余的，在把模块适当分解之后通常可以用数据耦合进行替代。

如果被调用的模块需要使用作为参数传递进来的数据结构中的所有元素，那么，把整个数据结构作为参数传递就是完全正确的。但是，当把整个数据结构作为参数传递而被调用的模块只需要使用其中一部分数据元素时，就出现了特征耦合。在这种情况下，被调用的模块可以使用的数据多于它确实需要的数据，这将导致对数据的访问失去控制，从而给计算机出现错误提供了机会。

当两个或多个模块通过一个公共数据环境相互作用时，它们之间的耦合称为公共环境耦合。公共环境可以是全局变量、共享的通信区、内存的公共覆盖区、任何存储介质上的文件、物理设备等。

公共环境耦合的复杂程度随耦合的模块个数而变化，当耦合的模块个数增加时，复杂程度显著增加。如果只有两个模块有公共环境，那么这种耦合有下面两种可能：

1）一个模块往公共环境输送数据，另一个模块从公共环境获取数据。这是数据耦合的一种形式，是比较松散的耦合。

2）两个模块都既往公共环境输送数据，又从里面获取数据，这种耦合比较紧密，介于数据耦合和控制耦合之间。

如果两个模块共享的数据很多，都通过参数进行传递可能很不方便，这时可以利用公共环境耦合。最高程度的耦合是内容耦合。如果出现下列情况之一，两个模块间就发生了内容耦合：一个模块访问另一个模块的内部数据；一个模块不通过正常入口就转到另一个模块的内部；两个模块有一部分程序代码重叠（只可能出现在汇编程序中）；一个模块有多个入口（这意味着一个模块有几种功能）。所以应该坚决避免使用内容耦合。事实上许多高级程序设计语言已经设计成不允许在程序中出现任何形式的内容耦合。

总之，耦合是影响软件复杂程度的一个重要因素。应该采取的设计原则：尽量使用数据耦合，少用控制耦合和特征耦合，限制公共环境耦合的范围，完全不用内容耦合。

（2）模块的内聚。内聚标志一个模块内各个元素之间彼此结合的紧密程度，它是信息隐藏和局部化概念的自然扩展。简单地说，理想内聚的模块只做一件事情。

设计时应该力求做到高内聚。通常中等程度的内聚也是可以采用的，而且效果和高内聚相差不多，但是低内聚效果很差，不要使用。

内聚和耦合是密切相关的，模块内的高内聚往往意味着模块间的松耦合。内聚和耦合都是进行模块化设计的有力工具，但是实践表明内聚更重要，应该把更多注意力集中到提高模块的内聚程度上。

1）低内聚有以下几类：如果一个模块完成一组任务，这些任务彼此间即使有关系，也是很松散的，则称为偶然内聚；如果一个模块完成的任务在逻辑上属于相同或相似的一类，则称为逻辑内聚；如果一个模块包含的任务必须在同一段时间内执行，则为时间内聚。

在偶然内聚的模块中，各种元素之间没有实质性联系，很可能在一种应用场合需要修改这个模块，在另一种应用场合又不允许这种修改，从而陷入困境。事实上，偶然内聚的模块出现修改错误的概率要比其他类型的模块高得多。

在逻辑内聚的模块中，不同功能混在一起，合用部分程序代码，即修改局部功能有时也会影响全局。因此，这类模块的修改也比较困难。时间关系在一定程度上反映了程序的某些实质，所以时间内聚比逻辑内聚好一些。

2）中内聚主要有两类：如果一个模块内的处理元素是相关的，而且必须以特定次序执行，则称为过程内聚。使用程序流程图作为工具设计软件时，常常通过研究流程图确定模块的划分，这样得到的往往是过程内聚的模块；如果模块中所有元素都使用同一个输入数据和（或）产生同一个输出数据，则称为通信内聚。

3）高内聚也有两类：如果一个模块内的处理元素和同一个功能密切相关，而且这些处理必须顺序执行（通常一个处理元素的输出数据作为下一个处理元素的输入数据），则称为顺序内聚。根据数据流图划分模块时，通常得到顺序内聚的模块，这种模块彼此间的连接往往比较简单；如果模块内所有处理元素都属于一个整体，完成一个单一的功能，则称为功能内聚。功能内聚是最高程度的内聚。

事实上，没有必要精确确定内聚的级别。重要的是设计时力争做到高内聚，并且能够辨认出低内聚的模块，同时有能力通过修改设计提高模块的内聚程度、降低模块间的耦合程度，从而获得较高的模块独立性。

3. 软件结构设计准则

人们在开发计算机软件的长期实践中积累了丰富的经验，通过总结这些经验可得出一些设计规则。这些设计规则虽然不像上一节讲述的基本原理和概念那样普遍适用，但是在许多场合仍然能给软件工程师以有益的启示，往往能帮助他们找到改进软件设计、提高软件质量的途径。

（1）提高模块独立性。设计出软件的初步结构以后，应该审查分析这个结构，通过模块分解或合并，力求降低耦合、提高内聚，获得较高的模块独立性。要使一个模块在总体设计中起到应有的作用，它必须具备一定的功能，对每一模块的设计目标是应能简明地理解该模块的功能、方便地掌握功能范围，也就是知道模块应该做什么，进而有效地构造该模块。设计模块时应尽可能使其具有通用性，以便重复使用，同时也要考虑降低接口的复杂程度。

（2）模块接口的准则。模块的接口要简单、清晰，含义明确，便于理解，易于实现、测试与维护。有时可以通过分解或合并模块来减少控制信息的传递及对全程数据的引用，并且降低接口的复杂程度。

（3）模块的作用范围应在控制范围之内。模块的作用域定义为受该模块内一个判定影响的所有模块的集合。模块的控制域是这个模块本身以及所有直接或间接从属于它的模块的集合。

进行软件设计时，模块结构可设计成树型结构。如果一个模块内的一个判定对一些模块有影响，则应把含判定的模块放在一棵子树的根结点，把受判定影响的模块放到该根结点的子女结点或再下层，但不能把它们放到兄弟结点位置或其他上层位置。即受判定影响的结点应在含判定的模块之下，接受该模块的控制，使得模块的作用范围在控制范围之内。

修改软件结构使作用域是控制域的子集的方法：一个方法是把做判定的点往上移；另一个方法是把那些在作用域内但不在控制域内的模块移到控制域内。

改进软件结构时，需要根据具体问题统筹考虑：一方面应该考虑哪种方法更现实；另一方面应该使软件结构能最好地体现问题原来的结构。

（4）模块的深度、宽度、扇出和扇入应适当。深度表示软件结构中控制的层数，它往往能粗略地标志一个系统的大小和复杂程度。深度和程序长度之间应该有粗略的对应关系，当然这个对应关系是在一定范围内变化的。如果层数过多，则应考虑是否有某些模块过于简单，应予以适当合并。

宽度是软件结构内同一个层次上的模块数的最大值。一般说来，宽度越大系统结构越复杂。对宽度影响最大的因素是模块的扇出。

扇出是指一个模块所调用的模块数。扇出越大，模块越复杂，所控制的下级模块数越多。扇出是一个模块直接控制（调用）的模块数目，扇出过大、扇出过小（如总是1）都不好。按照 Miller 法则，软件结构的扇出不要超过 7±2 个。扇出太大一般是因为缺乏中间层次，意味着模块过于复杂，需要控制和协调过多的下级模块，应该适当增加中间层次的控制模块。扇出太小也不好，可以把下级模块进一步分解成若干个子功能模块，或者合并到它的上级模块中去。

扇入表明有多少个上级模块直接调用它，扇入越大，则共享该模块的上级模块数目越多，这是有好处的。但是，不能违背模块独立原理单纯追求高扇入。在观察大量软件系统后发现，通常设计得好的软件结构，顶层模块扇出多，中间模块扇出较少，下层调用公共模块。当然分解模块或合并模块必须符合问题结构，不能违背模块独立性原理。

（5）模块的大小应适中。经验表明，一个模块的规模不应过大，最好能写在一页纸内（通常不超过 60 行语句）。有人从心理学角度研究得知，当一个模块包含的语句超过 30 行以后，模块的可理解程度迅速下降。过大的模块往往是由于分解不充分，过于复杂，使得系统的设计、调试、维护十分困难，此时应仔细分析，进一步分解模块，但是进一步分解必须符合问题结构，一般来说，分解后不应该降低模块独立性。模块也不应太小，太小会使功能意义消失、模块之间的关系增强、模块的独立性受到影响、开销大于有效操作，而且模块数目过多将使系统接口复杂，从而影响整个系统结构的质量。因此，过小的模块有时不值得单独存在，特别是只有一个模块调用它时，通常可以把它合并到上级模块中去而不必使其单独存在。

模块的大小应考虑模块的功能意义和复杂程度，以易于理解、便于控制为标准。不能以模块的大小作为绝对标准，应根据具体情况仔细斟酌。最主要的是应使模块功能不太复杂、边界明确，模块分解不应降低模块的独立性。

⊙任务实施

【例 4.1】学生成绩管理系统结构设计。

在学生成绩管理系统中，数据处理要逐步进行，因而模块结构是按处理过程纵向分割的。可将该系统划分为输入、处理、输出和系统维护模块。其中输入分为输入学生基本情况、输入课程设置、输入教师信息、输入学生单科成绩等；处理分为计算学生成绩总评分、统计成绩、留级处理等；输出分为输出学生成绩单、输出班级成绩单、输出课程重修学生名单、输出留级学生名单等；系统维护分为：课程设置、系和专业代码等，如图 4-1 所示。

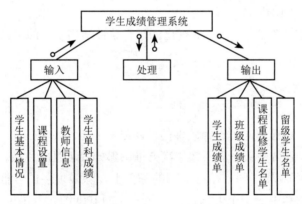

图 4-1　学生成绩管理系统结构图

先确定中心控制模块，由控制模块指示从属模块，逐次进行分解。

将各个功能层次化、具体化，并将每个功能模块设计为只有一个入口和一个出口。

【例 4.2】图书馆管理系统功能划分。

图书馆管理系统有许多功能，如读者管理、图书管理、图书流通、图书查询等，每个功能又可分为若干子功能，因而模块结构可以采用树型结构，模块的控制中心是树型结构的根。

读者只能进入图书查询模块；图书流通部的工作人员只能进入图书流通模块（借书、还书）和读者管理（分为读者的添加、删除和修改 3 个子功能）模块；图书采编部的工作人员可以进入图书采购入库、图书编码模块。系统功能由控制中心逐次由上而下进行分解。

任务 3　使用软件结构设计的图形工具

🔍 任务描述

软件结构图是为了反映软件系统中组件之间相互关系和约束的体系结构设计图（称为软件体系结构图更为合适），一般通过分层次或分时间段等方式说明体系结构的各个组成部分的组合关系。在结构化设计方法中，软件结构图主要分为变换型软件结构图和事务型软件结构图两种。

软件结构包括构成系统的设计元素的描述、设计元素之间的交互、设计元素的组合模式以及在这些模式中的约束。一个系统由一组构件以及它们之间的交互关系组成，这种系统本身又可以成为一个更大的系统的组成元素。

📖 任务要求

概要设计常用的图形工具如下：

（1）层次图。层次图用来描绘软件的层次结构。

（2）HIPO 图（Hierarchy plus Input-Process-Output）。HIPO 图是 IBM 公司发明的"层次图加输入／处理／输出图"。

（3）结构图。结构图是 E.Yourdon 提出的进行软件结构设计的工具。

🔗 知识链接

软件结构设计的图形工具

1.　层次图和 HIPO 图

层次图很适合描绘自顶向下设计软件的层次结构。层次图中的一个矩形框代表一个模块，方框间的连线表示调用关系而不像层次方框图那样表示组成关系。

层次图加上编号称为 H 图。在层次图的基础上，除最顶层的方框之外，其余每个方框都加了编号。层次图中每一个方框都有一个对应的 IPO 图（表示模块的处理过程）。每张 IPO 图应增加的编号与其表示的（对应的）层次图编号一致。IPO 图是输入／加工／输出图的简称。

为了能使 HIPO 图具有可追踪性，在 H 图（层次图）里除了最顶层的方框之外，每个方框都加了编号，编号规则和数据流图的编号规则相同。

2.　结构图

E.Yourdon 提出的结构图是进行软件结构设计的另一个有力工具。结构图和层次图类似，也是描绘软件结构的图形工具，图中一个方框代表一个模块，框内注明模块的名字或主要功能；方框之间的箭头（或直线）表示模块之间的调用关系。按照惯例，总是图中位于上方的方框所代表的模块调用下方的模块，所以即使不用箭头也不会产生二义性，为了简单起见，可以只用直线而不用箭头表示模块间的调用关系。

通常用层次图作为描绘软件结构的文档，结构图作为文档并不很合适，因为图上包含的信息太多有时反而会降低软件结构的清晰程度。但是，利用 IPO 图或数据字典中的信息得到模块调用时所传递的信息，从而由层次图导出结构图的过程，却可以作为检查设计正确性和评价模块独立性的好方法。

任务实施

1. 医疗费管理系统的层次图

图 4-2 是层次图的一个例子，最顶层的方框代表高校医疗费管理系统的主控模块，含有退出、输入、处理、输出、查询和系统维护模块，它调用下层模块完成高校医疗费管理的全部功能，例如"统计"模块通过调用它的下属模块可以完成 5 种功能中的任何一种。

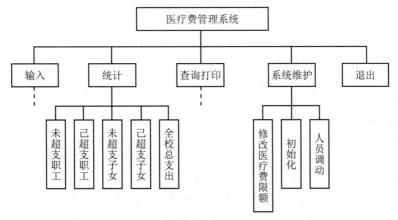

图 4-2　医疗费管理系统的层次图

2. 医疗费管理系统的 HIPO 图

在图 4-2 中加了编号后就可以得到图 4-3。

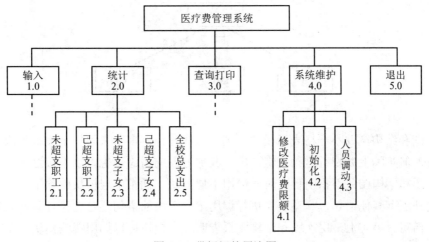

图 4-3　带标记的层次图

这里和 H 图中的每个方框相对应，应该有一张 IPO 图描绘这个方框代表的模块的处理过程。HIPO 图中的每张 IPO 图内都应该明显地标出它所描绘的模块在 H 图中的编号，以便追踪了解这个模块在软件结构中的位置。

3. 结构图实例

在结构图中通常还用带注释的箭头表示模块调用过程中来回传递的信息。如果希望进一步标明传递的信息是数据还是控制信息，则可以利用注释箭头尾部的形状来区分：尾部是空心圆表示传递的是数据，实心圆表示传递的是控制信息，如图 4-4 所示。此外还有一些附加的符号可以表示模块的选择调用或循环调用。图 4-5 表示当模块 M 中某个判定为真时调用模块 A，为假时调用模块 B。图 4-6 表示模块 M 循环调用模块 A、B 和 C。

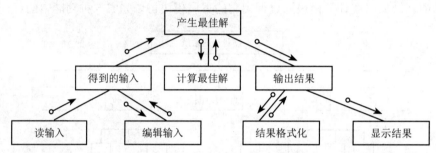

图 4-4　产生最佳解的结构图

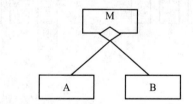

图 4-5　判定为真时调用模块 A，为假时调用模块 B

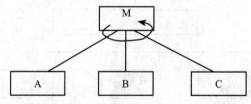

图 4-6　模块 M 循环调用模块 A、B 和 C

层次图和结构图并不严格表示模块的调用次序。虽然多数人习惯于按调用次序从左到右画模块，但实际上并没有这种规定，出于其他方面的考虑，也可以不按这种次序画。此外，层次图和结构图并不指明什么时候调用下层模块。通常上层模块中除了调用下层模块的语句之外还有其他语句，究竟是先执行调用下层模块的语句还是先执行其他语句，在图中并没有指明。事实上，层次图和结构图只表明一个模块可以调用哪些模块，至于模块内还有没有其他成分则完全没有表示。

任务 4　使用概要设计方法

任务描述

　　研究概要设计方法的目的是使概要设计过程规范化，使开发有计划、按步骤地进行。软件概要设计方法的基本内容：把要解决的问题划分成若干个工作步骤，用具体的文档格式把每个工作步骤都记录下来，确定软件的评价标准。已经推出的软件概要设计方法和技术有很多种，要根据软件的实际情况选择合适的方法。

任务要求

　　面向数据流设计方法是以需求阶段产生的数据流图为基础，按一定的步骤映射成软件结构，它是目前使用最广泛的软件设计方法之一。为了理解面向数据流设计方法概念，变换分析、事务分析法过程和应用，通过对"学生成绩管理系统"、"职工工资管理系统"两个案例进行数据流类型的分析，达到理解掌握变换型和事务型两种类型数据流映射成软件结构的方法的目的。

　　面向数据结构的设计方法是按输入、输出以及把对计算机内部存储信息的数据结构的描述变换为对软件结构的描述，目前信息结构层次清楚的应用领域广泛使用该设计方法。通过对面向数据结构的设计方法的学习，读者应学会灵活运用 Jackson 方法设计顺序结构、选择结构和重复结构三种基本类型的数据结构（或程序结构）。

知识链接

本任务主要介绍结构化方法（面向数据流设计方法）和面向数据结构设计方法。

1. 结构化方法

　　结构化方法（Structured Design，SD）又称为面向数据流设计方法，是 1974 年由 E.Yourdon 和 L.Constantine 等人提出的，本设计方法的目标是给出一个系统化的设计软件结构的途径。在软件工程技术的需求分析阶段，信息流是一个关键因素，通常用数据流图描绘信息在系统中加工和流动的情况。面向数据流的设计方法定义了一些不同的"映射"，利用这些映射可以把数据流图变换成软件结构。因为任何软件系统都可以用数据流图表示，所以面向数据流的设计方法理论上可以设计任何软件的结构。通常所说的结构化设计方法，就是基于数据流的设计方法。它的设计步骤是先根据系统数据流图建立系统逻辑模型,再进行结构设计。

　　（1）建立系统逻辑模型。数据流是软件开发人员进行需求分析的出发点和基础。数据流从系统的输入端进入系统后要经过一系列的变换或处理，最后由输出端流出。面向数据流设计就是在需求分析的基础上把数据流图转换为对软件结构的描述，用结构图来描述软件结构。

　　面向数据流设计方法把数据流映射成软件结构，信息流的类型决定了映射的方法，信息流可分为变换型和事务型两种。

　　1）变换型数据流。根据基本系统模型,信息通常以"外部世界"的形式进入软件系统，经过处理以后再以"外部世界"的形式离开系统，即信息沿输入通路进入系统，同时由外部形式变换成内部形式，进入系统的信息通过变换中心，经加工处理以后再沿输出通路变换成外部形式离开软件系统。当数据流图具有这些特征时，这种信息流就叫作变换流。

2）事务型数据流。基本系统模型意味着变换流，因此，原则上所有信息流都可以归结为这一类。这种数据流是以事务为中心的，数据沿输入通路到达某一个处理，该处理根据输入数据的类型在若干个处理序列中选择某一个来执行，这类数据流称为事务型数据流，而这样的处理称为事务中心，如图4-7所示。

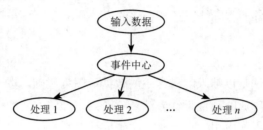

图4-7　事务型数据流示意图

使用面向数据流设计方法时，首先判断数据流的类型。若是事务型数据流，则分析其事务中心和数据接收通路，再映射成事务处理结构，分析每个事务以确定它的类型，选取某一条活动通路；若是变换型数据流，则应区分输入和输出分支，映射成变换结构，经加工处理变换为输出数据后离开系统。

【例4.3】学生成绩管理系统属于变换型数据流。学生成绩管理系统主要工作过程如下。

在学生入学时要输入与学生成绩管理有关的信息，如每个学生的基本情况（系、专业、班级、学号、姓名及性别等），而学生的家庭地址、电话、党团员等信息不属于成绩管理系统，应由学生档案管理系统另行处理。每学期考试后，由各任课教师分别输入班级学生的各门课的单科平时成绩和考试成绩。

处理过程：计算每个学生的单科成绩总评分，由计算机自动进行，在计算出学生成绩总评分后才可得到输出数据——学生成绩单，将学生成绩单给学生，全班单科成绩单（含各分数段人数）给教师；全班各科成绩汇总表、成绩不及格学生的重修名单和留级名单给教务处和学生处。

综上，数据进入系统后，进行处理（计算总评分、分析留级情况、重修情况），得到输出结果。因此学生成绩管理系统属于变换型数据流。

（2）完成软件结构设计。对于变换型和事务型数据流，结构化设计方法的任务是把数据流图表示的逻辑模型转换为对软件结构的描述。面向数据流设计方法的过程：首先分析数据流类型，然后划分流程段，确定变换中心或事务中心；对两种类型分别进行进一步分析，转换为软件结构中的模块，对模块进行划分或合并，完成软件结构设计。下面分别介绍对两种类型的数据流进行分析设计的步骤。

1）变换型分析。变换型分析经以下几个步骤把具有变换特点的数据流图映射成软件结构。

第1步：复查基本系统模型。复查的目的是确保系统的输入数据和输出数据符合实际。

　　第 2 步：复查并精化数据流图。应该对需求分析阶段得出的数据流图进行认真复查，并且在必要时进行精化。不仅要确保数据流图给出了目标系统的正确逻辑模型，而且应该使数据流图中每个处理都代表一个规模适中、相对独立的子功能。

　　第 3 步：确定数据流图具有变换特性还是事务特性。一般来说，一个系统中的所有信息流都可以被认为是变换流，但是，当遇到有明显事务特性的信息流时，建议采用事务分析方法进行设计。在这一步，设计人员应该根据数据流图中占优势的属性，确定数据流的全局特性。此外还应该把具有和全局特性不同特点的局部区域孤立出来，以后可以按照这些子数据流的特点精化根据全局特性得出的软件结构。

　　第 4 步：确定输入流和输出流的边界，从而孤立出变换中心。输入流和输出流的边界和对它们的解释有关，也就是说，不同设计人员可能会在流内选取稍微不同的点作为边界的位置。当然在确定边界时应该仔细认真，但是把边界沿着数据流通路移动一个处理框的距离，通常对最后的软件结构只有很小的影响。

　　第 5 步：完成"第一级分解"。软件结构代表对控制的自顶向下的分配，所谓分解就是分配控制的过程。对于变换流的情况，数据流图被映射成一个特殊的软件结构，这个结构控制输入、变换和输出等信息的处理过程。

　　第 6 步：完成"第二级分解"。所谓第二级分解就是把数据流图中的每个处理映射成软件结构中一个适当的模块。

　　第 7 步：使用设计度量和启发式规则对第一次分割得到的软件结构进行进一步精化。对第一次分割得到的软件结构，总可以根据模块独立原理继续进行精化。为了产生合理的分解，得到尽可能高的内聚、尽可能松散的耦合，最重要的是，为了得到一个易于实现、易于测试和易于维护的软件结构，应该对初步分割得到的模块进行再分解或合并。

　　上述 7 个设计步骤的目的是开发出软件的整体表示，也就是说，一旦确定了软件结构，就可以把它作为一个整体来复查，从而能够评价和精化软件结构。在这个时期进行修改只需要进行很少的附加工作，但是却能够对软件的质量，特别是软件的可维护性产生深远的影响。

　　例如：学生成绩管理系统具有变换特性，其结构如图 4-1 所示。

　　2）事务型分析。任何系统的数据进入系统后都要进行加工处理，最后得到输出结果，因而都可使用变换型方法来设计软件结构。但是当数据流具有明显的事务型特点时，应采用事务型数据流分析设计方法。事务型数据流通常有一个输入数据项，它的不同处理结果会导致系统在下一步进入多个不同的处理分支中的某一个，这个数据项即称为事务项。事务型数据流映射成软件结构时，数据流的事务中心对应软件结构的控制中心，把数据流图中事务中心分出的各个处理通路映射成控制中心下属的各个子模块。

　　【例 4.4】画出职工工资管理系统的结构图。职工工资管理系统具有事务特性，可建立一个主菜单让用户选择执行菜单中列出的几个功能，包括职工调动、工资变动、打印工资单、输出统计报表等。程序中菜单变量的值就是控制中心，取不同的值就使程序调用不同的子模块，执行不同的子程序。主控模块调用子模块，模块调用时数据传递的方向可以在图中表示。职工工资管理系统的结构图如图 4-8 所示。

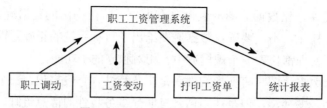

图 4-8　职工工资管理系统结构图

对于一个大系统，常常可以把变换分析和事务分析应用到同一个数据流图的不同部分，由此得到的子结构形成构件，并利用它们构造完整的软件结构。

一般说来，如果数据流不具有显著的事务特性，最好使用变换分析；如果具有明显的事务中心，则应该采用事务分析技术。如果机械地遵循变换分析或事务分析的映射规则，很可能会得到一些不必要的控制模块，如果它们确实用处不大，则应该把它们合并。反之，如果一个控制模块功能过于复杂，则应该分解为两个或多个控制模块，或者增加中间层次的控制模块。

2. 面向数据结构设计方法

面向数据结构的设计方法是按输入、输出以及计算机内部存储信息的数据结构进行软件设计的，把对数据结构的描述变换为对软件结构的描述。

在许多应用领域中，信息的结构层次清楚，输入数据、输出数据以及内部存储的信息有一定的结构关系。数据结构不仅影响软件的结构设计，还影响软件的处理过程。例如：重复出现的数据通常由循环结构来控制；如果一个数据结构具有选择特性，就采用条件选择程序来控制；如果一个数据结构为分层次的，软件结构也必然为分层次的。所以，数据结构充分地揭示了软件结构。使用面向数据结构设计方法，首先需要分析确定数据结构，并用适当的工具清晰地描述数据结构，最终得出对程序处理过程的描述。

面向数据结构设计方法有两种，即 Jackson 方法和 Warnier 方法。这两种方法只是图形工具不同，这里只介绍 Jackson 方法。Jackson 方法由英国的 M.Jackson 提出，在欧洲较为流行。它特别适合设计企事业管理类的数据处理系统。Jackson 方法的主要图形工具是 Jackson 图，它既可以表示数据结构，也可以表示程序结构。Jackson 方法把数据结构（或程序结构）分为顺序结构、选择结构和重复结构 3 种基本类型。

（1）顺序结构。顺序结构的数据由一个或多个元素组成，每个元素依次出现一次。图 4-9（a）表示数据 A 由 B、C、D 3 个元素顺序组成。

（2）选择结构。选择结构的数据包含两个或多个元素，每次使用该数据时，按一定的条件从这些元素中选择一个。图 4-9（b）表示数据 A 根据条件从 B 或 C 中选择一个。B 和 C 的右上方加符号"。"表示从中选择一个。

（3）重复结构。重复结构的数据由根据条件出现 0 次或多次的数据元素组成。图 4-9（c）表示数据 A 由 B 出现 0 次或多次组成。数据 B 后加符号"*"表示重复。

Jackson 图具有以下特点：

● 能对结构进行自顶向下分解，可以清晰地表示层次结构。

- 结构易读、形象、直观。
- 既可表示数据结构，也可表示程序结构。

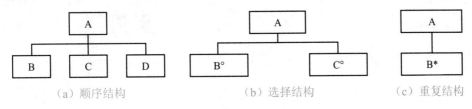

（a）顺序结构　　　　　（b）选择结构　　　　　（c）重复结构

图 4-9　数据结构的 3 种基本类型

Jackson 设计方法采用以下 4 个步骤：

- 分析并确定输入数据和输出数据的逻辑结构。
- 找出输入数据结构和输出数据结构中有对应关系的数据单元。
- 从描述数据结构的 Jackson 图导出描述程序结构的 Jackson 图。
- 列出所有操作和条件，并把它们分配到程序结构图中去。

任务实施

以下结合具体例子进一步说明 Jackson 结构设计方法。

【例 4.5】用 Jackson 方法对学生成绩管理系统进行结构设计。图 4-1 所示的学生成绩管理系统在学生入学时输入学生基本信息，按班级内学生学号的顺序依次输入每位学生的平时成绩、期中成绩和期末成绩，成绩输入格式见表 4-1；然后由计算机计算每位学生的单科综合成绩。输出的学生个人成绩单格式见表 4-2；班级各科成绩汇总表格式见表 4-3。

表 4-1　成绩输入格式

河南某学院 2019—2020 年第二学期成绩表
课程号：1001　　　　课程名：软件工程　　　　院系：计算机艺术设计系　　　　班级：20200102

学号	姓名	平时成绩	期中成绩	期末成绩	综合成绩

表 4-2　学生个人成绩单格式

河南某学院 2019—2020 年第二学期学生成绩表
学号：20190325　　　　姓名：李雪眉　　　　院系：计算机艺术设计系　　　　班级：20200102

课程名	平时成绩	期中成绩	期末成绩	综合成绩	考试 / 考查
JAVA					
数据库应用					
数学					
英语					
体育					

表 4-3　班级各科成绩汇总表格式

河南某学院 2019—2020 年第二学期班级成绩汇总表
院系：计算机艺术设计系　　　　　　　　　　　　　　　　　　　　　班级：20200102

分数段	人数	百分比
90 分以上		
80 ～ 89 分		
70 ～ 79 分		
60 ～ 69 分		
不及格		

根据以上输入数据和所需的输出表格，可写出输入数据结构、输出数据结构及程序结构的 Jackson 图，操作步骤如下：

（1）输入数据结构的 Jackson 图如图 4-10 所示。

（2）输出数据结构的 Jackson 图如图 4-10 所示。

（3）根据输入、输出数据结构的 Jackson 图用双向箭头画出对应关系图，如图 4-10 所示。

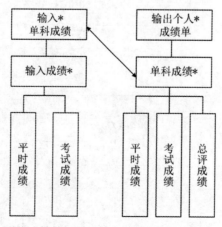

图 4-10　学生成绩管理系统输入 / 输出数据结构的 Jackson 图

（4）从输入、输出数据结构关系导出程序结构 Jackson 图。

（5）列出所有操作和条件，并把它们分配到程序结构图的适当位置，如图 4-11 所示。

计算单科成绩总评分：总评分 = 平时成绩 ×0.3+ 考试成绩 ×0.7。

重复条件 sum1：对所有学生都执行一次。

重复条件 sum2：总评成绩不及格人数。

重复条件 sum3：留级人数。

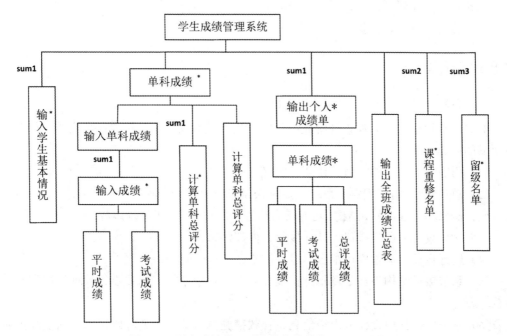

图 4-11　学生成绩管理系统程序结构的 Jackson 图

任务 5　撰写与复审概要设计说明书

🔍 任务描述

概要设计说明书又可称系统设计说明书，这里所说的系统是指程序系统。编制的目的是说明对程序系统的设计考虑，包括程序系统的基本处理流程、程序系统的组织结构、模块划分、功能分配、接口设计、运行设计、安全设计、数据结构设计和出错处理设计等，为下一步详细设计提供基础。

📖 任务要求

结构化软件设计说明书结构：

任务：目标、环境、需求、局限。

总体设计：处理流程、总体结构与模块、功能与模块的关系。

接口设计：总体说明外部用户、软件接口、硬件接口；内部模块间接口。

数据结构：逻辑结构、物理结构，与程序结构的关系。

模块设计：简要说明每个模块"做什么"、"怎么做"（输入、输出、处理逻辑、与其他模块的接口、与其他系统或硬件的接口），处在什么逻辑位置、物理位置。

运行设计：运行模块组合、控制、时间。

出错设计：出错信息、出错处理。

其他设计：保密、维护。

🔗 知识链接

1. 概要设计说明书

概要设计说明书是总体设计阶段产生的文档，是后续工作的重要参考文档。概要设计说明书的内容如下：

（1）引言：编写目的、背景说明、定义、参考资料。

（2）总体设计：需求规定（系统主要输入、输出项目，处理功能和性能要求）、运行环境、基本设计概念和处理流程、结构、功能需求与程序的关系、人工处理过程、尚未解决的问题。

（3）接口设计：用户接口、外部接口、内部接口。

（4）运行设计：运行模块组合、运行控制、运行时间。

（5）系统数据结构设计：逻辑结构设计要点、物理结构设计要点、数据结构和程序的关系。

（6）系统出错处理设计：出错信息、补救措施（后备技术、降效技术、恢复及再启动技术）、系统维护设计。

2. 概要设计复审

概要设计复审的主要内容是审查软件结构设计和接口设计的合理性，评价数据流图，审查结构图中参数的传输情况，检查全局变量和模块间的对应关系，检查系统接口设计，更改设计中的错误和缺陷，使有关设计人员了解与任务有关的接口情况。

概要设计复审的参加人员：结构设计负责人、设计文档的作者、课题负责人、行政负责人、对开发任务进行技术监督的软件工程师、技术专家、其他方面代表。

3. 数据库设计说明书

数据库设计说明书的编写目的是对所设计的数据库中的所有标识、逻辑结构和物理结构做具体的设计规定。数据库设计说明书的编写内容如下：

（1）引言：编写目的、背景说明、定义、参考资料。

（2）外部设计：标识符和状态、使用它的程序、约定、专门指导、支持软件。

（3）结构设计：概念结构设计、逻辑结构设计、物理结构设计。

（4）运用设计：数据字典设计、安全保密设计。

任务实施

高校固定资产管理项目程序的研发概要设计说明书

1　引言

1.1　编写目的

本设计书是高校固定资产管理项目程序的研发概要设计，将在项目开发进程中或者项目结束后提供给双方人员使用，同时也可以供实施后期的维护人员使用。

1.2　项目背景

作为软件开发的前期文档，此概要设计说明书可以帮助程序设计人员和管理人员提供清晰的设计思路，在软件开发后期的维护阶段也起到至关重要的作用。

委托单位：湖师某学院　　开发单位：湖师磁湖在线工作室　　负责人：关老师

近几年，随着高校学生人数的增加，高校的固定资产也相应增加，而有一些破旧的资产不能合理的处理和管理，对于学校来说，一个个资产设备、物品都需要更好的管理和维护，为了高校能够更好地管理学校的设备，我们实验室做了一个高校固定资产管理系统，使学校设备管理更加方便和高效。

1.3　定义

B/S（Browser/Server）结构：即浏览器和服务器结构。

需求：用户解决问题或达到目标所需的条件和功能；系统或系统部件。要满足合同、标准、规范或其他正式文档所需具有的条件及权能。

1.4　参考资料

《国家标准软件开发文档规范》

《软件开发流程》，清华大学出版社，2005年1月版

2　任务概述

2.1　目标

高校资产管理系统功能：资产基本资料的管理、资产初始录入、信息统计、盘点管理、折旧管理、审核管理和数据的导入功能，这主要是资产管理的功能。密码设置、权限设置、系统日志及系统退出，这主要是系统管理的功能。

2.2　运行环境

主机：PC兼容机内存256MB以上，显示分辨率800×600以上

操作系统：Windows 98，Windows 2000，Windows XP及Windows 7等。

2.3　需求概要

用户对软件系统要求使用简单方便，必要的功能一定不能少，且界面设计要大方得体，有良好的视觉效果，要清楚记录当前系统尚未实现的功能，在系统最后阶段进行完善，弥补用户所需的功能。

2.4　限制描述

设计应当是模块化的，即该软件应当从逻辑上被划分成多个部件，分别实现各种特定功能和子功能。

　　资产的编码或者是资产的条形码控制整个资产的流通过程，对于资产所处的状态进行全程的跟踪和实时的监控。

　　资产的编码/条形码是按照国家标准制定的，每一个资产物品都是由国家统一进行编码的，为了使用的标准化，用户可以进行查询，但不允许更改。

　　设计最终应当给出具体的模块(例如子程序或过程)，这些模块就具有独立的功能特性。

3　总体设计

3.1　模块外部设计

登录模块：用户输入账号和密码进行验证登录。

部门信息维护：用户可以自定义部门名称，有删除、修改、新增操作。

资产类别维护：用户可以自定义资产的类别，有删除、修改、新增操作。

员工信息维护：用户可以新增员工的信息，有修改、删除、新增操作。

角色维护：用户可以给每个员工进行角色分配，有修改、删除、新增操作。

资产来源维护：用户可以对资产的来源进行维护，有修改、删除、新增操作。

资产用途：用户可以对资产的用途进行维护，有修改、删除、新增操作。

权限维护：用户可以对员工进行权限的分配，有修改、删除、新增操作。

供应商信息维护：用来对供应商信息进行维护，有修改、删除、新增操作。

资产的申购：对需求的新资产进行申购，以表单的形式呈现上去。

领用审核：对资产领用的申请进行审核，要有查询、退审、打印、导出功能。

报废审核：对资产报废的申请进行审核，要有查询、退审、打印、导出功能。

出售审核：对资产出售的申请进行审核，要有查询、退审、打印、导出功能。

请修审核：对资产请修的申请进行审核，要有查询、退审、打印、导出功能。

借用审核：对资产借用的申请进行审核，要有查询、退审、打印、导出功能。

资产的申购：对申购的资产清单进行审核，审核通过则去采购，否则退回。

资产的登记：对审核通过的资产进行登记，财务部门入账。

资产的借用：资产可以暂时的借用，要有登记、查询功能。

资产的归还：借用的资产的归还，要有登记和查询功能。

资产的领用：员工可以对资产进行领用，要有登记、查询功能。

资产的维修：对资产的维修就行登记，要有登记、查询功能。

资产的折旧：对资产在使用过程中的折旧进行登记，要有查询操作。

资产的盘点：核对资产的实际资产净值和资产的数量与账目是否一致。

资产的报废：对需要清理的资产进行报废处理，要有登记和查询功能。

资产的转让：对需要清理的资产进行转让处理，要有登记和查询功能。

资产的赠送：对需要清理的资产进行赠送处理，要有登记和查询功能。

资产的出售：对需要清理的资产进行出售处理，要有登记和查询功能。

折旧的统计：对资产的折旧进行统计和分析，要有查询导出和打印功能。

资产维修统计分析：对资产使用过程中的维修记录进行统计分析，要有查询导出和打印功能。

3.2 整体的功能模块图如图 4-12 所示。

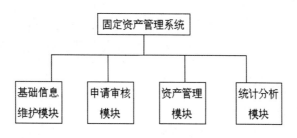

图 4-12 功能模块图

4 接口设计

4.1 用户接口

用户的录入界面。

用户的登录界面。

用户的查询界面。

4.2 外部接口

条码扫描仪扫描的条码录入系统。

打印机打印系统所需要打印的表格内容。

4.3 内部接口

登录模块调用基础信息维护模块的数据。

资产管理模块调用基础信息维护模块的数据。

资产统计分析模块调用资产管理模块的数据。

资产审核模块调用资产管理模块的数据。

5 物理结构设计

密码：是以加密的形式存放于数据库中的。

资产的编码：是由系统生成（用户可以自定义）的，长度为 30。

审核人：具有一定权限的管理人员，表中存储的是审核人的编码，长度为 30。

审核日期：审核人审核的当前日期，由系统使用者自由设定。

数量：资产或是其他的数量，类型为 int。

6 运行设计

6.1 运行模块的组合

具体软件的运行模块组合为程序多窗口的运行环境，各个模块在软件运行过程中能较好地交换信息，处理数据。

6.2 运行控制

软件运行时有较友好的界面，基本能够实现用户的数据处理要求。

6.3 运行时间

系统的运行时间基本可以达到用户所提出的要求。

7 出错处理设计

7.1 出错输出信息

在用户使用错误的数据或访问没有权限的数据后，系统给出提示："对不起，你非法使用数据，没有权限！"而且用户的密码管理可以允许用户修改自己的密码，不允许用户的匿名登录。

7.2 出错处理对策

由于数据在数据库中已经有备份，因此在系统出错后可以依靠数据库的恢复功能，并且依靠日志文件使系统再启动，就算系统崩溃用户数据也不会丢失或遭到破坏。但有可能占用更多的数据存储空间。

7.3 系统恢复设计

如果当前系统出现一些异常，而影响了用户的正常使用，因为数据库有备份，程序代码也有备份，软件开发人员应尽快发现问题的原因，及时改正过来，以保证系统的正常运行。

8 安全保密设计

系统的用户管理保证了只有授权的用户才能进入系统进行数据操作，而且对一些重要数据，系统设置为只有更高权限的人员方可读取或是操作。系统安全保密性较高。

9 维护设计

由于系统较小没有外加维护模块，因此维护工作比较简单，仅靠数据库的一些基本维护措施即可。

单元小结

概要设计阶段的基本目的是用比较抽象概括的方式确定系统如何完成预定的任务，也就是说，应该确定系统的物理配置方案，确定组成系统的每个程序的结构。概要设计阶段主要由两个小阶段组成。第一阶段需要进行系统设计，从数据流图出发设想完成系统功能的若干种合理的物理方案，分析员应该仔细分析比较这些方案，并且和用户共同选定一个最佳方案。第二阶段进行软件结构设计，确定软件由哪些模块组成以及这些模块之间的动态调用关系。层次图和结构图是描绘软件结构的常用工具。

在进行软件结构设计时应该遵循模块独立原理，软件由一组相对独立的子功能的模块组成，这些模块彼此之间的接口关系应该尽量简单。

由抽象到具体地构造出软件的层次结构，是进行软件结构设计的一种有效方法。

软件工程师在开发软件的长期实践中积累了丰富的经验，总结这些经验得出一些很有参考价值的启发式规则，它们往往能对如何改进软件设计给出宝贵的提示。在软件开发过程中既要充分重视和利用这些经验规则，又要从实际情况出发避免生搬硬套。

自顶向下、逐步求精是进行软件结构设计的常用方法。如果已经有了详细的数据流图，可以使用面向数据流的设计方法，用形式化的方法由数据流图映射出软件结构。这样映射出来的只是软件的初步结构，还必须根据设计原理并且参考软件工程师在开发软件的长期实践中积累的经验，认真分析和改进软件的初步结构，以得到质量更高的模块和更合理的软件结构。

在进行详细的过程设计和编写程序之前，首先进行结构设计，其好处在于可以在软件开发的早期站在全局高度对软件结构进行优化。在这个时期进行优化付出的代价不高，却可以使软件质量得到重大改进。所以概要设计需要经过严格的评审，才能进入详细设计阶段。

习题 4

1. 什么是概要设计？基本任务是什么？
2. 什么是模块？模块有哪些属性？
3. 什么是模块化？划分模块的原则是什么？
4. 什么是软件结构设计？软件结构设计的准则是什么？
5. 什么是模块的影响范围？什么是模块的控制范围？它们之间应建立什么关系？
6. 假设某大学共有 1600 名教师，校方与教师工会刚刚签订一项协议。按照协议，所有年工资超过 ¥120000（含 ¥120000）的教师工资将保持不变，年工资少于 ¥120000 的教师将增加工资，所增加的工资数按下述方法计算：给每个由此教师所赡养的人（包括教师本人）每年补助 ¥1000，此外，教师有一年工龄的每年再多补助 ¥500，但是，增加后的年工资总额不能多于 ¥120000。

教师的工资档案存储在行政办公室的磁盘上，档案中有目前的年工资、赡养的人数、雇用日期等信息。需要写一个程序计算并印出每名教师的原有工资和调整后的新工资。

要求：

（1）画出此系统的数据流图。

（2）写出需求说明。

（3）设计上述的工资调整程序（要求用 HIPO 图描绘设计结果），设计时请分别采用下述两种算法，并比较这两种算法的优缺点。

1）搜索工资档案数据，找出年工资少于 ¥120000 的人，计算新工资，校核是否超过 ¥120000，存储新工资，打印出新旧工资对照表。

2）把工资档案数据按工资从低到高的次序排序，当工资数额超过 ¥120000 时停止排序，计算新工资，校核是否超过限额，存储新工资，打印出结果。

单元 5　详细设计

　　概要设计阶段确定了软件系统与其他系统之间的通信接口，对软件的功能进行了分解，将软件划分为模块，并设计出完成预定功能的模块结构，确定了系统内部各模块之间的数据通信以及系统与用户之间的通信。

　　详细设计又称过程设计，是软件设计的第二阶段，在软件概要设计之后进行，这一步的工作就是要对系统中的每个模块给出足够详细的过程性描述。该阶段还要进行系统的界面设计、数据代码设计、数据的输入 / 输出设计和数据安全设计。

- 能熟练地使用详细设计描述工具来设计模块中的算法及程序的逻辑结构。
- 理解 Jackson 方法的概念及程序复杂度的度量方法。
- 学会使用 Jackson 方法设计输入 / 输出数据结构和程序结构。

任务 1　认识过程设计

任务描述

过程设计应在数据设计、软件的体系结构设计和接口设计完成之后进行，它是详细设计阶段应完成的主要任务之一。过程设计的任务是设计软件结构中每个模块功能的实现算法，确定完成每个模块功能所需要的算法和数据结构。

传统的软件工程方法学采用结构化设计技术完成软件设计工作。结构化设计（Structured Design，SD）是进行软件设计的一种带约束的方法，建立在自顶向下设计、逐步求精方法和数据流分析等的基础上。结构化设计只用顺序结构、选择结构和循环结构这 3 种基本控制结构组成程序。过程设计就是用这 3 种结构进行有限次组合或嵌套，描述模块功能的实现算法。过程设计需要使用一些过程设计工具来描述控制的流程、处理的功能、数据的组织和功能实现的细节等。采用结构化方法进行过程设计，可提高软件的可读性、可测试性和可维护性。

软件过程设计规定运用方法的顺序、应该交付的文档、开发软件的管理措施和各阶段任务完成的标志，逻辑上设计能正确实现每个模块功能的处理过程，而不是具体地编写程序。在进行过程设计时要描述程序的处理过程，可采用图形、表格或语言类工具。无论采用哪类工具，都需对设计进行清晰、无歧义性的描述，应表明控制流程、系统功能、数据结构等方面的细节，以便在系统实现阶段能根据详细设计的描述直接编写程序。过程设计应当尽可能简明易懂，根据详细设计阶段的过程设计所描述的细节，可以直接且简单地进行程序设计。

任务要求

详细设计的根本目标：确定应该怎样具体地实现所要求的系统。

经过这个阶段的设计工作，应该得出对目标系统的精确描述，从而在编码阶段可以把这个描述直接翻译成用某种程序设计语言书写的程序。

详细设计主要确定每个模块的具体执行过程：为每个模块进行详细的算法设计；为模块内的数据结构进行设计；对数据库进行物理设计；其他设计，如代码设计、输入/输出格式设计、人机对话设计；编写详细设计说明书；评审。

本任务介绍过程设计阶段使用的工具，包括流程图、N-S 图、问题分析图（PAD 图）、判定表、判定树及过程设计语言（PDL）等。

知识链接

过程设计阶段使用的工具

1. 流程图

流程图是用于对问题进行定义、分析或求解的一种图形工具，图中用符号表示操作、数据、流程、设备等。它的表示很简单：方框表示处理步骤；菱形表示逻辑条件；箭头表示控制流。

（1）流程图的分类。《信息处理——数据流程图、程序流程图、系统流程图、程序网络图和系统资源图的文件编制符号》（GB 1526—1989）中规定，流程图的用法分为数据流程图、程序流程图、系统流程图、程序网络图和系统资源图 5 种。

1）数据流程图。数据流程图表示求解某一问题的数据通路，同时规定了处理的主要阶段和所用的各种数据媒体，包括：

● 指明数据存在的数据符号，这些数据符号也可指明该数据所使用的媒体。

● 指明对数据进行处理的处理符号，这些符号也指明该处理所用到的机器功能。

● 指明几个处理和（或）数据媒体之间的数据流的流线符号。

● 便于读、写数据流程图的特殊符号。

在处理符号的前后应该都是数据符号，数据流程图以数据符号开始和结束。

2）程序流程图。程序流程图表示程序中的操作顺序，包括：

● 指明实际处理操作的处理符号，它包括根据逻辑条件确定要执行的路径的符号。

● 指明控制流的流线符号。

● 便于读、写程序流程图的特殊符号。

传统的程序流程图又称为程序框图，用来描述程序设计，是历史最悠久、使用最广泛的方法。在详细的程序流程图中，每个符号对应源程序的一行代码，对于提高大型系统的可理解性作用并不大。传统的程序流程图的一些缺点使得越来越多的人不再使用它。程序流程图的主要缺点有如下几点：

● 不利于逐步深入的设计。

● 图中用箭头可随意地将控制进行转移，不符合结构化程序设计精神。

● 不易表示系统中所含的数据结构。

为了克服程序流程图的缺陷，可以在绘制时只用 3 种基本控制结构进行组合或完整的嵌套，避免相互交叉的情况，以保证程序是结构化的。

3）系统流程图。系统流程图表示系统的操作控制和数据流，除数据流程图所具有的功能外，增加了定义系统所执行的逻辑路径的功能；对数据所执行的处理描述也比数据流程图更加详细。系统流程图包括：

● 指明数据存在的数据符号，这些数据符号也可以指明该数据所使用的媒体。

● 定义要执行的逻辑路径以及指明对数据执行的操作的处理符号。

● 指明各处理和数据媒体间数据流的流线符号。

● 便于读、写系统流程图的特殊符号。

4）程序网络图。程序网络图表示程序激活路径和程序与相关数据流的相互作用。在系统流程图中，一个程序可能在多个控制流中出现；但在程序网络图中，每个程序仅出现一次。程序网络图包括：

● 指明数据存在的数据符号。

● 指明对数据执行的操作的处理符号。

- 表明各处理的激活和处理与数据间流向的流线符号。
- 便于读、写程序网络图的特殊符号。

5）系统资源图。系统资源图表示适合一个问题或一组问题求解的数据单元和处理单元的配置。系统资源图包括：

- 表明输入、输出或存储设备的数据符号。
- 表示处理器（中央处理机、通道等）的处理符号。
- 表示数据设备和处理器间的数据传送以及处理器之间的控制传送的流线符号。
- 便于读、写系统资源图的特殊符号。

（2）流程图使用约定。《信息处理——数据流程图、程序流程图、系统流程图、程序网络图和系统资源图的文件编制符号》（GB 1526—1989）中的主要符号见表 5-1。

表 5-1　信息处理流程图符号

符　号	名　称	符　号	名　称
	处理		准备
	判断		连接符
	数据存储		流线
	人工操作		省略符
	可选过程		文档
	数据符号		终止

依照上述规定，使用流程图符号须符合如下约定：

1）符号的用途是标识它所表示的功能，而不考虑符号内的内容。

2）图中各符号均匀地分配空间，连线应保持合理长度，尽量少用长线。

3）不要改变符号的角度和形状，尽可能统一各种符号的大小。

4）应把理解某符号功能所需最少量的说明文字置于符号内，若说明文字太多，可使用一个注解符。

5）符号标识符的作用是便于其他文件引用。

6）流线可以表示数据流或控制流。可以用箭头指示流程方向。当流向从左到右、自上而下时，箭头可以省略；反之要用箭头指示流向。应当尽量避免流线的交叉，当出现流线交叉时，不表示两条交叉流线有逻辑上的关系，也不对流向产生任何影响。两条或更多的进入流线可以汇集成一条流线后再进入；一条流出线也可分成多条流线流出。各连接点应相互错开以提高清晰度，并在必要时使用箭头表示流向。

7）连接符号：连接符号往往是成对出现的，在出口连接符号与对应的入口连接符号中应记入相同的文字、数字、名称等识别符号表示衔接。

8）详细表示线：在处理符、数据符或其他符号中画一横线，表示该符号在同一文件集的其他地方有更详细的描述。横线加在图形符号内靠顶端处，并在横线上方写上详细表示的标识符。详细表示处始末均应有端点符号，始端应写上与横线符号相同的标识符。

（3）流程图的 3 种基本结构。流程图的 3 种基本结构为顺序结构、选择结构和循环结构，如图 5-1 所示。顺序结构如图 5-1（a）所示。

选择结构可分为两种，一种是 IF…THEN…ELSE 型条件结构，如图 5-1（b）所示；另一种是 CASE 型多分支结构，如图 5-1（c）所示。

循环结构也有两种，一种是先判断结束条件的 WHILE 型循环结构，如图 5-1（d）所示；另一种是后判断结束条件的 UNTIL 型循环结构，如图 5-1（e）所示。

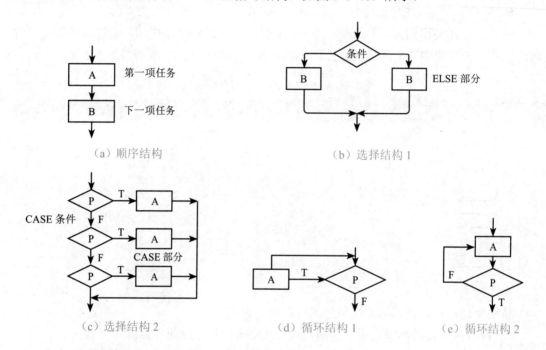

（a）顺序结构 （b）选择结构 1 （c）选择结构 2 （d）循环结构 1 （e）循环结构 2

图 5-1 3 种结构化的构成元素流程图

2. 盒图

盒图是一种不破坏结构化构成元素的过程图形化设计工具，是由 Nassi 和 Shneiderman 开发的，并且 Chapin 对其进行了扩展，因此盒图又称为 N-S 图。盒图没有箭头，不允许随意转移，只允许程序员用结构化设计方法来思考问题、解决问题。盒图的最基本成分是方盒。

（1）盒图的特点。坚持使用盒图作为过程设计工具，有利于软件人员养成用结构化设计方法进行软件设计的习惯。盒图有以下特点：

1）功能域（即重复和条件的作用域）定义明确，表示清晰。

2）不允许有随意的控制流。

3）局部数据和全局数据的作用域很容易确定。

4）表示递归很方便。

（2）盒图的符号。盒图的符号都画在一个方盒内，可以根据结构化设计的精神表示软件的层次结构、分支结构、循环结构及嵌套。盒图有以下几种图形符号：

1）顺序结构如图 5-2（a）所示。一个任务放在一个框内，从上到下顺序执行。每个任务框内都可以嵌套其他结构。

2）IF…THEN…ELSE 型分支结构如图 5-2（b）所示。ELSE 部分和 THEN 部分的框内可以嵌套其他结构。

3）CASE 型多分支结构如图 5-2（c）所示。

4）循环结构有两种：一种是先判断循环结束条件的 WHILE 循环结构，如图 5-2（d）所示；另一种是后判断循环结束条件的 UNTIL 循环结构，如图 5-2（e）所示。循环体矩形框内可以嵌套其他结构。这里要特别注意，循环结构中循环体与循环条件之间的竖直线和水平线是直角转弯的，要注意区别两种循环结构的表示方法。

5）调用子程序 A，如图 5-2（f）所示。

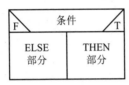
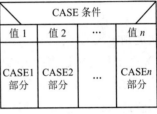

（a）顺序结构　　　（b）IF…THEN…ELSE 型分支结构　　　（c）CASE 型多分支结构

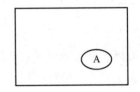

（d）WHILE 循环结构　　　（e）UNTIL 循环结构　　　（f）调用子程序

图 5-2　盒图的符号

3. 表格工具

表格工具用一张表格来表达过程的细节。表格中列出了过程中各种可能发生的操作及发生的条件，也就是说，表格工具描述了过程的输入、处理和输出信息。判定表可以将处理过程的描述翻译成表格。

当算法中包含多重嵌套的条件选择时，用流程图、盒图或者后面讲到的语言工具都不易清楚地描述，而判定表则能够清晰地表示复杂的条件组合与要做的动作之间的对应关系。

判定表的组织如图 5-3 所示。该表分为 4 部分，左上部列出所有的条件，左下部列出所有可能的动作，右上半部是各种条件取值组合，右下半部则是与每组条件取值组合相对应的动作。判定表的右半部构成了一个矩阵，每一列实质上是一条规则，规定了与特定的条件组合相对应的动作。

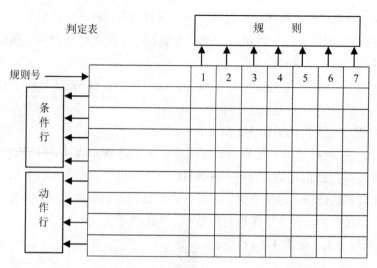

图 5-3　判定表的组织

构造判定表的步骤如下：

1）列出与特定过程相关的所有动作。

2）列出执行该过程时的所有条件。

3）将特定的条件组合与特定的动作相关联，消除不可能的条件组合，或者找出所有可能的动作排列。

4）定义规则，指出一组条件对应的动作。

4．判定树

判定树和判定表一样，也能表明复杂的条件组合与对应处理之间的关系。判定树是一种图形表示方式，更易被用户理解。

5．PAD

PAD（Problem Analysis Diagram）是日本日立公司于 1973 年提出的一种算法描述工具，已经得到一定程度的推广。

（1）PAD 的基本符号

按《信息处理 程序构造及其表示的约定》（GB/T 13502—1992）的规定，PAD 有以下几种基本符号：

1）顺序结构：自上而下顺序执行处理 Pl、P2、P3，如图 5-4（a）所示。

2）选择结构：条件 C 成立时执行处理 P1，否则执行处理 P2，如图 5-4（b）所示。

3）CASE 型多分支结构：根据条件选择执行所对应的处理，如图 5-4（c）所示。

4）先检测结束条件的 WHILE 型循环：如图 5-4（d）所示。

5）后检测结束条件的 UNTIL 型循环：如图 5-4（e）所示。

6）语句标号：如图 5-4（f）所示。

7）定义：如图 5-4（g）所示。

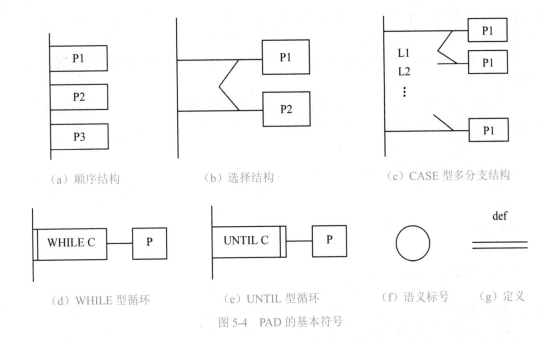

（a）顺序结构   （b）选择结构   （c）CASE 型多分支结构

（d）WHILE 型循环   （e）UNTIL 型循环   （f）语义标号   （g）定义

图 5-4 PAD 的基本符号

（2）PAD 的特点。

1）用 PAD 表示的程序从最左边竖线的上端开始，自上而下，自左向右执行。

2）用 PAD 设计的软件结构必然是结构化的程序结构。

3）结构清晰、层次分明。

4）PAD 既可表示程序逻辑，也可用于描绘数据结构。

5）PAD 可支持自顶向下、逐步求精的设计方法。开始时对某个处理可先用语句标号表示，其具体过程用定义符号 def 逐步增加，直到详细设计完成。

6）PAD 为常用高级程序设计语言的各种控制语句都提供了对应的图形符号，显然，将 PAD 转换为对应的高级语言程序是很容易的。

6. 过程设计语言

过程设计语言（Program Design Language，PDL）常指由 Caine.S 和 K.Gordon 开发的一种专门的软件设计工具，是一种用于描述功能模块算法设计和加工细节的语言，它是一种伪码，是一种混杂语言，混合使用叙述性说明和某种结构化的程序设计语言的语法形式。程序设计语言（PDL）就是用正文形式表示数据和处理过程的设计工具。

（1）PDL 的特点如下：

1）关键字有固定语法，提供结构化的控制结构和数据说明，并在控制结构的头尾都加关键字，体现模块化的特点，如 IF…ENDIF、DO…WHILE…ENDDO、CASE…ENDCASE 等。

2）用自然语言叙述系统处理功能。

3）有说明各种数据结构的手段。

4）能描述模块的定义和调用以及模块接口模式。

PDL 作为软件设计工具与具体使用哪种编程语言无关，但能方便地将 PDL 转换为程序员所选择的任意一种编程语言。

PDL 的缺点是不如图形工具那样形象直观，在描述复杂的条件组合及对应处理之间的关系时不如判定表那样清晰。

（2）用 PDL 表示程序结构。用 PDL 可以表示程序的 3 种基本结构，可以描述模块的定义和调用、数据定义和输入 / 输出等。

1）顺序结构。

采用自然语言描述顺序结构：

```
处理 1
处理 2
处理 3
```

2）选择结构。

a．IF...THEN...ELSE 结构：

```
IF 条件
THEN  处理 1
ELSE  处理 2
ENDIF
```

b．IF...THEN 结构：

```
IF 条件
THEN  处理 1
ENDIF
```

c．CASE 结构：

```
CASE  条件  OF
CASE （1）
处理 1
CASE （2）
处理 2
CASE （n）
处理 n
ENDCASE
```

3）循环结构。

a．FOR 循环结构：

```
FOR i=l TO n
循环体
END FOR
```

b．WHILE 循环结构：

```
WHILE 条件
循环体
ENDWHILE
```

c．UNTIL 循环结构：

```
REPEAT
循环体
UNTIL 条件
```

4）模块定义和调用。

a．模块定义：

```
PROCEDURE 模块名 ( 参数 )
...
RETURE
```

b．模块调用：

```
CALL 模块名 ( 参数 )
```

5）数据定义。

```
DECLARE 类型变量名 ,...
```

其中，类型可以有字符、整型、实型、双精度、指针、数组及结构等。

6）输入或输出。

```
GET( 输入变量表 )
PUT( 输出变量表 )
```

目前，PDL 已有多种版本，可以自动生成程序代码，提高了软件的生产率。

任务实施

【例 5.1】用判定表表示旅游票价的优惠规定。

某旅行社根据旅游淡季、旺季及是否团体订票，确定旅游票价的折扣率。具体规定：人数在 20 人以上属于团体，20 人以下属于散客。每年的 4—5 月、7—8 月、10 月为旅游旺季，旅游旺季团体票优惠 5%，散客不优惠；旅游淡季团体票优惠 30%，散客优惠 20%，现要求用判定表表示旅游订票的优惠规定。

分析：此题旅游价格优惠条件有 2 个：一个是旅游的淡季还是旺季，另一个是旅客属于团体还是散客。价格有 4 种：不优惠、优惠 5%、优惠 20%、优惠 30%。

旅游票价优惠规定可用判定表表示，见表 5-2。

表 5-2　旅游票价优惠规定判定表

团体	T	F	T	F
淡季	T	T	F	F
不优惠				✗
优惠 5%			✗	
优惠 20%		✗		
优惠 30%	✗			

【例 5.2】用判定树表示旅游票价优惠规定。

将例 5.1 所示的旅游票价优惠规定改为用判定树表示，如图 5-5 所示。

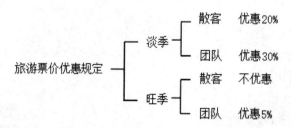

图 5-5　旅游票价优惠规定判定树

任务2　设计用户界面

任务描述

对于交互式软件系统来说，用户界面设计是接口设计的一个重要组成部分。现在用户界面设计在系统软件设计中所占的比例越来越大，有时可能占总工作量的一半。用户界面设计的质量直接影响用户对软件产品的评价，影响软件产品的竞争力和寿命，因此应对用户界面设计给予足够的重视。

任务要求

在设计人机界面的过程中，几乎总会遇到以下 4 个问题：

- 系统响应时间
- 用户帮助信息
- 出错信息处理
- 命令交互用户

界面设计包括用户界面设计问题、用户界面设计过程、用户界面设计指南。

知识链接

1. 用户界面设计问题

设计用户界面

用户界面设计需要考虑系统响应时间、用户帮助设施、出错信息处理和命令交互。

（1）系统响应时间。从用户完成某个控制动作（如按回车键或单击）到软件给出预期的响应（输出或做动作）之间的时间称为系统响应时间，响应时间有长度和易变性两个属性。

1）长度。响应时间过长，用户会不满意；响应时间过短，会迫使用户加快操作节奏，从而容易引起操作错误。

2）易变性。响应时间相对平均响应时间的偏差称为易变性。响应时间易变性小，有助于用户建立稳定的工作节奏；响应时间的易变性大，则暗示系统工作出现异常。如果系统响应时间过长，可以合理设计系统功能算法；如果系统响应时间过短，可以设置适当的延时。总之，要根据用户的要求来调节系统响应时间。

（2）用户帮助设施。几乎每个软件用户都需要帮助，用户帮助设施可使用户不离开用户界面就能解决问题。常见的帮助设施有集成的帮助设施和附加的帮助设施两类。

1）集成的帮助设施。集成的帮助设施设计在软件里，对用户工作内容敏感，用户可以从与操作有关的主题中选择一个，获取帮助。集成的帮助设施可以缩短用户获得帮助的时间，增加界面的友好性。

2）附加的帮助设施。附加的帮助设施实际上是一种查询能力有限的联机用户手册。集成的帮助设施优于附加的帮助设施，在具体设计用户帮助设施时必须对以下问题进行选择。

- 提供部分功能的帮助信息还是提供全部功能的帮助信息。
- 请求帮助的方式：帮助菜单、特殊功能键或 HELP 命令。
- 显示帮助信息的方式：独立窗口、指出参考某个文件或在屏幕的固定位置显示提示。
- 返回正常交互的方式：屏幕上的返回按钮或其他功能键。
- 帮助信息的组织方式：平面结构（所有信息都通过关键字访问）、层次结构或超文本结构。

设计必要的、简明的、合理有效的帮助信息，可以大大提高用户界面的友好性，使软件受到用户的欢迎。

（3）出错信息的处理。出错信息和警告信息是出现问题时给出的消息，有效的出错信息能提高交互系统的质量，减少用户的挫折感。设计出错信息和警告信息应考虑以下问题：

1）信息应以用户可理解的术语描述问题。

2）信息应提供有助于从错误中恢复的建设性意见。

3）信息应指出错误可能导致的负面后果，以便用户检查是否出现了这些问题，并在问题出现时予以改正。

4）信息应伴随听觉上或视觉上的提示，在显示信息时同时发出警告声或用闪烁方式显示，或用明显的颜色表示出错信息。

5）出错信息不能指责用户。

（4）命令交互。面向窗口图形界面减少了用户对命令行的依赖，但还是有些用户偏爱用命令方式进行交互。在提供命令交互方式时，应考虑下列设计问题：

1）每个菜单项都应有对应的命令。

2）命令形式：控制序列、功能键或输入命令。

3）应考虑学习和记忆命令的难度，命令应当有提示。

4）宏命令：代表一个常用的命令序列。只需输入宏命令的标识符，就可以顺序执行它所代表的全部命令。

5）所有应用软件都有一致的命令使用方法。

2. 用户界面设计过程

用户界面设计是一个迭代的过程，一般步骤如下：

1）先设计和实现用户界面原型。

2）用户试用该原型，向设计人员提出对界面的评价。

3）设计人员根据用户的意见修改设计，并实现下一级原型。

4）进行设计修改，直到用户满意为止。

3. 用户界面设计的基本原则

设计友好、高效的用户界面的基本原则是用户界面应当具有可靠性、简单性、易学习性、易使用性和立即反馈性，这些往往也是用户评价界面设计的标准。

（1）可靠性。用户界面应当提供可靠的、能有效减少用户出错的、容错性好的环境。一旦用户出错，应当能检测出错误、提供出错信息，给用户改正错误的机会。

（2）简单性。简单性能提高工作效率。用户界面的简单性包括输入和输出的简单性、系统界面风格的一致性以及命令关键词的含义、命令的格式、提示信息、输入／输出格式等的一致性。

（3）易学习性和易使用性。用户界面应提供多种学习和使用方式，使系统能灵活地适用于所有用户。

（4）立即反馈性。用户界面对用户的所有输入都应立即做出反馈。使系统用户有误操作时，程序应尽可能明确地告诉用户做错了什么，并向用户提出改正错误的建议。

4. 用户界面设计指南

根据用户界面设计的基本原则，下面分别介绍3类用户界面的实用设计指南，分别为一般交互、信息显示和数据输入。

（1）一般交互。一般交互是指整体系统控制、信息显示和数据输入，应做到以下几点：

1）保持一致性：菜单选择、命令输入、数据显示、其他功能要使用一致的格式。

2）提供有意义的反馈：对用户的所有输入都立即提供视觉、听觉的反馈，建立双向通信。

3）要求确认：在执行有破坏性的动作之前要求用户确认。例如，在执行删除、覆盖信息、终止运行等操作前，提示"是否确实要……"。

4）允许取消操作：应该能方便地取消已完成的操作。

5）尽量减少用户的记忆量。

6）提高效率：人机对话、要求用户思考等要提高效率。尽量减少用户按键的次数，减少鼠标移动的距离，避免用户对交互操作产生疑惑。

7）允许用户犯错误：系统应保护自己不受致命性错误的破坏，用户操作出错后提示出错信息。

8）按功能对动作分类：如采用分类分层次的下拉菜单，应尽量提高命令和动作的内聚性。

9）提供帮助设施。

10）命令名要简单：用简单动词或动词短语作为命令名。

（2）信息显示。为了满足用户的需求，应用软件的用户界面所显示的信息应当完整、明确、易于理解、有意义，应做到以下几点：

1）用户界面显示的信息应简单、完整、清晰、含义明确。

2）可用不同方式显示信息：用文字、图片、声音表示信息；按位置的移动、大小的不同、颜色、分辨率等区分信息。

3）只显示与当前工作内容有关的信息。

4）使用一致的标记、标准的缩写和适当的颜色。

5）在出错时产生必要的出错信息。

6）使用大小写、缩进和文本分组等方式帮助理解。

7）使用模拟显示方式表示信息。例如：垂直方向的矩形表示温度、压力等的变化，颜色变化表示警告信息等。

8）高效率地使用显示屏，用窗口分隔不同类型的信息。使用多窗口时，应使每个窗口都有空间显示信息，屏幕的大小应选择得当。

（3）数据输入。在设计数据输入类的用户界面时，用户的大部分时间用于选择命令和向系统输入信息，应做到以下几点：

1）尽量减少用户的输入动作。可用鼠标从预定的一组输入中选择某一个，或在给定的值域中指定输入值，或利用宏命令把一次击键转变为复杂的输入数据集的过程。

2）保持信息显示和数据输入的一致性，如文字大小、颜色、位置应与输入一致。

3）允许用户自己定义输入，如定义专用命令、警告信息、动作确认等。

4）允许用户选择输入方式，如键盘、鼠标、扫描仪等。

5）使当前不适用的命令不可用。

6）允许用户控制交互流程，如跳过不必要的动作、改变工作的顺序、从错误状态中恢复正常。

7）为所有输入动作提供帮助。

8）消除冗余的输入。不应要求用户提供利用程序可以自动获得或计算出来的信息。

在计算机软件系统中，如果存放的数据量很大，需要对数据进行代码设计，其目的是将自然语言转换成便于计算机处理的、无二义性的形态，从而提高计算机的处理效率和操作性能。

任务实施

用户界面（User Interface，UI）是指对软件的人机交互、操作逻辑、界面美观的整体设计。好的 UI 设计不仅是让软件变得有个性有品位，还要让软件的操作变得舒适、简单、自由、充分体现软件的定位和特点。

用户界面亦称使用者界面，是系统和用户之间进行交互和信息交换的媒介，它实现了信息从内部形式到人类可以接受形式之间的转换。用户界面是介于用户与硬件之间，为彼此之间交互沟通而设计的相关软件，它使得用户能够方便、有效率地去操作硬件以达成双向交互，完成用户希望借助硬件完成的工作。用户界面定义广泛，包含了人机交互与图形用户接口，凡存在人类与机械信息交流的领域都存在着用户界面。

在软件设计过程中，需求设计角色会确定软件的目标用户，获取最终用户和直接用户的需求。用户交互要考虑到目标用户的不同所引起的交互设计重点的不同。例如：对于科学用户和对于计算机入门用户的设计重点就不同。

在软件中，用户的大部分时间都消耗在界面操作（数据录入、数据修改、数据查阅等）中，这点与以浏览为主的网站类页面的用户操作完全不同。我们无须画蛇添足，用户希望在新创造的界面中看到那些已有的、相似功能的或遵循基本操作方式的软件界面。所以利用已成惯例的 UI 模型，将使用户产生亲切感。

设计时，要让用户把注意力放在最重要的地方。每一个元素的尺寸、颜色还有位置，它们为理解界面共同指明了道路。清晰的层级关系将对降低外观的复杂性（甚至当行为本身也同样复杂的时候）起到重要作用。

界面要始终保持和用户的沟通，不管他们的行为正确与否。随时对用户的行为进行提示：状态更改、出现错误或者异常信息。视觉提示或是简单文字提醒都能告诉用户，他们的行为是否能够达到预期的结果。

一旦用户完成了关键操作，要及时告知用户（通过弹出对话框等）。值得注意的是把一个复杂的流程任务分解为若干简单步骤将会更显繁复和让人精力分散。所以无论正在执行的任务有多么复杂，都要在界面上要保持流程的不间断性。

所有的界面或多或少都有文字在其上，应让文稿尽量口语化，而不是华美辞藻的堆砌。应为行为提供清晰、简明的标签，保持简朴的文字叙述。用户对此将会很赞赏，因为他们不再是听命于他人的官腔——他们听到的是如朋友般甚至是自己说话风格的语言。

优秀的软件界面中，你看不到华而不实的 UI 修饰，更看不到那些用不到的设计元素。所以当想着是否要在界面上加一个新功能或是新元素的时候，再思考一下：用户或者界面中真的需要这些么？为什么用户想要在这里加入这个小巧的动态图标？是否只是因为设计者出于自我喜好和追求页面的漂亮而去添加这些元素？优秀的 UI 工程师做出来的软件界面不会十分华丽，界面中没有任何分散用户注意力、打搅用户操作的元素，甚至应该达到在用户使用系统的时候完全注意不到页面和操作复杂的问题，一切都应该是顺理成章的。

任务 3　设计数据代码

任务描述

在计算机软件系统中，如果存放的数据量很大，需要对数据进行代码设计，其目的是将自然语言转换成便于计算机处理的、无二义性的形态，从而提高计算机的处理效率和操作性能。

数据代码是为了对数据进行识别、分类、排序等操作所使用的数字、文字或符号。数据代码具有识别、分类和排序 3 项基本功能。尤其是在信息处理系统中，代码应用涉及面广、量大，必须从系统的整体出发，综合考虑各方面的因素，精心设计代码。

任务要求

在一个系统中，如果使用的代码复杂、量大，人们无法准确地记忆，可以用代码词典记录代码与数据之间的对应关系，必要时可以设计代码联机查询功能，以方便用户的使用和查找。有时，代码需要随时进行增加、删除、修改、查询等操作，可以设计相应的代码管理功能。

知识链接

设计数据代码

1. 数据代码设计原则

数据代码具有简洁性、保密性、可扩充性和持久性等特性。数据代码设计需遵守标准化、唯一性、可扩充性、简单性、规范化、适应性等原则。

- 标准化：尽可能采用国际标准、国家标准、部颁标准或习惯标准，以便信息的交换和维护。如身份证号、图书资料分类编码等，要根据国家标准编码。
- 唯一性：一个代码只代表一个信息，每个信息只有一个代码。
- 可扩充性：设计代码时要留有余地，方便代码的更新、扩充。
- 简单性：代码结构简单、尽量短，便于记忆和使用。
- 规范化：代码的结构、类型、缩写格式要统一。
- 适应性：代码要尽可能反映信息的特点，唯一地标识某些特征，如物体的形状、大小、颜色，材料的型号、规格等。

另外，还有一些使用规则：

- 只有两个特征值的，可用逻辑值代码。
- 特征值的个数不超过 10 时，可用数字代码。
- 特征值的个数不超过 20 时，可用字母代码。
- 数字、字母混用时，要注意区分相似的符号。

2. 代码种类

在代码设计中，可用数字、符号的组合构成各种编码方式，一般分为顺序码、信息块码、归组分类码、助记码、数字式字符码及组合码等。

（1）顺序码。以数字的大小或字母的前后次序排列的组合作为代码使用称为顺序码。这是最简单的代码体系，例如可在售票发票、银行支票、财务凭证等票据类数据中用顺序码。

（2）信息块码。将代码按某些规则分成几个信息块，在信息块之间留出一些备用码，每块内的码是按顺序编排的，这样编成的代码称为信息块码。例如，《中华人民共和国行政区划代码》（GB/T 2260—2007）就是典型的信息块码，其代码由 6 位数字组成，形式如 XXYYZZ。其中，前两位 XX 代表省、自治区或直辖市，例如，11 代表北京、12 代表天津、31 代表上海市、32 代表江苏省等；中间两位 YY，如 01～20、50～70 表示省辖市，21～49 表示地、州、盟；后两位 ZZ，如 01～18 表示市辖区或地辖区，21～80 表示县、旗，81～99 表示省直辖县级市。例如 320106，表示江苏省南京市鼓楼区。

学生的学号也可以用信息块码来编码，将学号分为几个信息块，如学生的入学年份、系的代码、专业代码、班级代码等，每个信息块内部按顺序排列，信息块之间留出备用码。

（3）归组分类码。将信息按一定的标准分为大类、中类、小类，每类分配顺序代码，就构成归组分类码。与信息块码不同的是，归组分类码不是按整个代码分组，而是按代码的代号分组，各组内的位数没有限制。表 5-3 所列是归组分类码示例。

表 5-3　归组分类码示例

信息	代码
哲学	100
宗教	200
社会科学	300
法律	320
商法	325
公司法	3252
股份公司法	32524
合股公司法	32525

（4）助记码。助记码是将数据的名称适当压缩组成代码，有利于记忆。助记码多用汉语拼音、英文字母、数字等混合组成，例如 24 英寸电视机的代码是 24TV，48 英寸电视机的代码为 48TV。

（5）数字式字符码。按规定的方式将字符用数字表示，所形成的代码称为数字式字符码。计算机中通用的 ASCII 就是数字式字符码。

（6）组合码。在很多应用中，仅选用一种代码形式进行编码往往不能满足要求，选用几种形态的代码合成编码，则会产生很好的效果。这样的代码使用起来十分方便，只是代码的位数较多。

3. 数据代码设计方法

数据代码设计一定要遵循简单、唯一、标准化、可扩充、规范化的原则，设计代码的目的是提高信息的处理效率。对于软件系统中的主要数据，一般都要编码，有利于识别、分类和检索。

代码设计的基本步骤：

（1）确定编码对象：选择采用代码后可以提高输入、输出、查询效率的数据作为编码的对象，如学校的学生、教师、图书、设备，商场的商品、供货单位、财务科目等。

（2）明确编码目的：确定编码后需要进行识别、分类、排序等的工作，编码目的不同，所选用的代码种类也不相同。

（3）确定代码的个数：确定当前的代码数目和将来可能扩充的代码数目。

（4）确定代码的使用范围和使用期限。

（5）确定代码的体系和代码位数：这是编码的关键，要使所设计的代码简短、易记、不易混淆。要根据代码使用的目的来确定采用哪种体系。

（6）确定编码规则：编码规则的确定要与使用人员认真讨论，综合考虑使用的需求、计算机处理的能力、便于记忆和维护几个方面。

（7）编写代码。

（8）编写代码词典：代码词典应记录数据与代码的对应关系、代码使用方法和示例、修改代码的手续及规则、代码管理的部门和权限等。

任务实施

以汽车为例，一辆汽车开行（drive）是一样的，但车标（logo）是不一样的，所以用继承。

```
Public abstract class Car {  /*** 驾驶汽车 */
  Public void drive(){
  System.out.print("drive");
  }  /*** 每辆车的车标是不一样的，所以抽象 */
Public abstract void logo();
}class BMW extends Car{@Override
  Public void logo() {
  System.out.print(" 宝马 ");
  }
}class Benz extends Car{ @Override
  Public void logo() {
  System.out.print(" 奔驰 ");
  }
}class  Tesla extends Car{ @Override
  Public void logo() {
  System.out.print(" 特斯拉 ");
  }
}
```

一切看起来解决得很完美。但突然加了一个需求，汽车需要充电（charge），这时候，只有特斯拉（Tesla）才有充电方法。但如果使用继承，在父类添加 charge 方法的同时，就需要在 BMW 和 Benz 实现无用的 charge 方法,对于子类的影响非常大。但如果使用组合，ChargeBehavior，问题就得到了有效解决。

```
Public interface ChargeBehavior { void charge() ;
}public abstract class Car { protected ChargeBehavior chargeBehavior; /**
* 驾驶汽车
*/
    Public void drive(){
    System.out.print("drive");
    }  /*** 每辆车的车标是不一样的，所以抽象 */
  Public abstract void logo();  /*** 充电 */
  Public void charge(){  /*** 不用关心具体充电方式，委托 ChargeBehavior 子类实现 */
    If (chargeBehavior!=null) {
```

```
        chargeBehavior.charge();
    }
}

}class Benz extends Car{ @Override
    Public void logo() {
    System.out.print(" 奔驰 ");
    }
}class BMW extends Car{ @Override
    Public void logo() {
    System.out.print(" 宝马 ");
    }
}class Tesla extends Car{ @Override
    Public void logo() {
    System.out.print(" 特斯拉 ");
    } public Tesla() { super();
    Charge Behavior = new TeslaChargeBehavior();
    }
}class TeslaChargeBehavior implements ChargeBehavior{ @Override
    Public void charge() {
    System.out.print("charge");
    }
}
```

通过将充电的行为委托给 chargeBehavior 接口，子类如果不需要的话，就可以做到无感知接入。

这样的代码有 3 个优势：代码不需要在子类中重复实现；子类不想要的东西，可以无感知实现；子类运行的行为，可以委托给 behavior 实现，子类本身无需任何改动。

任务 4　设计数据输入 / 输出

任务描述

在详细设计阶段，要对系统输入 / 输出的所有细节进行调查研究和具体设计，此后才能进入程序设计阶段。

任务要求

输入 / 输出设计是管理信息系统与用户之间的界面，一般而言，输入 / 输出设计对于系统开发人员并不重要，但对用户来说却显得尤为重要。

输入 / 输出设计的意义如下：

（1）它是一个组织系统形象（Cooperation Identify System，CIS）的具体体现。

（2）它能够为用户建立良好的工作环境，激发用户努力学习、主动工作的热情。

（3）符合用户习惯，方便用户操作，使目标系统易于为用户所接受。

（4）为用户提供易读易懂的信息形态。

知识链接

设计数据输入/输出

1. 输入设计

数据输入设计需要对信息的发生、收集、介质化、输入、内容等方面进行详细的调查、研究后才能进行。输入设计要根据用户的实际需要进行，并使输入设备、介质的种类尽可能减少。

（1）信息的发生：信息的形式多种多样，数据的数量大小、信息产生的周期等都要明确。

（2）信息的收集：指信息收集的途径、场合、方法、负责人等。现在信息可以通过网络、人工等方式收集。

（3）信息介质化：信息可以通过磁卡、扫描仪、光电读入器等联机实时输入，也可以在终端通过键盘、软盘等设备输入。

（4）信息的输入：指信息输入的形式、设备、周期、时间，输入的信息和文件等。

（5）信息内容：信息内容包括信息的项目排列、数据名称、数据项的属性、数据范围等。

2. 输出设计

输出设计应充分考虑用户的需求，输出处理要根据输出设备、输出介质、分配方法等具体情况，进行分析、研究后，再进行设计。

（1）输出内容。应充分了解输出信息的名称、使用目的、使用对象、使用周期、保密程度及传送方法等。设计人员应了解用户需要哪些输出内容，而不是规定用户必须接收什么输出内容。输出的内容和格式必须满足用户的要求。

（2）输出方式。输出的方式可以是屏幕显示、打印或其他方式。屏幕显示常用于人机对话等场景。打印输出又可分为集中打印或分散打印。集中打印由计算机打印后分发给用户；分散打印是指信息可以先输出到磁盘或网络等介质，然后再由用户打印。输出也可以转由计算机进行其他处理，或产生中间结果向其他系统传递信息。

（3）信息分配。信息的分配要表明通过什么途径、采用什么方式、在什么周期内、送给什么人，要防止信息的遗失、泄密、延误等。

任务实施

输入界面是管理信息系统与用户之间交互的纽带，设计的任务是根据具体业务要求，确定适当的输入形式，使管理信息系统获取管理工作中产生的正确信息。输入设计的目的是提高输入效率，减少输入错误。

输入设计的原则：控制输入量；尽可能利用计算减少输入延迟；批量输入、周转文件输入减少输入错误；采用多种校验方法和验证技术避免额外步骤；简化输入过程。

　　输出设计的任务是使管理信息系统输出满足用户需求的信息。输出设计的目的是正确及时地反映和组成用于管理各部门所需要的信息。信息能否满足用户需求，直接关系到系统的使用效果和系统的成功与否。

　　输出设计评价：能否为用户提供及时、准确、全面的信息服务；是否便于阅读和理解，符合用户的习惯；是否充分考虑和利用了输出设备的功能；是否为今后的发展预留了一定的余地。

任务 5　设计数据安全

任务描述

　　随着计算机应用的不断发展，大量政治、经济和个人的信息存储在计算机中。这为人们的工作与生活带来了方便，同时也存在许多隐患。计算机的故障、人为的错误、软件中的隐患都可能使数据信息被破坏或泄露，给社会和个人带来损失。因此，在设计软件系统时，应十分重视软件数据的安全性问题。

任务要求

　　信息安全或数据安全有两方面含义：一是数据本身的安全，主要是指采用现代密码算法对数据进行主动保护，如数据保密、数据完整性、双向强身份认证等；二是数据防护的安全，主要是采用现代信息存储手段对数据进行主动防护，如通过磁盘阵列、数据备份、异地容灾等手段保证数据的安全。数据安全是一种主动的保护措施，数据本身的安全必须基于可靠的加密算法与安全体系，主要有对称算法与公开密钥密码体系两种。

　　数据处理的安全是指如何有效地防止在录入、处理、统计或打印数据时由于硬件故障、断电、死机、人为的误操作、程序缺陷、病毒或黑客等造成数据库损坏或数据丢失现象，某些敏感或保密的数据可能会被不具备资格的人员或操作员阅读，而造成数据泄密等后果。

　　数据存储的安全是指数据库在系统运行之外的可读性。一旦数据库被盗，即使没有原来的系统程序，照样可以另外编写程序对盗取的数据库进行查看或修改。从这个角度来说，不加密的数据库是不安全的，容易造成商业泄密，为防止上述事件发生便衍生出数据防泄密这一概念，这就涉及了计算机网络通信的保密、安全及软件保护等问题。

知识链接

1. 安全事故

设计数据安全

　　对于不同的应用领域，安全控制的目的有所区别。软件系统发生的安全事故主要是数据被破坏或修改、保密的数据被公开、数据和系统不能为用户服务。

2. 安全控制方法

常用的数据安全控制方法有以下 5 种。

（1）检查数据的正确性、完整性。录入数据的原始凭证不能遗漏或遗失。对原始凭证可以采用编号的方法，发现缺号及时核对、查找。录入数据时，要采用各种校验方法，及时改正错误。可以采取数据的类别检查、数据的合理性检查、数据的范围检查、数据合计检查、平衡检查、校验位检查等方法。

（2）检查用户使用权限。可以利用用户名和密码、磁卡和集成电路卡片、签名、指纹、声音、瞳孔、面孔等检查用户的权限。软件系统各部分的使用权限可以由系统管理员进行设置。不同业务职责的人员使用不同的模块。

（3）系统运行日志。系统运行日志记录系统运行时产生的特定事件。运行日志是确认、追踪与系统的数据处理及资源利用有关事件的基础。它提供发现权限检查中的问题、系统故障恢复、系统监督等的信息，为用户提供检查系统运行情况的功能。运行日志的设置将大大减少恶意窃取系统信息的机会和系统运行错误。

（4）监督检查违规行为。通过检查书写内容、机器自动记录内容、自动监视等方法检查违规行为。在系统运行中需要动态地进行实时违规监督检查处理，将测试出来的违规行为及时通报给安全监控系统，提出警告或进行必要的处理。违规监督检查需要一定的组织和责任体系来予以保证。

（5）加密。加密是将数据按某种算法变换成难以识别的形态，其目的是在网络通信过程中对数据进行保护、防止数据泄密。接收数据的一方，要使用相应的解密算法，将数据还原。对于使用解密算法的用户应记录到运行日志中，及时检查是否存在违规行为。

3. 数据安全受破坏时的措施

软件工程的各个阶段都应有专门人员监督检查软件开发、使用中数据的正确性、可信度，保护系统资源不受侵犯，保证系统全部资源和功能的安全可靠性。对于重要的数据要有备份，避免系统设备被破坏造成损失。系统发生故障后，在恢复系统的同时要找出事故原因，预防事故再次发生。一旦由于计算机硬件、软件或操作上的错误，数据的正确性被破坏，应及时发现错误，认真分析错误的影响程度。

⊙ 任务实施

威胁数据安全的因素有很多，以下几个比较常见：

- 硬盘驱动器损坏：一个硬盘驱动器的物理损坏意味着数据丢失。设备的运行损耗、存储介质失效、运行环境以及人为的破坏等，都能对硬盘驱动器设备造成影响。
- 人为错误：由于操作失误，使用者可能会误删除系统的重要文件，或者修改影响系统运行的参数，以及没有按照规定要求或操作不当导致系统宕机。
- 黑客：入侵者借助系统漏洞、监管漏洞等通过网络远程入侵系统。
- 病毒：计算机感染病毒而招致破坏，甚至造成重大的经济损失。计算机病毒的复制能力强，感染性强，特别是网络环境下传播得更快。

- 信息窃取：从计算机上复制、删除信息或干脆把计算机偷走。
- 自然灾害。
- 电源故障：电源供给系统故障，一个瞬间过载电功率会损坏在硬盘或存储设备上的数据。
- 磁干扰：计算机上重要的数据接触到有磁性的物质，会被破坏。

数据是信息化潮流真正的主题，企业已经把关键数据视为正常运作的基础。一旦遭遇数据灾难，那么整体工作会陷入瘫痪，带来难以估量的损失。保护关键的业务数据有许多种方法，但以下 3 种是基本方法：

（1）备份关键的数据。备份数据就是在其他介质上保存数据的副本。例如：可以把所有重要的文件烧录到一张 CD-ROM 或第二个硬盘上。其中有两种基本的备份方法：完整备份和增量备份。完整备份会把所选的数据完整地复制到其他介质上。增量备份仅备份从上次完整备份以来添加或更改的数据。

通过增量备份扩充完整备份通常较快且占用较少的存储空间。可以考虑每周进行一次完整备份，然后每天进行增量备份。但是，如果要在崩溃后恢复数据，则会花费较长的时间，因为首先必须要恢复完整备份，然后再恢复每个增量备份。若对此感到担忧，则可以采取另一种方案，每晚进行完整备份，只需在下班后自动运行备份即可。

通过实际把数据恢复到测试位置来经常测试备份是个好主意。这具有以下作用：确保备份介质和备份数据状况良好、确定恢复过程中的问题、可提供一定程度的信心。

不仅必须确保数据以精确和安全的方式得到备份，而且必须确保在需要进行恢复时，这些数据能够顺利地装回系统中。

（2）建立权限。操作系统和服务器都可为因员工的活动所造成的数据丢失提供保护。通过服务器，可以根据用户在组织内的角色和职责为其分配不同级别的权限。不应为所有用户提供管理员访问权，这并不是维护安全环境的最佳做法，而是应制定"赋予最低权限"策略，把服务器配置为各个用户仅能使用特定的程序，并明确定义用户权限。

（3）对敏感数据进行加密。对数据进行加密意味着把其转换为一种可伪装数据的格式。加密用于在网络间存储或移动数据时确保其机密性和完整性。仅那些具有工具来对加密文件进行解密的授权用户可以访问这些文件。加密对其他访问控制方法是一种补充，且为容易被盗的计算机（例如便携式计算机）上的数据或网络上共享的文件提供多一层保护。

把这 3 种方法结合起来，应该可以为大多数企业提供保证数据安全所需的保护级别。

任务 6　撰写与复审详细设计说明书

任务描述

详细设计说明书又可称程序设计说明书。编制目的是说明一个软件系统各个层次中的每一个程序（每个模块或子程序）的设计考虑，如果一个软件系统比较简单，层次很少，本文件可以不单独编写，有关内容合并至概要设计说明书。

任务要求

在软件工程的详细设计阶段，需要编写的软件文档主要有详细设计说明书和操作手册。详细设计阶段结束时，要进行复审，复审通过后，才可进入软件实现阶段。

知识链接

1. 详细设计说明书

（1）引言：编写目的、背景说明、定义。

（2）程序系统的结构：用一系列图表列出本软件系统内每个程序（包括每个模块和子程序）的名称、标识符和它们之间的层次结构关系。根据实际需要，大部分程序都需要写出程序描述、功能、性能、输入项、输出项、算法、流程逻辑、接口、存储分配、注释设计、限制条件、测试计划、尚未解决的问题等内容。

2. 操作手册编写提示

在详细设计阶段，描述了实现系统功能的具体算法，因而可以写出初步的用户操作手册，编码阶段再对操作手册进行补充和修改。操作手册应编写如下内容。

（1）引言：编写目的、背景说明、定义、参考资料。

（2）软件概述。

1）软件的结构。结合软件系统所具有的功能，包括输入、处理和输出，提供该软件的总体结构图表。

2）程序表。列出本系统内每个程序的标识符、编号和简称以及程序的功能。

3）文卷表。列出将由本系统引用、建立或更新的每个永久性文卷，说明它们各自的标识符、编号、简称、存储媒体和存储要求。

（3）安装和初始化。

具体说明为使用本软件而需要进行的安装与初始化过程，包括程序的存载形式、安装与初始化过程中的全部操作命令、系统对这些命令的反应与答复、表明安装工作完成的测试实例等，还应说明安装过程中所需用到的专门软件。

（4）运行说明。所谓运行，是指提供一个启动控制信息后，直到计算机系统等待另一个启动控制信息时为止的计算机系统执行的全部过程。

1）运行表。列出每种可能的运行，说明每个运行的目的，指出每个运行所执行的程序。

2）运行步骤。逐个说明每个运行及完成整个系统运行的步骤。以对操作人员最方便、最有用的形式，说明运行的有关信息，如运行控制、操作信息和运行目的。

- 操作要求：启动方法、预定时间启动、预计的运行时间和解题时间、操作命令及与运行有联系的其他事项。
- 输入/输出文卷，占用硬件设备的优先级以及保密控制等。
- 输出：提供本软件输出的有关信息、输出媒体、文字容量、分发对象和保密要求。

● 输出的复制：提供有关信息、复制的技术手段、纸张或其他媒体的规格、装订要求、分发对象及复制份数。

（5）非常规过程。提供有关应急操作或非常规操作的必要信息，如出错处理操作、向后备系统的切换操作以及其他必须向程序维护人员交代的事项和步骤。

（6）远程操作。如果本软件能够通过远程终端控制运行，则说明其操作过程。

3. 详细设计的复审

软件的详细设计完成后，必须从软件的正确性和可维护性两个方面，对实现功能的逻辑、数据结构和界面等进行审查。

详细设计的复查可用下列形式之一完成。

● 设计人员和设计组的另一成员一起进行静态检查。
● 由检查小组进行较正式的软件结构设计检查。
● 由检查小组进行正式的设计检查，对软件设计质量给出评价。

实践证明，正式的详细设计复审工作在发现设计方面错误的效果与软件测试的效果相同，并且更加容易发现设计错误。

任务实施

撰写设计书样例如下：

1 引言

1.1 编写目的

说明编写这份详细设计说明书的目的，指出预期的读者。

1.2 背景

a．待开发软件系统的名称。

b．本项目的任务提出者、开发者、用户和运行该程序系统的计算中心。

1.3 定义

列出本项目中用到的专门术语的定义和外文首字母组词的原词组。

1.4 参考资料

列出有关的参考资料，如：

a．本项目的经核准的计划任务书或合同、上级机关的批文。

b．属于本项目的其他已发表的文件。

c．本文件中各处引用到的文件资料，包括所要用到的软件开发标准。列出这些文件的标题、文件编号、发表日期和出版单位，说明能够取得这些文件的来源。

2 程序系统的结构

用一系列图表列出本程序系统内的每个程序（包括每个模块和子程序）的名称、标识符和它们之间的层次结构关系。

3 程序1（标识符）设计说明

从本章开始，逐个给出各个层次中每个程序的设计考虑。以下给出的提纲是针对一般情况的。对于一个具体的模块，尤其是层次比较低的模块或子程序，其很多条目的内容往往与它所隶属的上一层模块的对应条目的内容相同，在这种情况下，只要简单地说明这一点即可。

3.1　程序描述

给出对该程序的简要描述，主要说明安排设计本程序的目的意义，并且，还要说明本程序的特点（如是常驻内存还是非常驻内存？是否是子程序？是可重入的还是不可重入的？有无覆盖要求？是顺序处理还是并发处理等）。

3.2　功能

说明该程序应具有的功能，可采用 IPO 图（即输入 / 处理 / 输出图）的形式。

3.3　性能

说明对该程序的全部性能要求，包括对精度、灵活性和时间特性的要求。

3.4　输入项

给出每一个输入项的特性，包括名称、标识、数据的类型和格式、数据值的有效范围、输入的方式、数量和频度、输入媒体、输入数据的来源和安全保密条件等。

3.5　输出项

给出每一个输出项的特性，包括名称、标识、数据的类型和格式、数据值的有效范围、输出的形式、数量和频度、输出媒体、对输出图形及符号的说明、安全保密条件等。

3.6　算法

详细说明本程序所选用的算法，以及具体的计算公式和计算步骤。

3.7　流程逻辑

用图表（例如流程图、判定表等）辅以必要的说明来表示本程序的逻辑流程。

3.8　接口

用图的形式说明本程序所隶属的上一层模块及隶属于本程序的下一层模块、子程序，说明参数赋值和调用方式，说明与本程序直接关联的数据结构（数据库、数据文卷）。

3.9　存储分配

根据需要，说明本程序的存储分配。

3.10　注释设计

程序注释

a．加在模块首部的注释。

b．加在各分支点处的注释。

c．对各变量的功能、范围、默认条件等所加的注释。

d．对使用的逻辑所加的注释等。

3.11　限制条件

说明本程序运行中所受到的限制条件。

3.12　测试计划

说明对本程序进行单体测试的计划，包括对测试的技术要求、输入数据、预期结果、进度安排、人员职责、设备条件、驱动程序及桩模块等的规定。

3.13　尚未解决的问题

说明在本程序的设计中尚未解决而设计者认为在软件完成之前应解决的问题。

4　程序 2（标识符）设计说明

用类似 3 的方式，说明第 2 个程序乃至第 *N* 个程序的设计考虑。

单元小结

过程设计不是具体地编写程序，而是逻辑上设计正确实现每个模块功能的处理过程，其关键任务是确定怎样具体地实现所要求的目标系统，除了保证程序的可靠性之外，还应使编写的程序可读性好、容易理解、容易测试、容易修改和维护，因此过程设计应当尽可能简明易懂。详细设计阶段使用的工具有流程图、盒图、PAD、判定表、判定树、过程设计语言（PDL）等。选择合适的工具并且能够正确使用它们是十分重要的。

用户界面设计的质量直接影响用户对软件产品的评价，软件工程中，应对用户界面设计给予足够的重视。

过程设计应在数据设计、概要设计、接口设计完成之后进行，它是详细设计阶段应完成的主要任务。

习题 5

1. 试述用户界面设计应考虑的因素。

2. 某校拟对参加计算机程序设计考核成绩好的学生进行奖励，成绩合格的奖励 20 元，成绩在 80 分以上者奖励 50 元，成绩在 90 分以上者奖励 100 元。要求设计一个计算机程序，输入参加考核的学生名单和成绩，输出获奖者名单、成绩及所获奖金，统计各类获奖学生人数占总人数的比例。试画出该系统的程序流程图、N-S 图和 PAD。

3. 某校对于各种不同职称的教师，根据其是本校专职教师还是外聘教师决定其讲课的课时津贴费。本校专职教师每课时津贴费：教授 90 元，副教授 70 元，讲师 50 元，助教 40 元。外聘教师每课时津贴费：教授 100 元，副教授 80 元，讲师 60 元，助教 50 元。试分别用判定表和判定树表示课时津贴费规定。

4. 下面是用 PDL 写出的程序，请画出与其对应的 PAD 和 N-S 图。

```
While C do
If A>0 then A1 else A2 endif
If B>0 then
        B1
        If C>0 then C1 else C2 endif
        Else B2
End if
B3
  End while
```

单元 6 软件编码

单元导读

　　软件设计需要经历软件计划、需求分析、结构设计、详细设计等各个阶段，其最终目标就是将软件表示翻译成计算机可以理解的编码形式，将设计表示转换成可运行的计算机代码。在需求分析阶段，结构化分析建立系统模型，定义和描述用户需求，确定软件设计和验收的标准。在详细设计阶段，结构化设计方法使系统结构具有模块化和清晰性的特点。在软件编码阶段，结构化程序设计使软件易于理解和修改，便于重复使用。

　　软件编码也称程序设计，是在过程设计的基础上，将过程设计得到的对软件处理过程的描述，转换为用某种程序设计语言书写的程序。本章不是讲如何编写程序，而是介绍如何选择程序设计语言，在编写程序时应当注意保持的程序设计风格、程序设计质量的评价和程序设计说明书的编写。

教学目标

- 了解几种常见的程序设计语言的特点。
- 领会程序设计中应注意的问题。
- 注意培养良好的编程风格。

任务 1　认识结构化程序设计

任务描述

　　面向结构的程序设计方法即结构化程序设计方法，是面向过程的程序设计方法的改进，它从结构上将软件系统划分为若干功能模块，各模块按要求单独编程，再由各模块连接，组合构成相应的软件系统。该方法强调程序的结构性，所以容易做到易读、易懂。该方法思路清晰，做法规范，深受设计者青睐。

　　结构化程序设计（Structured Programing，SP）思想最早由 E.W.Dijikstra 在 1965 年提出，可使程序执行效率提高，程序的出错率和维护费用大大减少。结构化程序设计就是一种进行程序设计的原则和方法，按照这种原则和方法可设计出结构清晰、容易理解、容易修改、容易验证的程序。结构化程序设计的目标在于使程序具有一个合理结构，以保证和验证程序的正确性，从而开发出正确、合理的程序。

任务要求

　　软件设计经历了需求分析阶段、概要设计阶段和详细设计阶段，这些阶段所产生的文档都不能直接在计算机上运行。软件编码就是将软件设计的文档结果翻译成计算机可以理解的形式，即用程序设计语言书写，从而使系统的需求和设计能真正地实现。

　　实践表明，编码中出现的问题主要是由设计中存在的问题引起的。因而在编码之前需要对系统进行分析、设计，尽可能在编码之前保证软件设计的正确性。在编码时，程序员应当简明、清晰、高质量地进行程序设计，从而实现系统设计。在这个阶段，程序设计语言的选择、程序设计的方法和编码的风格会对程序的可读性、可靠性、可测试性和可维护性产生直接影响。

知识链接

结构化程序设计

　　结构化程序设计是进行以模块功能和处理过程设计为主的详细设计的基本原则。结构化程序设计是过程式程序设计的一个子集，它对写入的程序使用逻辑结构，使得理解和修改更有效、更容易。

　　结构化程序是由基本的控制结构构造而成的程序。每个控制结构只有一个入口和一个出口。控制结构集包括指令序列、指令或指令序列的条件选择以及一个指令或指令序列的重复执行。

　　结构化程序设计是一种良好的软件开发技术。它采用自顶向下设计和实现的方法，严格地使用结构化程序构造软件。此技术可降低程序设计的复杂度，提高清晰度，便于排除隐含的错误，有利于程序的修改。

结构化程序设计主张系统的模块仅采用顺序、选择、重复 3 种基本控制结构，每种基本控制结构只有一个入口、一个出口，只完成一个操作。结构化程序设计强调对模块采用自上而下、逐步细化的设计方法，将这 3 种基本控制结构根据程序的逻辑嵌套或组合成结构化程序，以完成预定的功能。事实上，用并且仅用这 3 种基本结构就可以组成任何一个复杂的、具有层次结构的程序。结构化程序设计就是用这 3 种结构进行有限次的组合或嵌套，实现模块功能的。

经典的结构程序设计只允许使用顺序、IF...THEN...ELSE 型条件语句和 DO...WHILE 型循环这 3 种结构；扩展的结构程序设计还允许使用 DO...CASE 型多分支和 DO...UNTIL 型循环结构；修正的结构程序设计增加了 LEAVE（离开）或 BREAK（终止）结构。

结构化程序设计的最大优点是所得到的源程序具有清晰性，并能较好地适应自顶向下或自底向上的程序设计技术。

任务实施

结构化程序中的任意基本结构都具有唯一入口和唯一出口，并且程序不会出现死循环。在程序的静态形式与动态执行流程之间具有良好的对应关系。

由于模块相互独立，因此在设计其中一个模块时，不会受到其他模块的牵连，因此可将原来较为复杂的问题化简为一系列简单模块的设计。模块的独立性还为扩充已有的系统、建立新系统带来了不少的方便，因为可以充分利用现有的模块做积木式的扩展。

按照结构化程序设计的观点，任何算法功能都可以通过由程序模块组成的 3 种基本程序结构，即顺序结构、选择结构和循环结构的组合来实现。

结构化程序设计的基本思想是采用自顶向下、逐步求精的程序设计方法和单入口单出口的控制结构。自顶向下、逐步求精的程序设计方法从问题本身开始，经过逐步细化，将解决问题的步骤分解为由基本程序结构模块组成的结构化程序框图；单入口单出口的思想认为一个复杂的程序如果仅由顺序、选择和循环 3 种基本程序结构通过组合、嵌套构成，那么这个新构造的程序一定是一个单入口单出口的程序。据此就很容易编写出结构良好、易于调试的程序。

结构化程序设计思想的优点如下：
- 整体思路清楚，目标明确。
- 设计工作中阶段性非常强，有利于系统开发的总体管理和控制。
- 在系统分析时可以诊断出原系统中存在的问题和结构上的缺陷。

结构化程序设计思想的缺点如下：
- 用户要求难以在系统分析阶段准确定义，致使系统在交付使用时产生许多问题。
- 用系统开发每个阶段的成果来进行控制，不能适应事物变化的要求。
- 系统的开发周期长。

任务 2　选择程序设计语言

任务描述

　　程序设计语言是人机对话的最基本的工具，它的特点会影响人和计算机通信的方式和质量，会影响其他人阅读和理解程序的难易程度，也会影响人的思维和解题方式。选择合适的程序设计语言能使设计完成编码时所遇的困难降至最少，并且可以得出更容易阅读和维护的程序。

任务要求

　　编码之前的一项重要工作就是选择一种适当的程序设计语言。在选择程序设计语言时，要比较各种可用语言的适用程度，选择最适合的语言。

知识链接

程序设计语言

1. 程序设计语言的分类

　　目前应用较多的程序设计语言主要可分为面向机器语言和高级程序设计语言两大类。

　　（1）面向机器语言。面向机器语言包括机器语言和汇编语言。机器语言和汇编语言都依赖于计算机硬件结构，指令系统因硬件不同而不同，难学难用。其缺点是编程效率低、容易出错、维护困难；其优点是易于实现系统接口，执行效率高。在一些特殊的应用领域（如对程序执行时间和使用空间都有很严格限制的情况；需要产生任意的甚至非法的指令序列；体系结构特殊的微处理机，以致在这类机器上通常不能实现高级语言编译程序），或大型系统中直接依赖于硬件的一小部分代码需用汇编语言编写，其他的用高级程序设计语言编写。

　　（2）高级程序设计语言。高级程序设计语言的特性是一般不依赖于计算机硬件结构，通用性强。一般来说，高级语言的源程序语句和汇编代码指令之间有一句对多句的对应关系。统计资料表明，程序员在相同时间内可以写出的高级语言语句数和汇编语言指令数大体相同，因此用高级语言写程序比用汇编语言写程序可以使生产率提高好几倍。高级语言一般都允许用户给程序变量和子程序赋予含义鲜明的名字，通过名字很容易把程序对象和它们所代表的实体联系起来。此外，高级语言使用的符号和概念更符合人的习惯，用高级语言写的程序容易阅读、容易测试、容易调试、容易维护。因此，一般在设计应用软件时，应当优先选用高级程序设计语言。

2. 选用高级程序设计语言的实用标准

　　为了使程序容易测试和维护以减少软件的总成本，所选用的高级语言应该有理想的模块化机制，以及可读性好的控制结构和数据结构；为了便于调试和提高软件可靠性，语言应该具有使编译程序能够尽可能多地发现程序中错误的特点；为了降低软件开发和维护的成本，选用的高级语言应该有良好的独立编译机制。这些要求是选择程序设计语言的理想标准，但是，在实际选择语言时不能仅仅使用理论上的标准，还必须同时考虑项目的应用领域、软件的开发环境、用户的要求、软件开发人员的知识等实用方面的各种限制。

（1）项目的应用领域。各种高级程序设计语言的实际应用领域是不同的。如科学计算、人工智能和实时控制领域的问题算法较复杂，而数据处理、数据库应用、系统软件领域数据结构比较复杂，要根据应用领域选择适当的程序设计语言。

在工程与科学计算领域，FORTRAN 语言占主要优势，此外，PASCAL 语言常常应用于教学、管理、系统软件的开发。在事务处理、商业数据处理方面，COBOL 和 BASIC 语言是合适的选择。在实时处理领域，Ada 和汇编语言则更为合适。在操作系统、编译系统等系统软件开发领域，C 语言、汇编语言、PASCAL 语言及 Ada 语言将被优先考虑。而 LISP 和 PROLOG 语言则适合人工神经网络与非线性系统。C++、SmalltalkA Eiffel、Actor、Ada 是面向对象型语言。Object Pascal、Objective-C 是混合型面向对象语言。Java 在网络上应用广泛，可编制跨平台的软件。LISP 语言适用于人工智能领域。PROLOG 语言适用于表达知识和推理方面的人工智能领域。

（2）数据结构的复杂性。PASCAL 和 C 语言支持数组、记录与带指针的动态数据结构，适用于系统程序和数据结构复杂的应用程序。FORTRAN 和 BASIC 只提供简单的数据结构。

（3）效率。有些实时系统要求具有极快的响应速度，此时可酌情选用汇编语言或 Ada 语言。一个程序的执行时间，常常有一大部分是耗费在一小部分程序代码上的。此时可将这一小部分代码用汇编语言来编写，其余仍用高级语言，这样既可以提高系统的响应速度，又可以减少编程、测试与维护的难度。

（4）可移植性。如果目标系统将在几台不同的计算机上运行，或者预期的使用寿命很长，应选择一种标准化程度高、程序可移植性好的语言，从而使所开发的软件将来能够在不同的硬件环境下运行。

（5）程序设计人员的知识。在选择语言的同时，还要考虑程序设计人员的知识水平，即他们对语言掌握的熟练程度及实践经验。程序员从学习一种新语言到熟练掌握它，要经过一段实践时间，如果和其他标准不矛盾，则应选择一种软件开发人员熟悉的语言，使开发速度更快，质量更易保证。同时，开发人员应仔细分析软件项目的类型，敢于学习新知识，掌握新技术。

（6）构造系统的模式。对于以客观对象为研究目标，着重从组成客观对象的集合与关系的角度考虑建立系统的软件工程项目，应采用 C++ 这一类的面向对象语言。事实上，一个对象系统既包括了对组成系统的所有对象的集合与关系的研究，也包括了对对象状态及状态改变规律性过程的研究。面向对象的语言综合了功能抽象与数据抽象的机制，因此，它既适用于对象系统，也适用于过程系统

（7）软件开发环境。不同的软件开发环境，所使用的编程语言不同。例如 Visual BASIC、Visual C 及 Delphi 等都是可视化的软件开发工具，提供了强有力的调试功能，提高了软件生产率，减少了错误，有效地提高了软件质量。

开发移动互联应用系统时，Android 是一种基于 Linux 内核的开放源代码操作系统，主要用于移动设备，如智能手机、平板电脑、电视等，Android 平台需要 Java 编程语

言。Apple 公司的 iOS 用 Objective C 语言，其新推出的语言是 Swift。Microsoft 公司的 Windows Phone 所用的编程语言是 C、C++、C# 等。

（8）根据系统用户的要求来选择。当系统交付使用后由用户负责维护时，应该选用户所熟悉的语言书写程序。

💬 任务实施

在软件开发时，在编码之前要选好适当的编码语言，语言选择合适，会使编码困难减少，程序测试量减少，并且可以得到易读、易维护的软件。

一般情况下，程序设计语言的选择通常从以下的几个方面考虑。

1. 项目的应用领域

项目的应用领域是选择语言的关键因素，各种语言都有自己的适用领域。

通常，SQL、Delphi 适用于数据处理领域；Java 和 C# 适用于 Web 开发及网络应用；LISP 和 PROLOG 语言适用于人工智能软件产品（如专家系统）。

2. 用户的要求和软件开发人员的知识

当系统交付使用后由用户负责维护时，应该选择用户所熟悉的语言。采用软件开发人员熟悉的语言能够缩短软件开发的时间。

3. 软件开发工具

在常用的很多软件开发工具中它只支持一部分的程序设计语言，所以应该根据将要使用的开发工具来确定采用哪种语言。

4. 算法和数据结构的复杂性

对于科学计算、实时处理和人工智能领域中的问题，它的算法比较复杂但数据结构简单，而数据处理、数据库应用、系统软件领域内的问题，是算法简单而数据较复杂。

因此，要考虑语言是否有完成复杂算法或者构造复杂数据结构的能力。

5. 系统的可移植性要求

在程序设计语言中，可移植性好的语言可以使系统方便地在不同的计算机系统上运行。如果目标系统要适用于多种计算机系统，那么程序设计语言的可移植性是很重要的。

任务 3   选择程序设计风格

🔍 任务描述

程序设计风格指编写程序的习惯、程序代码的逻辑结构与习惯的编程技术。随着计算机的运算速度大大提高，计算机的存储容量也越来越大，随着软件规模的增大和复杂度的提高，为了延长软件的生命周期，需要经常对软件进行维护。所以软件程序设计的目标从强调运算速度、节省内存转变到强调程序的可读性、可维护性。

任务要求

　　良好的编程风格可以减少错误，减少读程序的时间，有利于写出高质量的程序，从而提高软件开发和维护的效率。在多个程序员共同编写一个大的软件产品时，良好的、一致的风格有利于相互交流，避免因不协调而产生问题。因此，从软件工程要求出发，程序设计风格要求如下所述。

知识链接

程序设计风格

1. 源程序文档编写规则

　　软件＝程序＋文档。为了提高程序的可维护性，源程序文档化包括恰当的标识符命名、适当的内部注释和程序的视觉组织等。

　　（1）标识符应该具有鲜明的意义，能够提示程序对象代表的实体。标识符包括模块名、变量名、常量名、标号名、子程序名以及数据区名、缓冲区名等。这些名字应能反映出它实际所代表的东西，应有一定的实际意义，使其能够见名知意，有助于对程序功能的理解。名字不是越长越好，标识符的名字不要太长，若缩写，规则应一致。要给每个标识符加注解或在数据字典中写明其含义。

　　（2）程序代码的视觉组织。它指的是程序模块及模块内部语句集合、组织集合的顺序、语句书写的静态布局。一个程序如果书写得密密麻麻、分不出层次，常常是很难看懂的。优秀的程序员在利用空格、空行和缩进的技巧上显示出丰富的经验。恰当地利用空格，可以突出运算的优先性，避免发生运算的错误；自然的程序段之间可用空行隔开；缩进是指程序中的各行不必都在左端对齐，可以适当利用阶梯形式，使程序的层次结构清晰明显。

　　（3）程序内部的注释。它是对程序代码段功能的说明，是程序员和程序读者之间通信的重要工具。程序注释可以分为序言性注释和功能性注释。序言性注释在程序模块首部，它应当给出程序的整体说明，对于理解程序本身具有引导作用。功能性注释则出现在若干语句之间或者之后。书写功能性注释时，应注意它用于描述一段程序，而不是每一个语句。注解的内容一定要正确，程序有变动时，注解要与程序内容始终保持一致。要用空格或空行区分注解和程序。

2. 数据说明

　　在设计阶段确定了数据结构的组织和复杂程度，编写程序时则要建立数据说明，使数据更容易理解和维护。一般而言，数据说明应遵循如下 4 个原则：

　　（1）数据说明的顺序应当规范化，如按数据类型或数据结构来确定数据说明的顺序。顺序的规则在数据字典中加以说明，使数据属性容易查找，有利于测试、排错和维护。

　　（2）当说明同一语句的多个变量名时，应按英文字母的顺序排列。

　　（3）如果设计了一个复杂的数据结构，应当使用注释，说明这个数据结构的固有特点。

　　（4）变量说明不要有遗漏，变量的类型、长度、存储及初始化要正确。

3. 语句构造要简单直接

设计期间确定了软件的逻辑结构，然而个别语句的构造却是编写程序的一个主要任务。构造语句时应该遵循的原则是，每个语句都应该简单而直接，不能为了提高效率而使程序变得过分复杂。下述规则有助于使语句简单明了：

（1）不要为了节省空间把多个语句写在同一行。

（2）尽量避免复杂的条件测试。

（3）尽量减少对"非"条件的测试。

（4）对于多分支语句，应尽量把出现可能性大的情况放在前面，这样可以缩短运算时间。

（5）避免大量使用循环嵌套语句和条件嵌套语句。

（6）利用括号使逻辑表达式或算术表达式的运算次序清晰直观。

（7）每个循环要有终止条件，不要出现死循环，也要避免出现不可能被执行的循环。

4. 输入/输出语句

在设计和编写程序时应该考虑下述有关输入/输出风格的规则：

（1）检验输入数据的合法性、有效性。

（2）检查输入项重要组合的合理性。

（3）提示输入的请求，并简明地说明可用的选择或边界数值。

（4）输入格式简单，方便用户使用，尽量保持格式的一致性。

（5）批量输入数据时，使用结束标志。

（6）输出信息中不要有文字错误，要保证输出结果的正确性。

（7）输出数据表格化、图形化。

（8）给所有输出数据加标志。

5. 程序效率

程序效率主要指处理机工作时间、内存容量这两方面的利用率，以及系统输入、输出的效率。虽然值得提出提高效率的要求，但是在进一步讨论这个问题之前应该记住3条原则：第一，效率是性能要求，因此应该在需求分析阶段确定效率方面的要求，软件应该像对它要求的那样有效，而不应该如同人类可能做到的那样有效；第二，效率是靠好设计来提高的；第三，程序的效率和程序的简单程度是一致的，不要牺牲程序的清晰性和可读性来不必要地提高效率。

在目前计算机硬件设备运算速度大大提高、内存容量增加的情况下，提高效率不是最重要的，程序设计应主要考虑程序的正确性、可理解性、可测试性和可维护性。在符合上述各原则的前提下，提高效率也是必要的。从写程序的角度来看，有些简单的原则可以提高输入/输出的效率：第一，所有输入/输出都应该有缓冲，以减少用于通信的额外开销；第二，对二级存储器（如磁盘）应选用最简单的访问方法；第三，二级存储器的输入/输出应该以信息组为单位进行；第四，人机交互界面如果设计得清晰、合理，会减少用户脑力劳动的时间，提高人机通信的效率。这些简单原则对于软件工程技术的设计和编码都适用。

总之，要善于积累编程经验，培养良好的程序设计习惯，使编出的程序清晰易懂、易于测试和维护，从而提高软件的质量。

6. 评价程序设计质量

不同的设计课题对质量要求会有不同的侧重点，评价程序设计的质量需要考虑多方面的因素，最基本的要求是正确性，即在运行过程中可能遇到的各种条件下，都能保证正确地操作运行；还要注重软件的易使用性、易维护性和易移植性。

（1）正确性：通过对算法的精心设计和详尽的检查实现程序的正确性。

（2）清晰的结构：程序的结构必须与数据相适应，采用结构化程序设计方法，对模块的输入和输出过程进行精确定义。

（3）易使用性：操作简便，使用户学习使用软件花费的时间减少。

（4）易维护性：程序易读、易理解就容易测试，也容易修改和扩充。修改模块化结构的程序，对程序的总体结构不会产生影响。

（5）简单性：简单的程序结构容易理解、容易修改。要把复杂的问题简单化，需要设计人员具有一定的程序设计经验和娴熟的技巧，以及一定的耐性。

（6）易移植性：程序从某一环境移植到另一环境的能力。

◉任务实施

程序设计风格指一个人编制程序时所表现出来的特点、习惯、逻辑思路等。在程序设计中要使程序结构合理、清晰，形成良好的编程习惯，对程序的要求不仅是可以在机器上执行，给出正确的结果，而且要便于进行程序的调试和维护，这就要求编写的程序不仅自己看得懂，而且也要让别人能看懂。

随着计算机技术的发展，软件的规模增大了，软件的复杂度也提高了。为了提高程序的可阅读性，要建立良好的编程风格。

风格就是一种好的规范，当然我们所说的程序设计风格肯定是一种好的程序设计规范，包括良好的代码设计、函数模块、接口功能以及可扩展性等，更重要的就是程序设计过程中代码的风格，包括缩进、注释、变量及函数的命名、泛型和被理解的程度。

任务 4　撰写程序设计文档

◉任务描述

程序设计的依据是详细的设计文档。程序设计阶段，设计文档有源程序以及记载开发时间、开发人员、测试记录的文件，同时须对用户手册、操作手册等做相应的补充和修改。每次对程序进行修改时，都要及时更新程序所对应的各项软件文档。

🔲 任务要求

在编码结束前，应对每个程序模块的源程序进行静态分析和模块测试，做好测试记录。

🔗 知识链接

静态分析和模块测试时，应检查下述内容。

（1）程序与详细设计是否相符合，模块的运行是否正确。

（2）内部文件和程序的可读性如何。

（3）是否坚持结构化程序设计标准，语言使用是否得当。

（4）如果编码时发现软件系统设计上的错误，应从相应的详细设计开始修改。

💬 任务实施

代码和文档就像是一个人的左膀右臂，一定要让两者均衡发展，而不能够只顾其一。既然文档这么的重要，那么对于程序员来说，我们如何才能写出一份好的文档呢？

第一，将重要的内容分点描述，而不是杂糅在一起。

第二，将流程性比较强的内容画成流程图，而不是仅用文字描述。

一篇图文并茂的文章才是好文章，如果大家看到一篇好几十页的文章全是文字，很容易失去阅读的兴趣。对于某些流程性比较强的内容，如果将文字变成流程图，带给读者的感觉则是不一样的。

第三，将带数字的内容以图表的形式呈现，而非用文字描述。

对于某些有参照性质的数字，我们可以用图表的形式来呈现，这样可以让读者看到相邻几组数字的变化情况，使文章的表达效果更好。

第四，尽量不要直接在文档中贴代码，而换之以伪代码、流程图等形式进行展示。

也许是为了减少工作量，很多程序员喜欢将工程代码直接粘贴到文档中，这不仅会占用大量的文档篇幅，还会降低文档的可读性。试想，一个从没有接触过代码的人，如何能够看懂你在文档中给出的代码？即使对于有经验的程序员来说，第一次看到你写出来的程序，也不见得能够一下就明白的。

如果你写的代码确实很好，想给别人看，那么在正文中可以只给出设计思想、流程图等，而在附录中给出完整的代码。

总的说来，文档的编写要遵循简单易懂的原则，要用最直接明了的方式来表达作者本人的意思。

爱因斯坦曾说过："科学家应该使用最简单的手段达到他们的结论，并排除一切不能被认识到的事物。"也就是说，简单就是美。这个"简单"的原则同样可以应用到文档编写中，应用到所有的软件开发项目中。

单元小结

程序设计也称为软件编码，是在问题定义、需求分析、结构化设计、详细设计后进行的设计过程，是在软件详细设计的基础上进行的，通过软件编码得到软件设计的结果。

结构化设计是将顺序、选择、重复 3 种基本控制结构进行组合和嵌套，以容易理解的形式和避免使用 GOTO 语句等原则进行程序设计的方法。

结构化设计使软件易于理解，易于修改，便于重复使用。

在设计应用软件时，应当优先选用高级程序设计语言，只在某些特殊情况下才选用汇编语言。

程序设计风格直接影响软件的质量，影响软件的可维护性和可移植性。

习题 6

1．在进行软件开发时，如何选择程序设计语言？

2．什么是程序设计的风格？为了具有良好的程序设计风格，应注意哪些问题？

3．从下面关于程序设计的叙述中选择正确的叙述。

（1）在编程前，首先应当仔细阅读软件的详细设计说明书，必须依照详细设计说明书来编写程序。

（2）在编制程序时，应该对程序的结构进行充分考虑，不要急于开始编码，要琢磨程序应具有什么功能，这些功能如何实现。

（3）只要有了完整的程序说明书，即使程序的编写形式让人看不懂也没有关系。

（4）编制程序时只要输入/输出的格式正确，其他各项规定无足轻重。

（5）好的程序不仅处理速度快，而且易读、易修改。

4．从下列叙述中选择符合程序设计风格指导原则的叙述。

（1）嵌套的层数应当加以限制。

（2）尽量多使用临时变量。

（3）不用可以省略的括号。

（4）使用有意义的变量名。

（5）应当尽可能把程序编写得短一点。

（6）注解越少越好。

（7）程序的格式应有助于读者的理解。

（8）应当多用 GOTO 语句。

单元 7　软件测试

单元导读

随着信息技术的高速发展，软件产品越来越多，为保证软件产品质量，软件测试工作越来越重要。软件测试已经成为软件开发过程中必不可少的一项工作。本单元分为 6 个任务，任务 1 介绍软件测试目标和原则，任务 2 介绍软件测试方法，任务 3 介绍实施软件测试，任务 4 介绍如何设计测试方案，任务 5 介绍如何进行软件调试、验证与确认，任务 6 介绍如何制订软件测试计划和撰写分析报告。

教学目标

- 了解软件测试的目标和原则。
- 掌握软件测试的方法。
- 掌握软件测试步骤。
- 掌握软件测试方案。
- 熟悉软件调试、验证与确认的流程。
- 熟悉软件测试报告的撰写。

任务 1　认识软件测试目标和原则

任务描述

认识软件测试目标和原则，首先要了解软件测试的含义和概念，需要从软件测试的发展阶段来把握，也要从软件工程的角度来把握。需要了解软件测试的背景和意义，软件测试的目的和重要性，把握软件测试的基本原则进而提高测试工作的效率和质量。

任务要求

了解软件测试的概念，熟悉软件测试的目标要求，运用软件测试的原则在测试过程中确实做到以尽量少的测试次数，最少的人力、物力、时间等尽早发现软件中存在的问题，提高软件质量。

知识链接

1. 软件测试的发展历史

爱德华·基特（Edward Kit）在他的 *Software Testing in the Real World:Improving the Process*（1995，ISBN：0201877562）中将整个软件测试历史分为 3 个阶段。

第一个阶段是 20 世纪 60 年代及其以前，那时软件规模都很小、复杂程度低，软件开发的过程随意。开发人员的 Debug 过程被认为是唯一的测试活动。其实这并不是现代意义上的软件测试，当然在这一阶段也还没有专门的测试人员出现。

第二个阶段是 20 世纪 70 年代，这一阶段人们对软件测试的理解仅限于基本的功能验证和 Bug 搜寻，而且测试活动仅出现在整个软件开发流程的后期，虽然测试由专门的测试人员来承担，但测试人员都是行业和软件专业的入门新手。

第三个阶段是 20 世纪 80 年代及其以后，软件和 IT 行业进入了大发展时期。这个时期软件测试已有了行业标准（EEE ANSI），它再也不是一个一次性的、只存在于开发后期的活动，而是与整个开发流程融合成一体。软件测试已成为一个专业，需要运用专门的方法和手段，需要专门人才和专家来承担。

2. 软件测试概念

在早期的软件开发中，测试的含义比较狭隘，将测试等同于调试，用于纠正软件中已知的故障，常常由开发人员自己完成这项工作。早期对于测试的投入极少，测试介入也较晚，常常是等软件产品已基本开发完成时才开始进行测试，这种情况至今依然存在。

由于早期的软件代码行数很少，程序员可以独立进行开发、调试，直至最后的发布使用。然而，随着大规模商业软件的出现，程序规模爆炸式地增长，程序代码行数增加至千万数量级。随着软件的复杂度不断提高，开发的难度也越来越大，为了保证程序的正确性和可靠性，要在程序的技术内涵和用户特定领域的需求之间找一个平衡点，必须提升软件测试的专业化程度，并将软件测试岗位视为一个专门的工种。

IEEE 对测试的定义：使用人工或自动手段来运行或测定某个系统的过程，其目的在于检验它是否满足规定的需求或弄清楚预期结果与实际结果之间的差别。

软件中不同的组成部分对应不同的测试工作，所以有人对软件测试进行了新的定义：软件测试是依据规范的软件检测过程和检测方法，按照测试计划和测试需求对被检测软件的文档、程序和数据进行测试的技术活动。因此，软件测试工作不仅是程序测试，还包括数据和文档测试。

随着软件产业的发展，软件测试技术及其概念也在"与时俱进"。为了能更好地理解软件测试概念的发展与沿袭，以下是不同时期关于测试的定义：

- 确信程序做了它应该做的事。
- 为找出错误而运行程序或系统的过程。
- 查出规格说明中的错误，以及与规格说明不符的地方。
- 一切以评价程序或系统的属性、能力为目的的活动。
- 对软件质量的度量。
- 评价程序或系统的过程。
- 验证系统满足需求，或确定实际结果与预期结果之间的区别。
- 确认程序正确实现了所要求的功能。
- 测试是与软件开发或维护工作并行进行的一个过程。
- 是在用户需求和开发技术之间找一个平衡点。

3. 软件质量保证和软件测试

软件质量保证与软件测试是否是一回事？有人认为，软件测试就是软件质量保证，也有人认为软件测试只是软件质量保证的一部分。这两种说法其实并不全面。软件质量保证与软件测试两者之间既存在包含又存有交叉关系。

软件测试能够找出软件缺陷，确保软件产品满足需求。但是测试不是质量保证，两者并不等同。测试与质量的关系很像在考试中"检查"与"成绩"的关系。学习好的学生，在考试时通过认真检查能减少因疏忽而造成的答题错误，从而"提高"考试成绩（取得本来就该得的好成绩）。而学习差的学生，遇到原本就不会做的题目，无论检查得多么细心，也无法提高成绩。所以说，软件的高质量是设计出来的，而不是靠测试修补出来的。软件质量保证则是避免错误以求高质量，并且还有其他方面的措施以保证质量。

软件质量保证的目的是提供一种有效的人员组织形式和管理方法，通过客观地检查和监控过程质量和产品质量，从而实现持续地改进质量，是一种有计划的、贯穿于整个产品生命周期的质量管理方法。

它与软件测试的主要区别是：质量保证侧重事前预防，而软件测试侧重事后检测；质量保证要管理和控制软件开发流程的各个过程，软件测试只能保证尽量暴露软件的缺陷。当然，软件测试对于促进软件质量提升有重要意义，质量保障可以从缺陷中学习，进而提高设计水平，制定预防措施。

　　另外，相关人员的角色也有较大差别。软件质量保证人员的主要职责是创建和改善促进软件开发并防止软件缺陷的标准和方法。软件测试工程师的目标是在最短的时间内发现尽可能多的缺陷，并确保这些缺陷得以修复。

　　现在很多公司都把测试人员作为质量保证部门中的成员，冠以 SQA（Supplier Quality Assurance）的头衔。在这里需要注意的是，不管是单纯的测试人员还是赋予了部分 SQA 角色的测试人员，都不要以一种管理者的姿态出现在开发人员面前，应该始终保持一种帮助开发人员纠正错误、保证产品质量的服务态度。

4. 软件测试目的

　　软件测试的目的大家都能随口说出，如查找程序中的错误、保证软件质量、检验软件是否符合客户需求等。这些都对，但相对比较笼统，只是简单地对软件测试目的进行了概括，比较片面。下面从两个方面阐述软件测试的目的。

　　（1）从软件开发、软件测试与客户需求角度将软件测试的目的归结为以下几点。

　　1）对于软件开发来说，软件测试通过找到软件的问题和缺陷帮助开发人员找到开发过程中存在的问题，包括软件开发的模式、工具、技术等方面存在的问题与不足，预防下次缺陷的产生。

　　2）对于软件测试来说，使用最少的人力、物力、时间等找到软件中隐藏的缺陷，保证软件的质量，也可以为以后软件测试积累丰富的经验。

　　3）对于客户需求来说，软件测试能够检验软件是否符合客户需求，对软件质量进行评估和度量，为客户评审软件提供有力的依据。

　　（2）在《计算机软件测试规范》（GB/T 15532—2008）中将计算机软件的测试目的归纳为以下几点：

　　1）验证软件是否满足软件开发合同或项目开发计划、系统 / 子系统设计文档、软件需求规格说明、软件设计说明和软件产品说明等规定的软件质量要求。

　　2）通过测试，发现软件缺陷。

　　3）为软件产品的质量测量和评价提供依据。

◎ 任务实施

1. 软件测试的意义

　　软件测试是软件开发过程的重要组成部分，是用来确认一个系统的品质或性能是否符合用户提出的要求的标准。软件测试就是在软件投入运行前，对软件需求规格说明、设计规格说明和编码的最终复审，是软件质量保证的关键过程。软件测试是为了发现错误而执行程序的过程。软件测试存在于软件开发过程中各个阶段，通常在编写好每一个模块之后就做必要的测试（称为"单元测试"）。编码和单元测试在软件生存周期中属于同一个阶段。在结束这个阶段后对软件系统还要进行各种综合测试，这是软件生存周期的另一个独立阶段，即测试阶段。

2. 软件测试的重要性

第一，软件测试可以减少因为软件的不正确执行而导致的资金、时间和商业信誉损失，甚至能减少人员伤亡风险。

人类历史上真正意识到软件缺陷的危害是通过一起医疗事故。20世纪80年代，加拿大的一个公司生产了一种用于治疗癌症的放射性治疗仪，当时在加拿大和美国共使用了11台这样的放射性治疗仪，结果造成了6例病人很快死亡，原因是放射性治疗仪的软件存在缺陷。

接下来再看看不完整的软件测试带来的其他教训：

- 2006年，英国伦敦希思罗机场航站楼因应用软件缺陷导致行李处理系统故障，积压行李达万件。
- 2008年，某活动票务系统因无法承受每小时800万次的流量而宕机。
- 2010年，世界杯足球赛期间，Twitter多次大规模的宕机事件让用户无法忍受。
- 2010年，国内某银行核心业务系统发生故障，导致该银行包括柜台、网银、ATM机在内的所有渠道的业务停滞4.5小时。
- 2016年，雅虎遭遇两轮重大数据泄漏事故，9月的第一轮影响了超过5亿的雅虎用户账户，而12月则导致约10亿用户账户信息泄露。

通过这些例子可以看出软件缺陷所导致的严重后果，而严格的软件测试可以使这种风险降低，保障软件质量，从而保障人们的生命财产安全。

第二，软件测试可以降低软件开发成本，强化项目进度和软件质量上的控制。有调查显示，通过必要的测试，软件缺陷可以减少75%，而软件的投资回报率则可增长到350%。在软件测试上投入更多成本，可以降低软件项目的整体成本和风险。

第三，软件测试的发展推动了软件工程的发展。通过分析在若干项目中发现的缺陷和引起缺陷的根本原因，可以改进软件开发过程；过程的改进又可以预防相同的缺陷再次发生，从而提高以后所开发系统的质量。

所以，软件测试在软件工程中是不可或缺的。

3. 软件测试的目标

实际上，不同的测试阶段，需要考虑不同的测试目标。比如，在开发阶段中，如单元测试、集成测试和系统测试等，其主要目标是识别和修正尽可能多的缺陷；在验收测试中，测试的主要目标是确认系统是否按照预期工作，建立满足用户需求的信心。

通常情况下，软件测试至少要达到下列目标：

（1）确保产品完成了它所承诺或公布的功能。开发出的软件的所有功能应该达到书面说明需求。当然书面文档的不健全甚至不正确将导致测试效率低下、测试目标不明确和测试范围不充分，进而导致最终测试的作用得不到充分发挥、测试效果不理想。因此，具体问题一定要具体分析，一个好的测试工程师应该尽量弥补文档不足所带来的缺陷。

（2）确保产品满足性能和效率的要求。现在的用户对软件性能方面的要求越来越高。

系统运行效率低、用户界面不友好或操作不方便的产品的市场空间肯定会越来越小。因此，通过测试改善产品性能和效率也是软件测试工作的一个目标。实际上用户最关心的不是软件的技术有多先进、功能有多强大，而是能从这些技术、这些功能中得到多少好处。

（3）确保产品是健壮的、适应用户环境的。健壮性即稳定性，是产品质量的基本要求，尤其是对于一款用于事务关键或时间关键的工作环境中的软件。软件只有稳定地运行，才不会中断用户的工作。因此，通过健壮性测试确保产品的稳定性也是软件测试工作的一个目标。

4. 软件测试的原则

软件测试中，人们的心理因素很重要，人类行为总是倾向于具有高度目标性，确立一个正确的目标有着重要的心理学影响。人们更倾向于理想化的过程，但遗憾的是，那些理想化的过程在实际测试工作中很难遇到。例如：项目模式可能并不是纯粹地按照模型开展的，需求文档有可能不完善甚至根本没有，测试时间也可能会因为各种原因而被挤压。所以，作为软件测试人员，必须直面现实，才能做好测试工作。

接下来列举一些软件测试的原则，它们可以视为软件测试的行业潜规则或者工作常识。每一条原则都是宝贵的知识结晶。

（1）所有的测试最终都应该以用户需求为依据。软件测试的目的是寻找实际结果和预期结果之间的差异。从用户角度来看，最严重的错误就是那些导致程序无法满足需求的错误。如果系统不能满足客户的需求和期望，那么，这个系统的研发是失败的。通常，所有的测试都是依据用户需求来进行的，一旦在测试过程中发生争执，所有问题的解决都要依据需求说明中的规定，追溯用户需求。

（2）应尽早开展软件测试工作。软件项目中 40% ～ 60% 的问题都是需求分析阶段埋下的"祸根"，而软件项目在软件生命周期的各个阶段都可能产生错误。实践证明，缺陷发现得越早，修改缺陷的成本越低。随着时间的推移，修复软件缺陷的费用在成倍地增长，在维护阶段发现缺陷的修复成本甚至是在需求阶段的 200 倍，如图 7-1 所示。

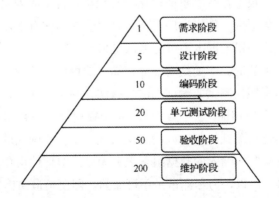

图 7-1 软件开发不同阶段发现缺陷的修复成本的倍数关系

如同前面讲过的某活动票务系统因无法承受每小时 800 万次的流量而宕机的案例，如果早在编写需求说明书的时候就指出系统需要的最大性能指标，然后再配置设计和测试，付出的代价就几乎小得可以忽略不计，即便在开发的某一阶段发现该缺陷，其修复成本与最终奥运票务系统所承担的负面影响、投诉和新一轮的修改相比，也要低得多。由此可见，我们必须尽早地开始软件测试。

（3）软件测试中的 Pareto 法则。Pareto 法则又称为 80/20 效率法则，是意大利经济学家维尔弗雷多·帕累托（Vilfredo Pareto）提出的，可以适用于各行各业。在软件测试中，Pareto 法则暗示：软件测试发现的 80% 的错误很可能起源于 20% 的程序模块；也可以表示，在分析、设计、实现阶段的复审和测试工作能够发现和避免 80% 的缺陷，而系统测试又能找出其余缺陷的 80%（其余 20% 的 80%），最后 4% 的软件缺陷可能只有在用户大范围、长时间使用后才会暴露出来，如图 7-2 所示。所以软件测试只能保证尽可能多地发现错误，无法保证发现所有的错误。

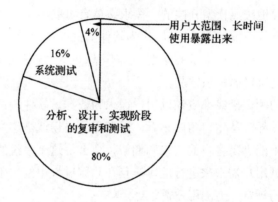

图 7-2　软件测试中的 Pareto 法则

（4）程序员应该尽量避免测试自己编写的程序。这一说法并不意味着程序员不能测试自己的程序，而是说让独立的第三方来构造测试会更加客观、有效，并容易取得成功。软件测试的目的是寻找错误，但是人们常具有一种不愿意否定自己工作的心理，认为揭露自己程序中的问题总是一件很不愉快的事情，这一心理状态就会成为程序员测试自己程序的障碍。仅次于上述心理学原因，如果程序员本身就对需求理解有误，那就会带着同样的误解来测试自己的程序，这种错误根本不可能测试出来。

（5）穷尽测试是不可能的。即使是功能非常简单的程序，其输入路径的组合数量也非常庞大。例如：计算器程序的测试要测试加法、减法、乘法、除法、平方根、百分数和倒数等操作，加法又有 2 个数相加、3 个数相加、4 个数相加、小数相加等。除了正常数字的加法需要测试之外，还要测试异常输入的时候，程序是否正确地进行了处理，比如通过键盘输入字母、特殊符号等。输入的数据组合无穷无尽，即使使用全世界最先进的设备和工具来输入也无济于事。所以，穷尽测试是不可能的，即使是最简单的程序也不行。

（6）软件测试是有风险的。因为穷尽测试是不可能的，所以缺陷被遗漏的可能性永远存在，这就是软件测试的风险。例如：计算器程序的测试中，如果选择不去测试

1000+1000=2000 会怎么样呢？有可能程序员碰巧在这种情况下留下了软件缺陷，然后客户在使用过程中碰巧就发现了这个缺陷。软件已经发布并投入使用，再修复这种缺陷，其成本是非常高的。把数量巨大的可能测试减少到可控的范围，是软件测试人员应该学习的技能。

（7）Good-Enough 原则。既不要做过多的测试，也不要做不充分的测试，这就是 Good-Enough 原则。它就是我们所说的在达到"最优工作量"的时候就停止测试。如图 7-3 所示，测试工作量和发现的软件缺陷数量的关系的曲线有个明显的转折点，它就是我们所说的最优工作量。在这个点之前，测试成本的投入能取得明显的效果，即发现的 bug 数与投入的成本有显著的正比例关系；在这个点之后，虽然投入的测试成本在增加，但发现的 bug 数却并没有显著增加。实际工作中通过制定最低测试通过标准和测试内容，帮助我们尽可能在最优工作量附近停止测试工作。

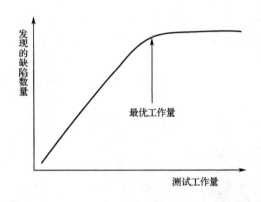

图 7-3　测试工作量和发现的软件缺陷数量的关系

（8）程序中存在软件缺陷的可能性与该部分已经发现的缺陷成正比。通常一段程序中已发现的错误数越多，意味着这段程序的潜在错误越多，这是软件缺陷的集群现象。软件缺陷和生活中的害虫蟑螂几乎一样——都是发现一个，附近就可能有一群。有时，软件测试人员会在长时间内找不到软件缺陷，但找到一个之后就可能会找到更多。为什么会出现这样的情况呢？因为人总是会反复犯下自己容易犯的错误，程序员也不例外。另外一个可能是，错误聚集的模块是软件的底层架构，这样的位置牵一发而动全身。

（9）软件测试经常会有免疫现象发生。在软件测试中，免疫现象用来描述测试人员对同一测试对象进行的测试次数越多，发现的缺陷就会越来越少的现象。这是 1990 年 Boris Beizer 在其编著的《软件测试技术》（第二版）中提出的。为了克服免疫现象，软件测试人员必须常常采用新技术，编写不同的测试程序，对程序的不同部分进行测试，以发现更多的缺陷。也可以引入新人来测试软件，往往新人能发现一些意想不到的问题。

（10）无法通过软件测试发现所有的软件缺陷。软件测试是质量保证中的一环，只能保证尽量暴露软件中的缺陷。通过软件测试可以证明缺陷存在，但不能证明系统不存在缺陷。测试可以减少软件中遗漏的缺陷数量，但即使测试没有发现任何缺陷，也不能证明软件或系统是完全没有缺陷的。软件测试无法揭示潜伏的软件缺陷。

（11）并非所有的软件缺陷都会修复。在实际的软件测试项目中，经常会发生带着 bug 上线的情况，也就是说在上线之前并没有修复所有的缺陷。但这并不意味着软件测试人员未达到目的，或者项目小组将发布质量欠佳的产品。带着 bug 上线的原因通常有以下几个：

1）到项目发布时间，没有足够的时间修复缺陷。

2）不是真正的软件缺陷，而是理解错误、测试错误或者说明书变更所导致的。

3）修复一个缺陷，有可能会引入更多或者更严重的缺陷。在紧迫的产品发布进度压力下，修改软件缺陷将冒很大的风险，除非重构。暂时不去理睬这种软件缺陷是比较明智的做法。

4）一些随机缺陷或者出现在不常使用的模块中的软件缺陷是可以暂时放过的，等以后有时间的时候再修复或者根本不修复。

（12）前进两步，后退一步。这是指修复软件缺陷，总会以 20% ～ 50% 的概率引入新的缺陷，所以整个过程是"前进两步，后退一步"的。通过合理的回归测试，可以有效地解决部分这种问题。

任务 2　认识软件测试方法

任务描述

随着软件测试行业的发展，软件测试技术也变得五花八门，按照不同的分类标准，软件测试技术所包含的技术也不同。按照是否需要执行被测软件，可以分为静态测试和动态测试；按照软件测试时是否查看程序内部代码结构，可以分为黑盒测试和白盒测试；按照软件的开发阶段，可以分为单元测试、集成测试、系统测试和验收测试；按照测试的执行方式，又可以分为手工测试和自动化测试等。

静态分析与动态测试和黑盒测试与白盒测试是软件测试方法中典型的测试方法，本任务通过学习测试方法，解决软件测试过程中遇见的问题。

任务要求

通过学习静态分析与动态测试方法，能够掌握静态分析与动态测试的特点和内容，理解黑盒测试与白盒测试中的关注点，能够运用这些方法进行软件测试工作。

知识链接

1. 静态分析与动态测试

按照 Myers 的定义，测试是一个执行程序的过程，即要求被测程序在机器上运行。

其实，不在机器上运行程序也可以发现程序的错误。为了便于区分，一般把被测程序在机器上运行称为动态测试，不在机器上运行被测程序称为静态分析。广义地讲，它们都属于软件测试。

静态分析是指不运行被测软件，只是静态地检查程序代码、界面或文档可能存在的错误的过程和方法。对文档的静态分析方法主要以检查单的形式进行，而对代码的静态分析方法一般采用代码审查、代码走查。静态分析一般包括控制流分析、数据流分析、接口分析和表达式分析。

动态测试是相对于静态测试而言的，是指实际运行被测程序，输入相应的测试数据，检查输出结果和预期结果是否相符的过程。目前，动态测试也是软件测试工作的主要方式。动态测试建立在程序的执行过程中，一般采用白盒测试和黑盒测试相结合的方法。

2. 黑盒测试

黑盒测试是把软件产品当作一个黑盒子，在不考虑程序内部结构的情况下，在程序接口进行测试，它只检查程序功能是否可以按照需求说明书的规定正常使用，程序是否能接收输入数据并产生正确的输出结果。

黑盒测试、白盒测试

在黑盒测试中，测试人员不用费神去理解软件里面的具体构成和原理，只需要像用户一样看待软件产品就行了，如图 7-4 所示。

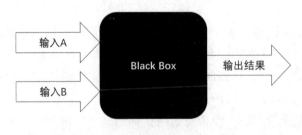

图 7-4　黑盒测试

但是，仅仅像用户使用和操作软件一样去测试是否足够呢？黑盒测试着眼于程序的外部结构，不考虑内部逻辑，主要针对软件界面和软件功能进行测试。如果内部特性本身的设计有问题或规格说明的规定有错误，那么用黑盒测试方法是发现不了的。

黑盒测试方法主要有等价类、边界值、判定表、因果图、状态图、正交法、错误猜测法、大纲法等。

通过黑盒测试主要可以发现以下错误：

（1）是否有不正确或遗漏了的功能。

（2）在接口上，能否正确地接收输入数据，能否产生正确的输出信息。

（3）访问外部信息是否有错。

（4）性能上是否满足要求。

（5）界面是否有错，是否美观、友好。

用黑盒测试方法进行测试时，必须在所有可能的输入条件和输出条件中确定测试数据。

3. 白盒测试

白盒测试是一种以理解软件内部结构运行方式为基础的软件测试技术。测试人员采用各种工具设备对软件进行检测，甚至把软件摆上"手术台"剖开来看个究竟，通常需要跟踪一个输入在程序中经过了哪些函数的处理，这些处理方式是否正确，确定实际的运行状态和预期的状态是否一致，这个过程如图 7-5 所示。

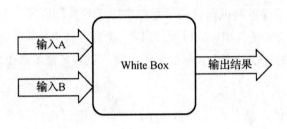

图 7-5　白盒测试

但白盒测试也有其局限性，无法检查程序的外部特性，无法对未实现规格说明的程序内部的欠缺部分进行测试。

白盒测试方法一般包括控制流测试（语句覆盖测试、分支覆盖测试、条件覆盖测试、条件组合覆盖测试、路径覆盖测试）、数据流测试、程序编译、程序插桩、域测试和符号求值等。

白盒测试法也不可能进行完全的测试，要企图遍历所有的路径往往是不可能做到的。例如：要测试一个循环 20 次的嵌套的 if 语句，循环体中有 5 条路径。测试这个程序的执行路径为 5^{20} 条，约为 10^{14} 条可能的路径。如果每 1ms 完成一条路径的测试，测试这样一个程序需要 3024 年！所以要遍历所有路径进行完全测试是不可能的。对于白盒测试，企图遍历所有路径是很难做到的，即使每条路径都测试了，覆盖率达到 100%，程序仍有可能出错。例如：要求编写一个降序程序却错编成了升序程序（功能出错），就是完全路径测试也无法发现这个错误；再如，由于疏忽漏写了某条路径，白盒测试也同样发现不了。

总之，无论使用哪一种测试方法，对于一个大的软件系统，进行完全彻底的测试在实际中都是不可能的。为了用有限的测试发现尽可能多的错误，人们必须精心设计测试用例，黑盒法、白盒法是设计测试用例的基本策略，每一种方法都对应着多种设计测试用例的技术，每种技术都可以达到一定的软件质量标准要求。

在软件测试过程中，应该综合应用黑盒测试和白盒测试。不要用黑盒测试和白盒测试来划分自己属于哪一类测试人员，一个优秀的测试人员应该懂得各种各样的测试技术和寻找缺陷的手段。

◯◯ 任务实施

根据对静态分析与动态测试的概念学习，下面从一个实际的例子进行深入理解。所谓静态分析就是不实际运行被测软件，而只是静态地检查程序代码、界面或文档中可能存在的错误的过程。

从概念中可以知道，静态分析包括对代码测试、对界面测试和对文档测试 3 个方面：

● 对代码测试，主要测试代码是否符合相应的标准和规范。

● 对界面测试，主要测试软件的实际界面与需求中的说明是否相符。

● 对文档测试，主要测试用户手册和需求说明是否符合用户的实际需求。

其中后两者的测试容易一些，只要测试人员对用户需求很熟悉，并比较细心就很容易发现界面和文档中的缺陷。而对程序代码的静态测试要复杂得多，需要我们按照相应的代码规范模板来逐行检查程序代码。比如《C/C++ 编码规范》，你只需要按照上面的条目逐条测试就可以了。当然很多白盒测试工具中就自动集成了各种语言的编码规范，非常方便。

下面举一个实际的例子。

C 语言程序的静态分析和动态分析。

```
#include <stdio.h>
Max(float x, float y)
{
    float z;
    z=x>y?x:y;
    return(z);
}
main()
{
    float a, b;
    int c;
    scanf("%f, %f"&a,&b);
    c=max(a,b);
    printf("Max is %d\n", c);
}
```

这段 C 语言编写的小程序，比较简单，实现的功能为：在主函数里输入两个单精度的数 a 和 b，然后调用 max 子函数来判断 a 和 b 中更大的数，最后将大数输出。

现在就对代码进行静态分析，主要根据一些 C 语言的基础知识来检查。可将问题分为两种：一种必须修改的，另一种建议修改的。

必须修改的问题有 3 个：

（1）程序没有注释。注释是程序中非常重要的组成部分，一般占到总行数的 1/4 左右。程序开发出来不仅是要给程序员看，也要给其他程序员和测试人员看。有了注释，其他人就能很快地了解程序实现的功能。注释应该包含作者、版本号、创建日期等，以及主要功能模块的含义。

（2）子函数 max 没有返回值的类型。由于类型为单精度，可以在 max() 前面加一个 float 类型声明。

（3）精度丢失问题。c=max(a,b) 语句中，c 的类型为整型 int，而 max(a,b) 的返回值 z

为单精度 float，将单精度的数赋值给一个整型的数，C 语言的编译器会自动地进行类型转换，将小数部分去掉，比如 z=2.5，赋给 c 则为 2，最后输出的结果就不是 a 和 b 中的大数，而是大数的整数部分。

针对以上小程序建议修改以下两个问题：

- main 函数没有返回值类型和参数列表。虽然 main 函数没有返回值和参数，但是将其改为 void main(void)，来表明 main 函数的返回值和参数都为空，因为在有的白盒测试工具的编码规范中，如果不写 void 会认为是个错误。
- 一行代码只定义一个变量。

程序修改如下：

```c
#include <stdio.h>
float max(float x, float y)              // 返回两个单精度数中的大数
{
    float z;
    z=x>y?x:y;
    return(z);
}
main()
{
    float a;
    float b;
    int c;
    scanf("%f, %f"&a,&b);
    c=max(a,b);
    printf("Max is %d\n", c);
}
```

根据上面的分析，下面来编写一个简单的 C 语言代码规范，见表 7-1。

表 7-1　C 语言代码规范

规范编号	规范内容	是否通过
1	一行代码只做一件事情	
2	代码行的最大长度控制在 70 ～ 80 字，否则不便于阅读和打印	
3	函数和函数之间，定义语句和执行语句之间加空行	
4	在程序开头加注释，说明程序的基本信息；在重要的函数模块处加注释，说明函数的功能	
5	低层次的语句比高层次的语句缩进一个 Tab（4 个空格）	
6	不要漏掉函数的参数和返回值，如果没有，用 void 表示	

动态测试（Dynamic Testing）指的是实际运行被测程序，输入相应的测试数据，检查实际输出结果和预期结果是否相符的过程，所以判断一个测试属于动态测试还是静态测试，

唯一的标准就是看是否运行程序。

仍以以上代码为例，实际运行修改后的程序，输入 1.2 和 3.5 两个实数，按回车键，得到 3.500000，与预期的结果相符合，这是一个动态测试的过程。可能细心的同学会问，以上过程不也是黑盒测试的过程吗？动态测试、静态分析、黑盒测试、白盒测试，它们之间有什么关系呢？它们只是测试的不同角度而已，同一个测试，既有可能是黑盒测试，也有可能是动态测试；既有可能是静态测试，也有可能是白盒测试。黑盒测试有可能是动态测试（运行程序，看输入 / 输出），也有可能是静态测试（不运行，只看界面）；白盒测试有可能是动态测试（运行程序并分析代码结构），也有可能是静态测试（不运行程序，只静态查看代码）；动态测试有可能是黑盒测试（运行，只看输入 / 输出），也有可能是白盒测试（运行并分析代码结构）；静态测试有可能是黑盒测试（不运行，只查看界面），也有可能是白盒测试（不运行，只查看代码）。

任务 3　实施软件测试

任务描述

软件开发过程中，一个大型的软件系统通常由若干子系统构成，每个子系统又由若干模块构成，一开始就对整个系统进行测试是行不通的。软件测试一般分为模块测试、集成测试、系统测试、确认测试和平行运行几个步骤。在程序设计阶段要进行模块测试；模块组合成子系统、子系统再进行组合构成软件系统时，要进行的测试为集成测试；软件交付给用户前要进行确认测试。系统测试和确认测试通常要以程序审查会和人工运行的形式得到专家和用户的认可。重要软件要进行平行运行，全面测试软件、验证软件的正确性，才能保证软件系统的质量。

任务要求

为了保证软件系统的质量，在程序设计阶段会进行模块测试，进而组成子系统进行集成测试及后面的系统测试、确认测试、程序审查会和人工运行等步骤。希望通过任务内容的学习，读者能够熟悉模块测试的概念和原理，掌握集成测试策略，理解程序审查会和人工运行的意义，理解确认测试的对象和内容，能够把这些原理和方法运用在软件测试中。

知识链接

1. 模块测试

模块测试也称单元测试，其目的是检查每个模块是否能独立、正确地运行。通常而言，单元测试是用于判断某个特定条件（或者场景）下某个特定函数的行为。如果将测试比作清洗一台机器，那么单元测试就是清洗各个零件的内部。

単元測試的作用是获取应用程序中可测软件的最小片段，将其同其他代码隔离开来，然后确定它的行为确实和开发者所期望的一致。显然，只有保证了最小单位的代码准确，才能有效构建基于它们之上的软件模块及系统。单元测试不但会使工作完成得更轻松，而且会令设计变得更好，甚至可以大大减少花在调试上的时间。

下面从以下几个方面分析为什么要进行单元测试：

（1）帮助开发人员编写代码，提升质量、减少漏洞。编写单元测试代码的过程就是促使开发人员思考工作代码实现内容和逻辑的过程，之后实现工作代码时，开发人员思路会更清晰，实现代码的质量也会有相应的提升。

（2）提升反馈速度，减少重复工作，提高开发效率。开发人员实现某个功能或者修补某个 Bug，如果有相应的单元测试支持，开发人员可以马上通过运行单元测试来验证之前完成的代码是否正确，而不需要反复通过发布压缩包、启动应用服务器、通过浏览器输入数据等烦琐的步骤来验证所完成的功能。用单元测试代码来验证代码的效率比通过发布应用后以人工的方式来验证代码的效率要高得多。

（3）保证最后的代码修改不会破坏之前代码的功能。项目越做越大，代码越来越多，特别是涉及一些公用接口之类的代码或是底层的基础库，谁也不敢保证修改的代码不会破坏之前的功能，所以与此相关的需求会被搁置或推迟，由于不敢改进代码，代码也变得越来越难以维护，质量也越来越差。而单元测试就是解决这种问题的很好方法。由于代码的历史功能都有相应的单元测试保证，修改了某些代码以后，通过运行相关的单元测试就可以验证出新调整的功能是否有影响到之前的功能。当然，要实现到这种程度需要很大的付出，不但要能够达到比较高的测试覆盖率，而且单元测试代码的编写质量也要有保证。

（4）代码维护更容易。由于需要给代码编写很多单元测试代码，相当于给代码添加了规格说明书，开发人员通过读单元测试代码也能够帮助开发人员理解现有代码。很多开源项目都有相当多的单元测试代码，通过读这些测试代码会有助于理解生产代码。

（5）有助于改进代码质量和设计。很多易于维护、设计良好的代码都是通过不断的重构才得到的，虽然说单元测试本身不能直接改进生产代码的质量，但它为生产代码提供了"安全网"，让开发人员可以勇敢地改进代码，从而使代码更清晰、简洁。

2. 集成测试

（1）集成测试的定义。集成测试是在单元测试的基础上，将所有已通过单元测试的模块按照概要设计的要求组装为子系统或系统，进行集成测试，目的是确保各单元模块组合在一起后能够按既定意图协作运行，并确保增量的行为正确。这里需要再次强调的是，不经过单元测试的模块是不应进行集成测试的，否则将对集成测试的效果和效率带来巨大的影响。

（2）集成测试与单元测试和系统测试的区别。集成测试与单元测试关注的范围有很大不同。单元测试主要关注模块的内部，虽然它也关注模块接口，但它是从内部来查看接口，从个数、属性、量纲和顺序等方面查看输入的实参与形参的匹配情况；而集成测试查看接

150

口时主要关注穿越接口的数据、信息是否正确，是否会丢失。

（3）集成测试的内容。集成测试的内容包括模块之间的接口以及集成后的功能。它使用黑盒测试方法测试集成的功能，并对以前的集成进行回归测试。具体来说，集成测试的内容包括以下几个方面：

1）将各模块连接起来时，穿越模块接口的数据是否会丢失。

2）各子功能组合起来能否达到预期要求的父功能。

3）一个模块的功能是否会对其他模块的功能产生不利影响。

4）全局数据结构是否有问题，是否会被异常修改。

5）单个模块的误差累积起来，是否会放大到不可接受的程度。

（4）集成测试的开发。在产品提交到测试组之前，开发小组一般要进行联调，因此，集成测试通常由开发人员来完成。相比单元测试和系统测试，集成测试是最关键的一步，常常会有开发小组认为问题比较多，自己没有时间做集成测试，于是将集成测试转交到测试部去做，这样反而容易导致反复测试，浪费了人力和物力资源，延误工期。

（5）集成测试的环境。集成测试的环境包括以下几个方面：

1）硬件环境。尽量考虑实际使用环境，或搭建模拟环境，但应分析模拟环境与实际环境之间的差异。

2）操作系统环境。考虑不同机型使用的不同操作系统版本。

3）数据库环境。根据实际需要，从性能、版本、容量等方面考虑。

4）网络环境。一般可以使用以太网建立网络环境。

（6）集成测试策略。

1）成对集成。成对集成的基本思想是将每个集成测试用例限定在一对调用单元上，即每个集成测试用例都是最小的集成单元，仅涉及一对调用的接口。这样做的最大好处就是使得缺陷非常容易定位，一旦某个集成测试用例失败，可以肯定地说是该用例涉及的这一对模块的接口有问题。成对集成的最初目的是希望能避免开发桩模块和驱动模块（有关桩模块和驱动模块的概念，在单元测试中已经讨论过），但事实上这一目的最终是不可能达到的。

2）自顶向下集成。自顶向下的集成是从主控模块（主程序，即根结点）开始，按照系统程序结构，沿着控制层次从上而下，逐渐将各模块组装起来。在从上向下的集成测试过程中，需对那些未经集成测试的模块开发桩模块。在集成过程中，可以采用宽度优先或深度优先的策略向下推进，具体步骤如下：

①对根结点进行集成测试，所有被根结点直接调用的模块均用桩模块来代替。

②根据选择的推进策略（宽度优先或深度优先），用实际模块替换桩模块（一般每次仅替换一个），并用新的桩模块代替新加入的模块，与已测模块或子系统一起构成新的子系统，并进行测试。

③进行回归测试，即全部或部分执行以前做过的测试，以确保新加入的模块未引入新的缺陷。

④重复步骤②、③，直至所有模块都已集成到系统中。

自顶向下集成策略的优势如下：

● 有助于早期实现并验证系统主要功能，同时给开发团队和用户带来成功的信心。

● 利于早期验证主要的控制和判断，避免主要控制方面的缺陷，确保开发进度。

● 可以在早期发现上层模块的接口错误。

有利就有弊，所以不妨从以下几方面来分析自顶向下集成策略的不足：

● 相比大爆炸集成，自顶向下的集成需要大量的集成测试用例。

● 需要开发桩模块，大量桩模块的开发和维护成为自顶向下集成中最主要的工作。

● 复杂的算法往往存在于底层模块中，自顶向下的集成往往到了测试的最后阶段才能发现算法中的问题，且随着测试的进行，整个系统越来越复杂，底层模块的测试很难保证充分性。

● 不利于测试的并行，难以充分使用人力。

3）自底向上的集成。自底向上的集成是从最底层模块（即叶子结点）开始，按照调用图的结构，从下而上，逐层将各模块组装起来。在自底向上的集成测试过程中，需对那些未经集成测试的模块开发驱动模块，具体步骤如下：

①叶子结点进行集成测试，所有直接调用叶子结点的模块均用驱动模块来代替。

②用实际模块替换驱动模块（一般每次仅替换一个），并用新的驱动模块代替新加入的模块，与下层所有已测的被调用模块构成新的子系统（子功能），进行测试。

③进行回归测试，即全部或部分执行以前做过的测试，以确保新加入的模块未引入新的缺陷。

④重复步骤②、③，直至所有模块都已集成到系统中。

自底向上的集成与自顶向下的集成过程恰好相反，两者在测试用例集合的规模、缺陷定位难易程度等方面有很多相似之处，但就验证系统功能、验证主要控制和判断点，对于复杂算法的早期检查、并行测试等方面的优缺点而言，自底向上的集成与自顶向下的集成正好相反。

3. 程序审查会和人工运行

（1）程序审查会。程序审查会成员通常由软件程序员和不参加设计的测试专家及调解员（当程序员与测试专家意见有分歧时，从中作调解）组成，开会之前须先把程序清单和设计文档分发给审查小组成员。

会议内容如下：

1）程序员逐句讲述程序的逻辑结构，由参会专家提问研究，判断是否有错误存在。经验表明，程序员在大声讲解程序时往往自己就会发现问题，这也是相当有效的检测方法。

2）审查会成员根据常见程序错误分析程序。为了确保会议的效率，应使参加者集中精力查找错误，而不是改正错误。会后再由程序员自己来改正错误。审查会的时间每次最好控制在 90 ～ 120 分钟之间，时间太长了效率不高。程序审查会的优点是一次审查会可以发现许多错误，而用计算机测试方法发现错误时，通常需要先改正这个错误才能继续测试，错误是一个一个地被发现并改正的。

（2）人工运行。人工运行（Walkthroughs）是阅读程序查错的一种方法，人工运行小组的成员由编程人员及其他有丰富经验的程序员、其他项目的参加者等组成。人工运行时，要求与会者模拟计算机运行程序，把各种测试情况沿着程序逻辑走一遍，通过向程序员询问程序的逻辑设计情况来发现错误。与会者应该评论程序，不要把错误看作是由于程序员的能力不足而造成的，而应看作是由于程序开发困难而造成的。人工运行对于与会者在程序设计风格、技巧方面的经验积累是很有益的。

4. 确认测试

软件确认是在软件开发过程结束时对软件进行评价，以确认它和软件需求是否一致的过程。确认（Validation）测试也称验收（Verification）测试，其目标是验证软件的有效性。

（1）确认测试必须有用户积极参与，以用户为主进行。程序员经过反复测试检查不出问题后，在交付给用户使用之前，应该在用户的参与下进行确认测试。为了使用户能积极主动地参与确认测试，特别是为了让用户能有效地使用系统，通常在软件验收之前，由开发部门对用户进行操作培训。

确认测试常使用黑盒测试方法。确认测试（验收测试）时，主要使用真实数据，在实际运行环境下进行系统运行，目的是验证系统能否满足用户的需求。这里常常会发现需求说明书中的一些错误，应当及时改正。验收测试若不能满足用户需要，要与用户充分协商，确定解决问题的方案，在修改软件后仍需再次进行验收测试。只有在验收测试通过后，才能进入下一阶段的工作。

（2）软件配置复审。确认测试的一项重要内容是复审软件配置，目的是保证软件配置的所有组成部分都齐全，各方面的质量都符合要求；文档要与程序一致，要编排好目录，有利于软件维护。确认测试过程要严格遵循用户指南及其他操作程序，以便仔细检验用户手册的完整性和正确性；一旦发现遗漏或错误必须记录下来，并且进行补充或改正。

（3）Alpha 测试和 Beta 测试。如果软件是为一个客户开发的，可由用户进行一系列验收测试以确认所有需求是否都得到了满足。

如果一个软件是为许多客户开发的，要让每一个用户都进行正式的验收测试是不切实际的。大多数软件厂商通过使用 Alpha 测试和 Beta 测试来发现往往只有最终用户才能发现的错误。

Alpha 测试由用户在开发人员的场地进行，在开发人员的指导下进行测试，开发人员负责记录错误和运行中遇到的问题。

Beta 测试由软件的最终用户们在客户场所进行，用户记录测试过程遇到的一切问题，并定期报告开发人员。开发人员对软件进行修改，并准备发布最终产品。

（4）平行运行。比较重要的软件要有一段试运行时间，此时新开发的系统与原先的老系统（或手工操作）同时运行，称为平行运行。

平行运行时要及时与老系统比较处理结果，这样做有以下几个好处：

1）让用户熟悉系统运行情况，并验证用户手册的正确性。

2）若发现问题可及时对系统进行修改。

3）可对系统的性能指标进行全面测试，以保证系统的质量。

G.M.Weinberg 在《计算机程序设计心理学》（*The Psychology of Computer Programming*）

一书中提出了读程序的必要性。20 世纪 70 年代后，人们不仅在机器上测试程序，而且进行人工测试，即用程序审查会和人工运行的方法查找错误。实践证明，这两种基本的人工测试方法相当有效，对逻辑设计和编码，能有效地发现其 30%～70% 的错误，有的程序审查会能查出程序中 80% 的错误。

以上介绍的测试步骤，可根据系统的规模大小、复杂程度来适当选用。一般先进行模块测试再进行集成测试。对规模较小的系统，子系统测试可与系统测试合并；人工运行可在模块测试及系统测试过程中进行。

验收测试对于任何系统都是必不可少的。对于较大的系统，应召开程序审查会。对于重要的软件系统应采用平行运行，以免软件的错误造成不良后果。

◉ 任务实施

单元测试在软件开发中变得越来越重要，而一个简单易学、适用广泛和高效稳定的单元级测试框架对成功实施测试有着至关重要的作用。

JUnit 是一个已经被多数 Java 程序员采用和实证的优秀测试框架。开发人员只需要按照 JUnit 的约定编写测试代码，就可以对被测试代码进行测试。

为了更好地理解模块测试，使用 JUnit 编写测试用例。本案例是一个简化的计算器，只实现了两个整数的加、减、乘、除功能，并且未考虑除数为 0 的情况，代码如下：

```
 1 package edu.niit.junit.demo;
 2
 3 public class Calculator {
 4     public int add(int a,int b) {
 5         return a+b;
 6     }
 7     public int substrate(int a,int b) {
 8         return a-b;
 9     }
10     public int multiply(int a,int b) {
11         return a*b;
12     }
13     public int divide(int a,int b) {
14         return a/b;
15     }
16 }
```

Junit 单元测试

1. 编写测试代码

引入 junit.jar 之后，就可以开始编写测试代码了。

一个简单计算器的 JUnit 4 的测试代码如下：

```
 1 package edu.niit.junit.demo;
 2 import static org.junit.Assert.*;
 3 import edu.niit.junit.demo.*;
 4 import org.junit.Test;
 5 public class CalculatorTest {
 6     @Test
 7     public void testAdd() {
 8         Calculator calculator = new Calculator();
 9         int result  = calculator.add(3, 2);
10         assertEquals(5,result);
11     }
```

第 1 行，定义测试类所在的包。

第 2、3 行，引入 JUnit 测试类必需的 jar 包。

第 4 行，定义一个测试类 CalculatorTest。

第 5 行，用 JUnit 的注解 @Test，将下面的方法标注为一个测试方法。

第 6 行，定义一个测试方法，方法名可自定义，一般以 test 开头。

第 7 行，遵循对象测试的风格，创建对象。

第 8 行，测试 Calculator 的 add 的方法。

第 9 行，用断言比较调用 add 方法之后的返回值和期望值是否一致。

这个例子虽然简单，但是展示了 JUnit 4 测试用例的基本结构：

（1）JUnit 中，一个测试用例对应一个测试方法，即一个函数。要创建测试，必须编写对应的测试方法。

（2）JUnit 4 的测试是基于注解的，每个测试方法前面都要加上 @Test 注解。

（3）每个测试方法要做一些断言，断言主要用于比较实际结果与期望结果是否相符。上面的例子中，如果返回值不等于 5，则断言失败，整个测试用例运行的结果就是失败，否则表示这个测试用例通过。

2.　JUnit 的下载与安装

（1）JUnit 下载。JUnit 4.12 的 jar 包可以到 https://mvnrepository.com/artifact/junit/junit/4.12 下载，如图 7-6 所示，单击左边的链接即可下载 jar 包。

Jar 包	Maven 中央仓库下载 junit-4.12.jar | 下载 junit-4.12.jar 源码

图 7-6　JUnit 4.12 的下载页面

如果使用 Maven 来管理项目的 jar 包，则需要添加依赖，JUnit 的 Maven 依赖写法如下：

```
<!-- https://mvnrepository.com/artifact/junit/junit -->
<dependency>
    <groupId>junit</groupId>
    <artifactId>junit</artifactId>
    <version>4.12</version>
    <scope>test</scope>
</dependency>
```

（2）JUnit 的安装。解压下载的压缩文件到指定的文件夹，按照如图 7-7 所示的方式将 junit.jar 包加入到 CLASSPATH 中。

2.　实现用 Eclipse 编写 JUnit 单元测试

（1）Eclipse 引入 JUnit。新建一个 Java 工程 JUnit Study，打开项目 JUnit Study 的属性对话框，选择 Java Build Path 选项，然后在右侧界面单击 Add Library... 按钮，在弹出的 Add Library 对话框中选择 JUnit（图 7-8），并在下一页中选择版本 JUnit 4 后单击 Finish 按钮，这样便把 JUnit 引入到当前项目库中了。

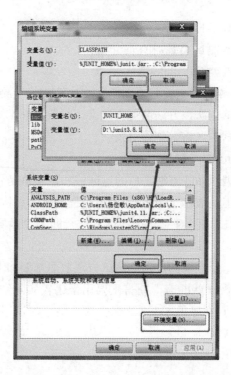

图 7-7　CLASSPATH 配置

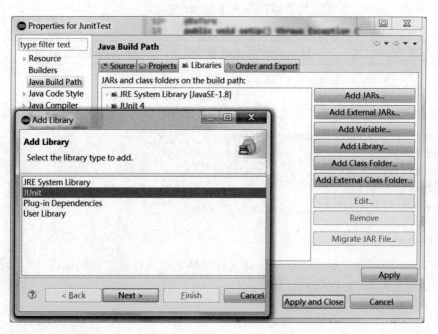

图 7-8　为项目添加 JUnit 库

（2）JUnit 测试用例编写。

1）新建单元测试代码目录。单元测试代码是不会出现在最终软件产品中的，所以最好为单元测试代码与被测试代码创建单独的目录，并保证测试代码和被测试代码使用相同的包名。这样既保证了代码的分离，同时还保证了查找的方便。

遵照这条原则，在项目 JUnit Study 根目录下添加一个新目录 test，并把它加入到项目源代码目录中，如图 7-9 和图 7-10 所示。

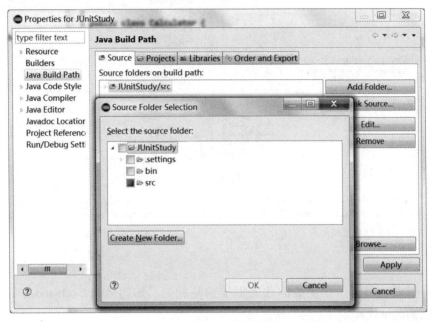

图 7-9　新建测试代码目录

图 7-10　添加测试代码目录

2）分别为这两个功能编写一个单元测试用例。接下来为类 Calculator 添加测试用例。在资源管理器 Calculator.java 文件处右击并依次选择 New JUnit TestCase 菜单项（图 7-11），在 Source folder 文本框中选择 test 目录，单击 Next 按钮，选择要测试的方法，这里把 add 方法选上，最后单击 Finish 按钮完成。

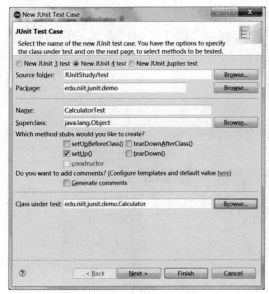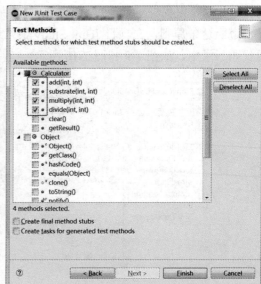

（a）选择 test 目录　　　　　　　　（b）选择 add 方法

图 7-11　新建测试用例

3）编写测试用例。在生成的代码框架的基础上，编写 Add、substrate、multiply 和 divide 方法的测试代码。

```
 1 package edu.niit.junit.demo;
 2 import static org.junit.Assert.*;
 3 import edu.niit.junit.demo.*;
 4 import org.junit.Test;
 5 public class CalculatorTest {
 6     @Test
 7     public void testAdd() {
 8         Calculator calculator = new Calculator();
 9         int result  = calculator.add(3, 2);
10         assertEquals(5,result);
11     }
12     public void testsubstrate() {
13         Calculator calculator = new Calculator();
14         int result  = calculator.add(1, 2);
15         assertEquals(-1,result);
16     }
17     public void testmultiply() {
18         Calculator calculator = new Calculator();
19         int result  = calculator.add(2, 3);
20         assertEquals(6,result);
21     }
22     public void testdivide() {
23         Calculator calculator = new Calculator();
24         try {
25             int result  = calculator.add(6, 4);
26             assertEquals(1,result);
27         } catch (Exception e) {
28             fail("测试失败！");
29         }
30     }
31 }
```

4）查看运行结果。右击测试类，在弹出的菜单中选择 Run As JUnitTest。运行结果如图 7-12 所示，进度条提示测试运行通过了。

图 7-12　运行结果

任务 4　设计测试方案

任务描述

　　测试阶段最关键的技术问题是设计测试方案，测试方案包括需要测试的功能、输入的测试数据以及对应的输出结果，不同的测试数据在发现程序错误上起的作用差别很大，由于不可能进行穷尽测试，因此选用少量高效的测试数据，尽可能完善地进行测试。本任务将介绍黑盒测试方法的等价类划分法、边界值分析法、错误推测法及适用于白盒测试方法的逻辑覆盖法。通常用黑盒测试方法设计基本测试方案，再用白盒测试方法做补充。

任务要求

　　掌握等价类划分法、边界值分析法、错误推测法、逻辑覆盖法、实用测试策略等，运用这些测试方法设计测试方案，尽可能完善地进行测试。

知识链接

1. 等价类划分法

等价类划分法是最常用的黑盒测试方法之一，根据程序对数据的要求，把程序的输入

等价类划分原则

域划分成若干个部分，列出哪些数据是有效的、哪些数据是无效的，从每个部分中选取少数代表性数据作为测试用例的数据。这样，每一类的代表数据在测试中的作用都等价于这类中的其他值。所谓的等价类是指具有相同属性或方法的集合。

软件不能只接收合理有效的数据，也要具有处理异常数据的功能，这样测试才能确保软件具有更高的可靠性。因此，软件不能只接收有效的、合理的数据，还应经受意外的考验，即接收无效的或不合理的数据。在考虑等价类时，应注意区别以下两种不同的情况。

● 有效等价类。有效等价类是指对软件规格说明而言，由有意义的、合理的输入数据所构成的集合。利用有效等价类，可以检验程序是否实现了规格说明预先规定的功能和性能。在具体问题中，有效等价类可以是一个，也可以是多个。

● 无效等价类。无效等价类是指对软件规格说明而言，由不合理或无意义的输入数据所构成的集合。利用无效等价类，可以检查软件功能和性能的实现是否有不符合规格说明要求的地方。对于具体的问题，无效等价类至少应有一个，也可能有多个。

使用等价类划分法设计测试用例，首先必须分析需求规格说明书，然后列出有效等价类和无效等价类。以下是划分等价类的几个原则：

（1）按区间划分。如果规格说明规定了输入条件的取值范围或值的数量，则可以确定一个有效等价类和两个无效等价类。例如：如果软件规格说明要求输入条件为小于 100 大于 10 的整数 x，则有效等价类为 $10<x<100$，两个无效等价类为 $x \leqslant 10$ 和 $x \geqslant 100$。又例如：软件规格说明"学生允许选修 5 到 8 门课"，则一个有效等价类可取"选课 5 到 8 门"，无效等价类可取"选课不足 5 门"和"选课超过 8 门"。

（2）按数值划分。如果规格说明规定了输入数据的一组值，而且软件要对每个输入值分别进行处理，则可为每一个输入值确立一个有效等价类。此外，针对这组值确立一个无效等价类，它是所有不允许的输入值的集合。例如：程序输入条件说明学历可为专科、本科、硕士、博士 4 种，且程序中对这 4 种数值分别进行了处理，则有效等价类为专科、本科、硕士、博士，无效等价类为非这 4 个值的集合。

（3）按数值集合划分。如果规格说明规定了输入值的集合，则可确定一个有效等价类和一个无效等价类（该集合有效值之外）。例如：某软件涉及标识符，要求"标识符应以字母开头"，则"以字母开头者"作为一个有效等价类，"以非字母开头者"作为一个无效等价类。再如：如果输入要求为")*+、-./"或数字，那么可以视为定义了一个有效等价类（采用有效输入之一）和一个无效等价类（比如采用 4*5）。

（4）按限制条件或规则划分。如果规格说明规定了输入数据必须遵守的规则或限制条件，则可以确立一个有效等价类（符合规则）和若干无效等价类（从不同角度违反规则）。如果程序输入条件为以字符 a 开头、长度为 8 的字符串，并且字符串不包含 a～z 之外的其他字符，则有效等价类为满足上述所有条件的字符串；无效等价类为不以 a 开头的字符串、长度不为 8 的字符串和包含了 a～z 之外其他字符的字符串。

（5）细分等价类。等价类中的各个元素在程序中的处理各不相同，则可将此等价类进一步划分成更小的等价类。

2. 边界值分析法

长期的测试工作经验告诉我们，大量的错误是发生在输入或输出范围的边界上，而不是发生在输入或输出范围的内部。因此，针对各种边界情况设计测试用例，可以查出更多的错误。但是，在软件设计和程序编写中，常常对规格说明中的输入域边界或输出域边界重视不够，以致形成一些差错。实践表明，在设计测试用例时，对边界附近的处理必须给予足够的重视。为检验边界附近的处理设计专门的测试用例，常常可以取得良好的测试效果。使用边界值分析方法设计测试用例，首先应确定边界情况。通常输入和输出等价类的边界，就是应着重测试的边界。

边界条件是一些特殊情况。程序在处理大量中间数值时都是对的，但是可能在边界处出现错误。使用边界值分析法设计测试用例，首先应该确定它的边界。有些边界并不是需求中直接给出的，需要我们分析出来，比如一些常见的边界值：

- 对于 int 类型的整数而言，-2^{15} 和 $2^{15}-1$ 是它的边界，也就是 -32768 和 32767 是边界。
- 对于屏幕的光标焦点来说，屏幕上光标的最左上、最右下的位置是它的边界。
- 对于报表来说，报表的第一行和最后一行是它的边界。
- 对于数组来说，数组元素的第一个和最后一个是它的边界。
- 对于循环条件来说，循环的第 0 次、第 1 次和倒数第 2 次以及最后一次是它的边界。

在实际的测试用例设计中，需要将基本的软件设计要求和程序定义的要求结合起来，即结合基本边界值条件和内部边界值条件来设计有效的测试用例。

对边界值设计测试用例，应当遵循以下几条原则：

- 如果输入条件规定了值的范围，则应取刚达到这个范围的边界值以及刚刚超过这个范围边界的值作为测试输入数据。
- 如果输入条件规定了值的个数，则用最大个数、最小个数和比最大个数多 1 个、比最小个数少 1 个的数作为测试数据。
- 根据程序规格说明的每个输出条件，使用上述第 1 条原则。
- 根据程序规格说明的每个输出条件，使用上述第 2 条原则。
- 如果程序的规格说明给出的输入域或输出域是有序集合（如有序表、顺序文件等），则应选取集合中的第一个和最后一个元素作为测试用例。
- 如果程序中使用了一个内部数据结构，则应当选择这个内部数据结构边界上的值作为测试用例。
- 分析程序规格说明，找出其他可能的边界条件。

3. 错误推测法

错误推测法主要考虑某些容易发生错误的特殊情况来设计测试用例。错误推测法主要靠直觉和经验进行，因而没有确定的步骤。

等价类划分法和边界值分析法都只孤立地考虑单个数据输入后的测试效果，而没有考虑多个数据输入时不同的组合所产生的后果，有时可能会遗漏容易出错的输入数据的组合情况，有效的办法是用判定表或判定树把输入数据的各种组合与对应的处理结果列出来进行测试。还可以把人工检查代码与计算机测试两种方法结合起来，特别是几个模块共享数据时，应检查在一个模块中改变共享数据时，其他共享这些数据的模块是否能进行正确处理。

4. 逻辑覆盖法

逻辑覆盖法（Logic Coverage Testing）是一系列测试过程的总称，这些测试是逐渐地、越来越完整地进行通路测试。穷尽路径测试往往做不到，但是尽可能选择最有代表性的通路，尽量完整地进行各种通路测试是可以做到的。

从覆盖程序的详细程度来考虑，逻辑覆盖有以下几种不同的测试过程：

（1）语句覆盖。选择足够多的测试数据，使被测程序中每个语句至少执行一次。

（2）判定覆盖。判定覆盖，又叫分支覆盖，不仅每个语句都必须至少执行一次，而且每个判定的可能结果都至少执行一次，即每个分支都至少执行一次。

（3）条件覆盖。不仅每个语句都至少执行一次，而且使每个判定表达式中的每个条件都取到各种可能的结果，从而可测试比较复杂的路径。

（4）判定/条件覆盖。判定/条件覆盖要求选取足够多的测试数据，使每个判定表达式都取到各种可能的结果，并使每个判定表达式中的每个条件都取到各种可能的值。

（5）条件组合覆盖。条件组合覆盖要求选取更多的测试数据，使每个判定表达式中条件的各种可能组合都至少出现一次，从而达到更高的逻辑覆盖标准。

实用测试策略如下所述。

前面介绍了几种基本测试方法，不同方法各有所长。在对软件系统进行测试时，应联合使用各种测试方法进行综合测试，通常先用黑盒测试方法设计基本测试用例，再用白盒测试方法补充一些必要的测试用例，具体测试策略如下。

（1）用等价类划分法设计测试方案。

（2）使用边界值分析方法，既测试输入数据的边界情况，又检查输出数据的边界情况。

（3）如果含有输入条件组合的情况，要分析所有条件组合的执行情况。

（4）必要时用错误推断法补充测试方案。

（5）用逻辑覆盖法检查现有测试方案，若没有达到逻辑覆盖标准，则再补充一些测试用例。

软件测试是十分繁重的工作，以尽量低的成本尽量多地查找到错误，是设计测试方案时追求的目标。

💬 任务实施

1. 等价类划分测试用例设计

某网站用户申请注册时，要求必须输入"用户名""密码"及"确认密码"，如图7-13所示。对每一项输入有如下要求：

（1）用户名要求：3～12位，只能使用英文字母、数字、中划线、下划线这4种字符或4种字符的组合，并且首字符必须为字母或数字。

（2）密码要求：6～20位，只能使用英文字母、数字、中划线、下划线这4种字符或4种字符的组合。

（3）确认密码：与密码相同，并且区分大小写。

现在使用等价类划分法设计其测试用例。

用户注册

用户名：＿＿＿＿＿＿＿＿

密　码：＿＿＿＿＿＿＿＿

确认密码：＿＿＿＿＿＿＿＿

取消　　注册

图 7-13　某网站的"用户注册"功能界面

【解析】

第1步：分析程序的规格说明，列出等价类表（包括有效等价类和无效等价类），见表7-2。

表 7-2　"等价类划分法案例"等价类分析表

输入条件	有效等价类	编号	无效等价类	编号
用户名	3～12位	①	少于3位	⑧
			多于12位	⑨
	首字符为字母	②	首字母不是字母，也不是数字	⑩
	首字符为数字	③		
	4种字符或其组合	④	含有4种字符之外的字符	⑪
密码	6～20位	⑤	少于6位	⑫
			多于20位	⑬
	4种字符或其组合	⑥	含有4种字符之外的字符	⑭
确认密码	与密码相同	⑦	与密码不同	⑮
			大小写不同	⑯

第2步：一一列出条件中可能的输入组合情况。

在该题中，可以有以下组合：

（1）输入有效的用户名、有效的密码、有效的确认密码。

（2）输入无效的用户名、有效的密码、有效的确认密码。

（3）输入有效的用户名、无效的密码、有效的确认密码。

（4）输入有效的用户名、有效的密码、无效的确认密码。

针对题中的等价类表，我们可以得出等价类组合表，见表7-3。此处简化测试用例的模板，只取我们关注的输入条件和输出结果的项，预期结果中的提示也是假设的，实际的提示会比这复杂得多。

表 7-3　"等价类划分法案例"等价类组合表

组合	用户名	密码	确认密码	预期结果
①②④ + ⑤⑥ + ⑦	有效，首字符为字母	有效	有效	注册成功
①③④ + ⑤⑥ + ⑦	有效，首字符为数字	有效	有效	注册成功
⑧②④ + ⑤⑥ + ⑦	无效，少于 3 位	有效	有效	提示用户名错误
⑨②④ + ⑤⑥ + ⑦	无效，大于 12 位	有效	有效	提示用户名错误
①⑩④ + ⑤⑥ + ⑦	无效，首字符错误	有效	有效	提示用户名错误
①②⑪ + ⑤⑥ + ⑦	无效，有其他字符	有效	有效	提示用户名错误
①②④ + ⑫⑥ + ⑦	有效	无效、少于 6 位	有效	提示密码错误
①②④ + ⑬⑥ + ⑦	有效	无效、多于 20 位	有效	提示密码错误
①②④ + ⑤⑭ + ⑦	有效	无效、有其他字符	有效	提示密码错误
①②④ + ⑤⑥ + ⑮	有效	有效	与密码不同	提示确认密码错误
①②④ + ⑤⑥ + ⑯	有效	有效	大小写不同	提示确认密码错误

第 3 步：选择测试数据，编写测试用例，见表 7-4 所示。

表 7-4　"等价类划分法案例"测试用例

编号	用户名	密码	确认密码	预期结果
TC-001	Lanqiao_2025	test_123	test_123	注册成功
TC-002	2025_lanqiao	test_123	test_123	注册成功
TC-003	Dd	test_123	test_123	提示用户名错误
TC-004	Lan_qiao_xue_yuan_12	test_123	test_123	提示用户名错误
TC-005	_lanqiao_20205	test_123	test_123	提示用户名错误
TC-006	lanqio@2025	test_123	test_123	提示用户名错误
TC-007	Lanqio_2025	abc12	abc12	提示密码错误
TC-008	Lanqio_2025	admin-istra-torl12_123	admin-istra-torl12_123	提示密码错误
TC-009	Lanqio_2025	abc@_123456	abc@_123456	提示密码错误
TC-0010	Lanqio_2025	test_123	abcd_123	提示确认密码错误
TC-0011	Lanqio_2025	test_123	TEST_123	提示确认密码错误

2.　边界值分析法测试用例设计

在 NextDate 函数中，规定了变量 month、day、year 相应的取值范围，即 $1 \leqslant month \leqslant 12$、$1 \leqslant day \leqslant 31$、$1800 \leqslant year \leqslant 2050$。

首先，从输入角度分析该问题。该问题的输入变量有 3 个，其对应的等价类划分为：

- month，有效等价类 [1，12]。
- day，有效等价类 [1，31]。
- year，有效等价类 [1800，2050]。

按照边界值取值方法，对每个输入变量分别取 7 个值 min-、min、min+、nom、max-、max 和 max+。

- month，取值 {0，1，2，6，11，12，13}。
- day，取值 {0，12，15，30，31，32}。
- year，取值 {1799，1800，1801，1975，2049，2050，2051}。

根据边界值组合测试用例规则，保留其中一个变量，让其余变量取正常值，共可以得到 6×3+1=19 个测试用例，见表 7-5。

表 7-5   NextDate 函数边界值测试用例

测试用例	month	day	year	预期输出
Test1	6	15	1799	无效输入日期
Test2	6	15	1800	1800 年 6 月 16 日
Test3	6	15	1913	1913 年 6 月 16 日
Test4	6	15	1975	1975 年 6 月 16 日
Test5	6	15	2049	2049 年 6 月 16 日
Test6	6	15	2050	2050 年 6 月 16 日
Test7	6	15	2051	无效输入日期
Test8	6	0	1975	无效输入日期
Test9	6	1	1975	1975 年 6 月 2 日
Test10	6	2	1975	1975 年 6 月 3 日
Test11	6	30	1975	1975 年 7 月 1 日
Test12	6	31	1975	无效输入日期
Test13	6	32	1975	无效输入日期
Test14	0	15	1975	无效输入日期
Test15	1	15	1975	1975 年 1 月 16 日
Test16	2	15	1975	1975 年 2 月 16 日
Test17	11	15	1975	1975 年 11 月 16 日
Test18	12	15	1975	1975 年 12 月 16 日
Test19	13	15	1975	无效输入日期

3. 逻辑覆盖法

逻辑覆盖法是白盒测试最常用的测试方法，它包括语句覆盖、判定覆盖、条件覆盖、判定 - 条件覆盖、条件组合覆盖 5 种，本节将对这 5 种逻辑覆盖法进行详细介绍。

（1）语句覆盖。语句覆盖的目的是测试程序中的代码是否被执行，它只测试代码中的执行语句，这里的执行语句不包括头文件、注释、空行等。语句覆盖在多分支的程序中，只能覆盖某一条路径，使得该路径中的每一个语句至少被执行一次，但不会考虑各种分支组合情况。

下面结合一段小程序介绍语句覆盖方法的执行，程序伪代码如下：

```
1   IF x>0 AND y<0          // 条件 1
2       z=z-(x-y)
3   IF x>2 OR z>0           // 条件 2
4       z=z+(x+y)
```

在上述代码中，AND 表示逻辑运算 &&，OR 表示逻辑运算 ||，第 1、2 行代码表示如果 x>0 成立并且 y<0 成立，则执行 z=z-(x-y) 语句；第 3、4 行代码表示如果 x>2 成立或者 z>0 成立，则执行 z=z+(x+y) 语句。该段程序的流程图如图 7-14 所示。

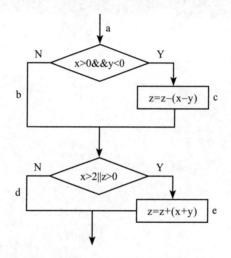

图 7-14　程序执行流程图

在图 7-14 中，a、b、c、d、e 表示程序执行分支，在语句覆盖测试用例中，使程序中每个可执行语句至少被执行一次。根据图 7-14 程序流程图中标示的语句执行路径设计测试用例，具体如下。

Test1：x=3　y=1　z=2

执行上述测试用例，程序运行路径为 abe。可以看出程序中 acd 路径上的每个语句都能被执行，但是语句覆盖对多分支的逻辑无法全面反映，仅仅执行一次不能进行全面覆盖，因此，语句覆盖是弱覆盖方法。

语句覆盖虽然可以测试执行语句是否被执行到，但却无法测试程序中存在的逻辑错误，例如：如果上述程序中的逻辑判断符号 AND 误写成了 OR，使用测试用例 Test1 同样可以覆盖 acd 路径上的全部执行语句，但却无法发现错误。同样，如果将 x>0 误写成 x>=0，使用同样的测试用例 Test1 也可以执行 acd 路径上的全部执行语句，但却无法发现 x>=0 的错误。

语句覆盖无须详细考虑每个判断表达式，我们可以直观地从源程序中有效测试执行语句是否全部被覆盖。由于程序在设计时，语句之间存在许多内部逻辑关系，而语句覆盖不能发现其中存在的缺陷，因此语句覆盖并不能满足白盒测试的测试所有逻辑语句的基本需求。

（2）判定覆盖。判定覆盖（Decision Coverage）又称为分支覆盖，其原则是设计足够多的测试用例，在测试过程中保证每个判定至少有一次为真值，有一次为假值。判定覆盖的作用是使真假分支均被执行，虽然判定覆盖比语句覆盖测试能力强，但仍然具有和语句覆盖一样的单一性。

以图 7-14 及其程序为例，设计判定覆盖测试用例，见表 7-6。

表 7-6 判定覆盖测试用例

测试用例	x	y	z	执行语句路径
test1	2	-1	1	acd
test2	-3	1	-1	abd
test3	3	-1	5	ace
test4	3	1	-1	abe

由表 7-6 可以看出，这 4 个测试用例覆盖了 acd、abd、ace、abe 4 条路径，使得每个判定语句的取值都满足了各有一次"真"与"假"。相比于语句覆盖，判定覆盖的覆盖范围更广泛。判定覆盖虽然保证了每个判定至少有一次为真值，有一次为假值，但是却没有考虑到程序内部的取值情况，例如：测试用例 test 4，没有将 x>2 作为条件进行判断，仅仅判断了 z>0 的条件。

判定覆盖语句一般是由多个逻辑条件组成的，如果仅仅判断测试程序执行的最终结果而忽略每个条件的取值，必然会遗漏部分测试路径，因此，判定覆盖也属于弱覆盖。

（3）条件覆盖。条件覆盖（Condition Coverage）指的是设计足够多的测试用例，使判定语句中的每个逻辑条件取真值与取假值至少出现一次，例如：对于判定语句 IF(a>1 OR c<0) 中存在 a>1、c<0 2 个逻辑条件，设计条件覆盖测试用例时，要保证 a>1、c<0 的"真""假"值至少出现一次。下面以图 7-14 及其程序为例，设计条件覆盖测试用例。在该程序中，有 2 个判定语句，每个判定语句有 2 个逻辑条件，共有 4 个逻辑条件，使用标识符标识各个逻辑条件取真值与取假值的情况，见表 7-7。

表 7-7 条件覆盖判定条件

条件 1	条件标记	条件 2	条件标记
x>0	S1	x>2	S3
x ≤ 0	-S1	x ≤ 2	-S3
y<0	S2	z>0	S4
y ≥ 0	-S2	z ≤ 0	-S4

在表 7-7 中，使用 S1 标记 x>0 取真值（即 x>0 成立）的情况，-S1 标记 x>0 取假值（即

x>0 不成立）的情况。同理，使用 S2、S3、S4 标记 y<0、x>2、z>0 取真值的情况，使用 -S2、-S3、-S4 标记 y<0、x>2、z>0 取假值的情况，最后得到执行条件判断语句的 8 种状态，设计测试用例时，要保证每种状态都至少出现一次。设计测试用例的原则是尽量以最少的测试用例达到最大的覆盖率，则条件覆盖测试用例见表 7-8。

表 7-8　条件覆盖测试用例

测试用例	x	y	z	条件标记	执行路径
Test1	3	1	5	S1、-S2、S3、S4	abe
Test2	-3	1	-1	-S1、-S2、-S3、-S4	abd
Test3	3	-1	1	S1、S2、S3、-S4	ace

（4）判定 - 条件覆盖。判定 - 条件覆盖（Condition/Decision Coverage）要求设计足够多的测试用例，使得判定语句中所有条件可能的取值至少出现一次，同时，所有判定语句可能的结果也至少出现一次。例如：对于判定语句 IF(a>1 AND c<1)，该判定语句有 a>1、c<1 两个条件，则在设计测试用例时，要保证 a>1、c<1 两个条件取"真""假"值至少一次；同时，判定语句 IF(a>1 AND c<1) 取"真""假"值也至少出现一次。这就是判定 - 条件覆盖，它弥补了判定覆盖和条件覆盖的不足之处。

根据判定 - 条件覆盖原则，以图 7-14 及其程序为例设计判定 - 条件覆盖测试用例，见表 7-9。

表 7-9　判定 - 条件覆盖测试用例

测试用例	x	y	z	条件标记	条件 1	条件 2	执行路径
test1	3	1	5	S1、-S2、S3、S4	0	1	abe
test2	-3	1	-1	-S1、-S2、-S3、-S4	0	0	abd
test3	3	-1	1	S1、S2、S3、-S4	1	1	ace

在表 7-9 中，条件 1 是指判定语句 IF x>0 AND y<0，条件 2 是指判定语句 IF x>2 OR z>0，条件判断的值为 0 表示"假"，为 1 表示"真"。表 7-9 中的 3 个测试用例满足了所有条件可能取值至少出现一次，以及所有判定语句可能结果也至少出现一次的要求。

相比于条件覆盖、判定覆盖，判定 - 条件覆盖弥补了两者的不足之处，但是由于判定 - 条件覆盖没有考虑判定语句与条件判断的组合情况，其覆盖范围并没有比条件覆盖更全面，判定 - 条件覆盖也没有覆盖 acd 路径，因此判定 - 条件覆盖仍旧存在遗漏测试的情况。

（5）条件组合覆盖。条件组合（Multiple Condition Coverage）指的是设计足够多的测试用例，使判定语句中每个条件的所有可能取值至少出现一次，并且每个判定语句本身的判定结果也至少出现一次，它与判定 - 条件覆盖的差别是，条件组合覆盖不是简单地要求每个条件都出现"真"与"假"两种结果，而是要求让这些结果的所有可能组合都至少出现一次。

以图 7-14 及其程序为例，该程序中共有 4 个条件，即 x>0、y<0、x>2、z>0，我们依然用 S1、S2、S3、S4 标记这 4 个条件成立，用 -S1、-S2、-S3、-S4 标记这些条件不成立。

由于这 4 个条件每个条件都有取"真""假"两个值，因此所有条件结果的组合有 $2^4=16$ 种，见表 7-10。

表 7-10 条件组合所有结果

序号	组合	含义
1	S1、S2、S3、S4	x>0 成立，y<0 成立；x>2 成立，z>0 成立
2	-S1、S2、S3、S4	x>0 不成立，y<0 成立；x>2 成立，z>0 成立
3	S1、-S2、S3、S4	x>0 成立，y<0 不成立；x>2 成立，z>0 成立
4	S1、S2、-S3、S4	x>0 成立，y<0 成立；x>2 不成立，z>0 成立
5	S1、S2、S3、-S4	x>0 成立，y<0 成立；x>2 成立，z>0 不成立
6	-S1、-S2、S3、S4	x>0 不成立，y<0 不成立；x>2 成立，z>0 成立
7	-S1、S2、-S3、S4	x>0 不成立，y<0 成立；x>2 不成立，z>0 成立
8	-S1、S2、S3、-S4	x>0 不成立，y<0 成立；x>2 成立，z>0 不成立
9	S1、-S2、-S3、S4	x>0 成立，y<0 不成立；x>2 不成立，z>0 成立
10	S1、S2、-S3、-S4	x>0 成立，y<0 成立；x>2 不成立，z>0 不成立
11	S1、-S2、S3、-S4	x>0 成立，y<0 不成立；x>2 成立，z>0 不成立
12	-S1、-S2、-S3、S4	x>0 不成立，y<0 不成立；x>2 不成立，z>0 成立
13	-S1、-S2、S3、-S4	x>0 不成立，y<0 不成立；x>2 成立，z>0 不成立
14	S1、-S2、-S3、-S4	x>0 成立，y<0 不成立；x>2 不成立，z>0 不成立
15	-S1、S2、-S3、-S4	x>0 不成立，y<0 成立；x>2 不成立，z>0 不成立
16	-S1、-S2、-S3、-S4	x>0 不成立，y<0 不成立；x>2 不成立，z>0 不成立

表 7-10 列出了 4 个条件所有结果的组合情况，经过分析可以发现，第 2、6、8、13 这 4 种情况是不存在的，这几种情况要求 x>0 不成立，x>2 成立，这两种结果相悖，因此最终图 7-14 的所有条件组合情况有 12 种。根据这 12 种情况设计测试用例，具体见表 7-11。

表 7-11 条件组合覆盖测试用例

序号	组合	测试用例			条件 1	条件 2	覆盖
		x	y	z			
test1	S1、S2、S3、S4	3	-1	5	1	1	ace
test2	S1、-S2、S3、S4	3	1	5	0	1	abe
test3	S1、S2、-S3、S4	1	-1	3	1	1	ace
test4	S1、S2、S3、-S4	3	-1	-2	1	1	ace
test5	-S1、S2、-S3、S4	-5	-2	1	0	1	abe
test6	S1、-S2、-S3、S4	1	1	1	0	1	abe
test7	S1、S2、-S3、-S4	1	-1	-2	1	0	acd
test8	S1、-S2、S3、-S4	6	1	-2	0	1	abe

续表

序号	组合	测试用例			条件 1	条件 2	覆盖
		x	y	z			
test9	-S1、-S2、-S3、S4	-1	1	1	0	1	abe
test10	S1、-S2、-S3、-S4	1	1	-2	0	0	abd
test11	-S1、S2、-S3、-S4	-2	-1	-3	0	0	abd
test12	-S1、-S2、-S3、-S4	-3	1	-1	0	0	abd

表 7-11 有 12 个测试用例，这 12 个测试用例覆盖了 4 个条件所有组合的结果，与判定 - 条件覆盖相比，条件组合覆盖包括了所有判定 - 条件覆盖，因此它的覆盖范围更广。但是当程序中条件比较多时，条件组合的数量会呈指数型增长，组合情况非常多，要设计的测试用例也会增加，这样反而会使测试效率降低。

任务 5　软件调试、验证与确认

任务描述

开发软件在投入实际运行前，用手工或编译程序等方法进行测试，通过软件调试方法运用软件调试技术，修正软件中的语法错误和逻辑错误。根据测试时所发现的错误进行进一步诊断，找出原因和具体的位置并进行修正。软件验证的目的是确保软件能够正确地运行完成预定功能，通过软件验证方法，验证软件符合用户需求。软件开发结束交付用户之前，从专家和用户的角度对软件需求规格说明进行确认评审，确保软件符合用户要求。

任务要求

通过对软件调试、软件验证、软件确认概念和技术的学习理解，能够结合开发阶段流程，运用调试技术进行交付前的调试工作，运用验证方法对软件需要完成的功能进行正确性验证，结合用户需求规格说明，配合用户完成软件确认评审，完成软件确认。

知识链接

1. 软件调试

（1）软件调试的目的。软件调试也称纠错，是在进行了成功的测试之后才开始的工作。软件测试是尽可能多地发现程序中的错误。软件调试的目的是确定错误的原因和位置、分析和改正程序中的错误。

（2）调试的方法。调试是繁重的脑力劳动，需要有丰富的经验。软件调试可以和软件测试结合起来进行。

1）第一步是进行软件测试，检查哪个模块、哪段程序有错。

2）第二步是纠错，要确定错误发生的确切位置和错误的原因并改正错误。纠错主要靠分析与错误有关的信息，可用演绎法先列出所有可能的错误原因，利用测试数据排除一些原因后证明、确定真正的错误原因；也可用归纳法把错误情况收集起来，分析它们之间的相互关系，找出其中的规律，以便找出错误原因；还可采用一些自动纠错工具作为辅助手段。

（3）第三步是软件验证。软件验证也称程序正确性证明，其准则是证明程序能完成预定的功能。目前一些可视化的高级程序设计语言具有软件验证的功能，并在使用中改进完善。有关大型软件正确性的证明仍有大量研究工作在进行中。

为了保证软件质量，在软件开发的整个过程中要坚持遵守软件开发的规范，自始至终重视软件质量的问题。在软件生命周期每一阶段结束时都要进行复审，在软件测试的每一阶段都要对软件进行验证。

（4）第四步是软件确认。软件确认是指在软件开发过程结束后，对所开发的软件进行评价，以确定它是否和软件需求相一致。软件确认测试又称有效性测试。需求规格说明是确认测试的基础。

软件确认测试一般是在实际应用环境下运用黑盒测试方法完成的，由专门测试人员和用户参加测试。确认测试需要软件需求规格说明、用户手册等文档，要制订测试计划，确定测试项目，测试后要写出测试分析报告。

任务实施

软件调试、验证、确认

1. 软件调试方法分析

（1）对计算机工作过程进行模拟或跟踪，记录中间结果，发现错误立即纠正。

（2）设置打印语句。在程序中设置打印语句，可打印某些标记或变量值以确定错误的位置。

- 在调用其他模块或函数之前、之后打印信息，以确定错误发生在调用之前还是之后。
- 在程序循环体内的第一个语句前设置打印信息，用以检查循环的执行情况。
- 在分支点之前打印标记或变量的当前值。
- 抽点打印，在程序员认为必要的地方设置打印语句。

（3）逐层分块调试。软件调试可先调试底层小模块，再调试上层模块，最后调试整个程序。

（4）对分查找调试。如果已知程序内若干个关键部位某些变量的正确值，则可在程序的中点附近用赋值语句或输入语句对这些变量赋以正确值，然后检查程序的输出结果。如果输出结果正确，则可认为程序的后半段无错，接着到程序前半段查找错误，否则应在程序的后半段查错。反复使用此法，缩小查找范围直到找出错误位置。

（5）回溯法。回溯法是相当常用的调试方法，调试小程序时用这种方法是非常有效的。具体做法是，从发现问题的地方开始，人工沿程序的控制流往回追踪源程序代码，直到找出错误原因为止。但是，当程序规模扩大后，应该回溯的路径数目变大，人工回溯变得不可能了。

为防止今后出现类似的错误，调试不仅修改了软件产品，还改进了软件过程；不仅排除了现有程序中的错误，还避免了今后程序中可能出现的错误。

2. 软件验证方法分析

软件的测试可以发现程序中的错误，但不能证明程序中没有错误，也就是说不能证明程序的正确性，因而要保证软件的可靠性。测试技术是一种重要的技术，但也是一种不完善的技术。如果能研制一种行之有效的程序正确性证明技术，那么软件测试的工作量将显著地减少。

软件验证是确定软件开发周期中一个给定阶段的产品是否满足需求的过程。

软件验证的方法如下：

（1）确定软件操作正确。

（2）指示软件操作错误。

（3）指示软件执行时产生错误的原因。

（4）把源程序和软件配置的其他组成部分自动输入系统。

在软件测试（模块测试、集成测试）阶段，软件开发人员用尽可能少的测试数据，尽可能多地发现程序中的错误。软件验证要进行评审、审查、测试、检查、审计等活动，对某些项、处理、服务或文件等是否和规定的需求相一致进行判断并提出报告。

3. 软件确认如何开展

软件确认必须从用户的立场出发，对测试结果进行评审，看软件是否确实满足用户的需要。还要对软件配置进行评审，这是软件生命周期中维护阶段的主要依据，要确保软件配置齐全、正确、符合要求。软件确认评审通过，意味着软件产品可以移交。

软件确认工作最好由不参加设计或实现该软件的人员来进行，并有用户及领导参加。为了使用户能有效地操作软件系统，通常由开发部门对用户进行操作培训，以便使用户积极地参加确认工作。

软件确认的方法如下：

（1）软件确认工作应在用户直接参与下，在最终用户环境中进行软件的强度测试，即在事先规定的时期内运行软件的全部功能，考查软件运行有无严重错误。系统功能和性能要满足需求说明书中的全部要求，得到用户认可。

（2）完成测试计划中的所有要求，分析测试结果，并书写测试分析报告和开发总结。

（3）按用户手册和操作手册进行软件实际运行，验证软件的实用性和有效性，并修正所发现的错误。

任务 6　制订软件测试计划和撰写分析报告

🔍 任务描述

软件测试过程中为了能够按时完成测试工作，制订详细的测试计划能够保质保量地完成测试工作。熟悉测试计划编写的内容与要求，测试结束后，形成文档的测试分析报告，要求其能够清晰地表达测试的内容、测试的活动。完成测试过程的总结。

任务要求

掌握软件测试方案制订的基本内容和方法，学会完善地编写软件测试方案，熟悉软件测试分析报告的内容，可以在整个软件测试结束后进行软件测试总结分析。

知识链接

《计算机软件测试文档编制规范》（GB 9386—2008）规定了有关测试的文件有软件测试计划、测试说明文件和软件测试分析报告。

1. 软件测试计划

软件测试计划描述测试活动的范围、方法、资源和进度，规定被测试的项、特性、应完成的测试任务、承担各项工作的人员职责及与本计划有关的风险等。

每项测试活动都包括测试内容、进度安排、设计考虑、测试数据的整理方法及评价准则等。

2. 测试说明文件

测试说明文件包括以下内容：

（1）测试设计说明。每项测试的控制、输入、输出、过程，评价准则、范围、数据整理及评价尺度等。

（2）测试用例说明。要测试的功能、输入值以及对应的输出结果，在使用具体测试用例时对测试规程的限制。

（3）测试规程说明。规定对于系统和执行指定的测试用例来实现测试设计所要求的所有步骤。

3. 软件测试分析报告

软件测试分析报告有以下的内容：

（1）测试项传递报告。记录测试项的位置、状态等。

（2）测试日志。记录测试执行过程中发生的情况，如活动和事件的条目、描述。

（3）测试事件报告。记录测试执行期间发生的一切事件的描述和影响。

（4）测试总结报告。记录与测试设计说明有关的测试活动、差异、测试充分性、结果概述、评价、活动总结及批准者等。

每个单位或每个软件项目都可以根据需要，选用部分或全部的软件测试文件。在软件开发的早期就应初步制订软件测试计划，可以在概要设计阶段补充黑盒测试方法的具体方案和测试计划，或在详细设计阶段补充白盒测试方法的具体方案和测试计划。最后在软件交付使用前要写出软件测试分析报告。

软件测试阶段结束时，应完成以下文档：

（1）软件测试分析报告。

（2）经修改并确认的用户手册和操作手册。

（3）软件开发总结。

任务实施

以传智播客的"在线考试系统"为例，讲解如何编写测试需求、测试计划、测试方案和测试分析报告。

"在线考试系统"是传智播客内部开发的用于教学的一个小项目，是一个基于 PHP 语言开发的动态网站,其功能是让学生通过网络随时随地地进行模拟考试练习（非正规考试）。

在线考试系统采用 B/S 架构设计，系统设计如图 7-15 所示。

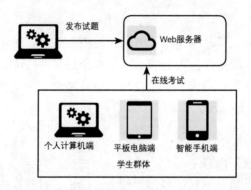

图 7-15 "在线考试系统"设计图

在线考试系统使用的基本流程：教师发布试卷→学生在线考试→系统自动阅卷→在线查询考试结果。

从开发人员处获得项目需求分析，具体如下。

（1）教师发布试卷。

● 由教师录入每套试卷的标题、考试时间、题型和题目。

● 由教师录入每种题型的分数，系统自动计算每道题目的分数和总得分。

● 试卷支持判断题、单选题、多选题、填空题共 4 种题型。

● 教师应录入每道题目的答案，以供系统实现自动阅卷。

● 在录入判断题时，有题干和"对""错"两种选项

● 在录入选择题时，有题干和"A""B""C""D" 4 种选项

● 在录入填空题时，有题干和占位横线，由系统判断学生输入答案是否和标准答案相同。

（2）学生答题。

● 允许学生通过计算机（台式）、平板电脑、手机联网考试。

● 学生进入系统可以选择试卷。

● 进入到考试页面后，系统会进行倒计时，时间到达后系统会自动交卷。

● 交卷时，系统会对未作答的题目进行提醒。

● 未交卷离开系统时，设置提醒，确认学生是否离开。

（3）计算机阅卷。

1）交卷后，系统具备自动阅卷功能。

2）交卷后可查看每道题的正误和得分，以及试卷的总分。

编写测试需求说明书

编制人：×××　　　　　　　　日期：2020/4/2

审核人：×××　　　　　　　　日期：2020/4/3

测试需求说明书目录如下：

一、概述

1．编写目的

2．适用范围

二、系统说明

1．系统背景

2．系统功能

3．系统设计和实现要点

三、系统的功能性需求

四、系统的非功能性需求

五、环境需求

六、测试人员要求与职责

七、测试完成标准

八、测试提交文档

详细内容编写如下：

一、概述

1．编写目的

本文档是根据"在线考试系统"需求分析说明书编写的测试需求说明书，其目的有以下3点：

（1）供测试人员使用，作为测试的依据。

（2）作为项目验收标准之一。

（3）作为软件维护的参考资料。

2．适用范围

本文档为内部资料，读者范围为公司内部测试人员、研发人员和相关负责人。

二、系统说明

1．系统背景

在 PHP 教学过程中，为了让学生巩固所学的 PHP 知识，掌握 Web 网站的搭建过程，开发人员结合当前教学趋势开发了用于模拟考试练习的在线考试系统，该系统仅用于内部教学使用。本文档主要用于定义"在线考试系统"系统测试的测试需求。

2. 系统功能

（1）教师发布试卷。

（2）学生答题。

（3）计算机阅卷。

3. 系统设计和实现要点

（1）在线考试系统为 Web 应用程序，选择 B/S 系统架构。

（2）开发平台为 Windows。

（3）浏览器使用 Chrome，因为 Chrome 浏览器支持 HTML 5 和 CSS 3 新特性，且提供了很多实用的开发工具，可以方便地对网页进行调试。

（4）Web 服务器有很多种，其中 Apache 具有开源、跨平台、速度快且安全性高的特点，最重要的是它对动态 PHP 网页非常友好，因此选择 Apache 作为本项目的 Web 服务器。

三、系统的功能性需求

"在线考试系统"的功能性需求见表 7-12。

表 7-12　"在线考试系统"的功能需求

功能	子功能
教师发布试卷	录入试卷标题、题型、题目、考试时间
	录入每道题目的分数、答案
学生答题	选择试卷
	答题
	交卷
计算机阅卷	核对答案
	计算分数

四、系统的非功能性需求

"在线考试系统"可以在 PC 端与移动端使用，本次测试要分别测试该系统在计算机（台式）与手机中的运行情况，即测试系统对终端的兼容性。

五、环境需求

本次测试所需要的硬件环境见表 7-13。

表 7-13　"在线考试系统"测试硬件环境需求

硬件设备	处理器型号	内存
台式计算机	Intel Core™i3-4160CPU@3.60GHz	8.0GB
手机	华为 honor AAL-AL20	4.0GB
服务器	Intel Core™i5-6600K CPU@3.50GHz	8.0GB

本次测试所需要的软件环境见表 7-14。

表 7-14　"在线考试系统"测试软件环境需求

软件名称 / 工具类型	版本或说明
Windows	Windows 7 旗舰版
Android	Android 8.0.0
Google 浏览器	71.0.3578.98（64 位）
测试工具	Selenium+Python 自动化测试
测试管理工具	禅道

六、测试人员要求与职责

本次测试要求测试人员具备以下能力。

（1）了解"在线考试系统"的设计架构。

（2）熟悉"在线考试系统"的操作过程。

（3）掌握 Python 编程语言基础知识。

（4）了解 HTML 基础知识。

（5）了解 PHP 基础知识。

在测试过程中，每个测试人员的具体职责见表 7-15。

表 7-15　测试人员的具体职责

角色	职责	备注
测试负责人	1. 对测试过程进行监督管理； 2. 组织测试计划、测试方案、测试用例等的评审； 3. 获取测试所需要的资源； 4. 生成测试计划、测试用例、集成测试方案； 5. 主持环境搭建、测试执行	
测试设计人员	1. 生成测试需求； 2. 生成测试计划； 3. 生成测试方案； 4. 设计测试用例； 5. 整理编写测试报告	测试设计人员与测试执行人员的工作并不是界限分明的，有时他们是同一组人员，既是设计人员又是执行人员
测试执行人员	1. 负责搭建测试环境； 2. 负责具体测试的执行； 3. 负责收集测试报告信息	

七、测试完成标准

测试完成标准有以下几点：

（1）系统实现需求分析中的所有功能。

（2）所有测试用例都已经执行。

（3）所有重要 Bug 均已修复并通过回归测试。

（4）计算机端测试无误，可正常答卷、提交试卷、查看分数。

（5）手机端测试无误，可正常答卷、提交试卷、查看分数。

八、测试提交文档

本次测试要提交的文档见表 7-16。

表 7-16　测试要提交的文档

文档名称	主要内容	面向对象	备注
测试需求分析	测试要完成的任务及任务分工	公司内部	
测试计划	规定测试执行过程，包括环境搭建、人员分配、测试组织和进度要求等	公司内部	
测试用例	量化测试输入、执行条件和预期结果，指导测试执行	公司内部	
测试报告	说明阶段和总体测试结果，分析结果带来的影响，为产品下一步实施提供依据	公司内部	

测试需求评审

测试需求评审的具体内容见表 7-17。

表 7-17　测试需求评审

评审时间	2020/4/3	地点	会议室	评审方式	会议
评审组长	×××				
参加人员	×××				
评审对象	在线考试系统—需求说明书 _V 1.0_20200402				
评审内容	1. 用词是否清晰？　　　　　　　　　　　　　　　是【✓】　否【　】 2. 语句是否存在歧义？　　　　　　　　　　　　　是【　】　否【✓】 3. 是否清楚地描述了软件需要做什么？　　　　　　是【✓】　否【　】 4. 是否描述了软件的目标环境，包括软硬件环境？　是【✓】　否【　】 5. 需求项是否前后一致、彼此不冲突？　　　　　　是【✓】　否【　】 6. 是否清楚地说明了软件的每个输入、输出格式，以及输入与输出之间的对应关系？ 　　　　　　　　　　　　　　　　　　　　　　　是【✓】　否【　】 7. 是否清晰地描述了软件系统的性能要求？　　　　是【✓】　否【　】				
评审过程记录	评审过程记录： 1. 文档模板未按照公司模板设置； 2. 未对笔记本电脑、平板电脑设备的兼容性做测试； 3. 缺少浏览器兼容性测试 评审委员确认签字： 评审组长审批意见： 【　】合格 【✓】基本合格，修改后不需要再次评审 【　】不合格，修改后需要再次评审 确认签字：　　　　日期：				

编写测试计划

编制：×××

日期：2020/4/8—2020/4/10

评审：×××

日期：2020/4/11—2020/4/13

测试计划并不是一成不变的，在测试过程中，测试计划会随着软件需求变更而修改，对测试计划的修改可记录在表 7-18 中。

表 7-18　文件更改审批记录

序号	版本	*状态	作者	审核者	完成日期	修改内容

注　*状态：C——创建，A——增加，M——修改，D——删除。

测试计划目录如下：

一、前言

1．背景说明

2．参考资料

3．术语定义

二、测试摘要

1．测试范围

2．争议事项

3．质量目标

4．风险评估

三、测试环境

1．测试资源需求

（1）硬件资源

（2）软件资源

2．测试环境拓扑

3．测试数据要求

四、测试项

五、测试组织结构

1．测试组织

2．角色和职责

六、测试进度计划

测试计划编写

具体测试计划内容如下：

一、前言

1. 背景说明

在 PHP 教学过程中，为了让学生巩固所学的 PHP 知识，掌握 Web 网站的搭建过程，开发人员结合当前教学趋势开发了用于模拟考试练习的"在线考试系统"，该系统仅供内部教学使用。本文档主要定义"在线考试系统"测试计划，规定测试执行过程的测试重点、人员安排、时间安排、资源利用、质量目标、风险评估、进度监控管理等。

2. 参考资料

参考资料见表 7-19。

表 7-19　测试计划所用到的参考资料

文档	版本 / 日期	作者或来源	备注
项目需求分析	V-1.0	公司内部开发团队	
项目开发计划	V-1.0	公司内部开发团队	
概要设计	V-1.0	公司内部开发团队	
测试需求说明书	V-2.0	公司内部开发团队	

3. 术语定义

（1）动态网页：网页的本质是 HTML（HyperText Markup Language，超文本标记语言），一个写好的 HTML 文件就是一个静态网页。而动态网页是通过程序动态生成的，可以根据不同情况动态地变更。

（2）URL 地址：称为统一资源定位符（Uniform Resource Locator），包含了 Web 服务器的主机名、端口号、资源名和使用的网络协议，具体示例如下：

http://www.itcast.cn:80/index.html

在上面的 URL 中，"http"表示传输数据所使用的协议，www.itcast.cn 表示要请求的服务器主机名，80 表示要请求的端口号，index.html 表示请求的资源名称。其中，端口号可以省略，省略时默认使用 80 端口进行访问。

二、测试摘要

1. 测试范围

本次测试主要对"在线考试系统"的功能和兼容性进行测试，测试要点见表 7-20。

表 7-20　"在线考试系统"的主要功能和测试要点

序号	产品描述	测试要点	备注
1	试卷发布功能	录入试卷标题测试	
		录入题型测试	
		录入题目测试	
		录入考试时间测试	
		录入答案	

续表

序号	产品描述	测试要点	备注
2	答题功能	选择试卷测试	
		答题测试	
		交卷测试	
		查看分数测试	
3	计算机阅卷功能	核对答案测试	
		计算分数测试	
4	兼容性测试（智能终端）	计算机（台式）端测试	
		平板电脑端测试	
		笔记本电脑端测试	
		手机端测试	
5	兼容性测试（浏览器）	Google 浏览器	
		Firefox 浏览器	
		IE 浏览器	
		Opera 浏览器	
		Safari 浏览器	

2. 争议事项

无。

3. 质量目标

（1）实现软件需求分析中的所有功能。

（2）所有测试用例都已经执行。

（3）所有重要 Bug 均已修复并通过回归测试。

4. 风险评估

对本次测试进行风险评估，分析如下：

（1）对质量需求或产品特性分析不准确，造成测试范围分析有误差，使某一点测试始终得不到预期结果，需要测试人员与研发人员及时沟通解决。

（2）当需求发生变更时，项目经理要以邮件的方式及时通知相关测试人员对测试文档进行变更，以确保测试的准确性。

（3）如果代码质量差，软件缺陷会有很多，漏检的可能性较大，并且有些缺陷不容易被发现。开发人员应当在开发时尽量提高软件质量。

（4）研发不能按照计划完成升级、更新、修改任务，则测试时间顺延，测试周期不变。

三、测试环境

1. 测试资源需求

确保项目测试环境符合测试要求，降低严重影响测试结果真实性和正确性的风险，对测试环境做如下要求。

（1）硬件资源。测试需要的硬件资源见表 7-21。

表 7-21   "在线考试系统"测试所需硬件资源

硬件设备	处理器型号	内存
台式计算机	Intel Core™i3-4160CPU@3.60GHz	8.0GB
笔记本电脑	Intel i5 低功耗版	8.0GB
手机	华为 honor AAL-AL20	4.0GB
平板电脑	iPad MR7K2CH/A	8.0GB
服务器	Intel Core™i5-6600K CPU@3.50GHz	8.0GB

（2）软件资源。测试需要的软件资源见表 7-22。

表 7-22   "在线考试系统"测试所需的软件资源

软件名称 / 工具类型	版本或说明
Windows	Windows 7 旗舰版
Android	Android 8.0.0
iOS 操作系统	iOS 11
浏览器	Google、Firefox、Safari、Opera、IE
测试工具	Selenium+Python 自动化测试
测试管理工具	禅道

2. 测试环境拓扑

本次测试的环境拓扑如图 7-16 所示。

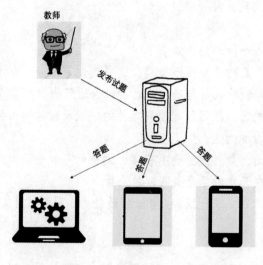

图 7-16   测试环境拓扑图

3. 测试数据要求

无。

四、测试项

本次测试主要从用户角度出发，对"在线考试系统"发布试卷、答题、交卷、查看分数等功能进行测试以及对智能设备、浏览器的兼容性进行测试，测试重点如下：

（1）发布试卷测试。测试"在线考试系统"发布试卷功能，测试人员在后台录入试卷标题、题型、题目、考试时间等内容，验证系统是否可以从后台发布试卷，试卷发布之后是否能在前台正常显示。

（2）答题功能测试。测试人员登录"在线考试系统"选择试卷并进入答题，在本项测试中，对每一个按钮都要测试，例如：选择题有 A、B、C、D 4 个选项，对每个选项都要测试，以确保每个按钮功能都能正确实现。

（3）计算机阅卷测试。测试人员完成答题，提交试卷，查询考试结果，核对结果是否正确，以此评估计算机核对答案和计算分数功能是否正确实现。

（4）兼容性测试（智能终端）。本次测试中的智能终端兼容性测试是指"在线考试系统"是否可以通过多种终端设备登录访问，测试人员分别从计算机（台式）、笔记本电脑、平板电脑、手机端登录系统，以测试系统在不同终端设备上是否都能正常使用。

（5）兼容性测试（浏览器）。本次浏览器兼容性测试中，分别使用不同的浏览器登录系统，测试在不同的浏览器上系统能否正常运行使用。

五、测试组织结构

1. 测试组织

本次测试团队由 3 个人组成，测试负责人 1 个，测试工程师 2 个。测试负责人制订测试计划，组织项目测试文档评审，并监控管理整个测试项目的进度。测试工程师制订测试需要的文档计划，并执行整个测试过程，整理提交测试相关信息与资料，配合负责人的评审等。

2. 角色和职责

本次测试中，人员及职责安排见表 7-23。

表 7-23　"在线考试系统"测试人员角色及职责安排

序号	姓名	职位	职责	备注
1	×××	测试负责人	1. 制订测试计划； 2. 组织测试计划、测试方案、测试用例等评审工作； 3. 获取测试所需要的资源； 4. 主持环境搭建、测试执行工作； 5. 对测试过程进行监督管理与协调	
2	×××	测试工程师	1. 收集整理项目相关资料； 2. 协助测试负责人制订测试计划； 3. 制订测试需求；	

序号	姓名	职位	职责	备注
2	×××	测试工程师	4. 编写测试用例； 5. 编写测试报告	
3	×××	测试工程师	1. 制订测试计划； 2. 编写测试脚本； 3. 搭建测试环境； 4. 负责具体的测试执行	

六、测试进度计划

针对"在线考试系统"项目测试，具体的工作时间安排见表 7-24。

表 7-24　测试工作进度安排

测试活动	主要内容	周期	预期时间
编写测试需求	明确本次测试的任务	2 个工作日	2020/4/1—2020/4/2
测试需求评审	测试负责人组织项目组相关人员评审测试需求是否合理、是否有误	2 个工作日	2020/4/3—2020/4/4
编写测试计划	制订整个测试项目的执行计划，包括测试内容、人员分配、环境搭建等	3 个工作日	2020/4/8—2020/4/10
测试计划评审	测试负责人组织项目组相关人员评审测试计划是否合理、是否有纰漏	3 个工作日	2020/4/11—2020/4/13
编写测试方案	说明本次测试使用的方法和技巧	2 个工作日	2020/4/15—2020/4/16
测试方案评审	测试负责人组织项目组相关人员评审测试方案是否合理	2 个工作日	2020/4/17—2020/4/18
编写测试用例	编写测试执行的具体内容	3 个工作日	2020/4/22—2020/4/24
测试用例评审	测试负责人组织项目组相关人员评审测试用例的可行性	2 个工作日	2020/4/25—2020/4/26
编写测试脚本	使用指定编程语言编写脚本，用于执行测试用例	5 个工作日	2020/4/29—2020/5/3
测试执行	搭建测试环境，运行测试用例 / 脚本执行具体的测试工作	3 个工作日	2020/5/6—2020/5/8
整理缺陷报告	整理测试过程中遇到的问题、缺陷	1 个工作日	2020/5/9
编写测试报告	收集整理测试信息，对本次测试进行汇总并进行评价	2 个工作日	2020/5/10—2020/5/11

编写测试方案

编制：×××　　　日期：2020/4/15—2020/4/16
评审：×××　　　日期：2020/4/17—2020/4/18

测试方案也不是一成不变的，在测试过程中，测试方案也会随着测试计划的修改而改变。对测试方案的修改可记录在表 7-25 中。

表 7-25　文件更改审批记录

序号	版本	*状态	作者	审核者	完成日期	修改内容

注　*状态：C——创建，A——增加，M——修改，D——删除。

测试方案目录如下所示：

一、前言

1．声明

2．背景

二、测试依据

三、测试环境

1．测试资源需求

2．测试环境拓扑

四、测试项说明

五、测试策略

1．功能测试

2．性能测试

六、测试通过准则

七、其他

一、前言

1．声明

本方案是针对"在线考试系统"编写的系统测试方案，当产品出现更新版本时，更新版本中出现的任何新功能模块都需要进行重新测试，本测试文档将不再适用，更不能把本文档中的内容适用于其他版本的同类软件。

2．背景

本文档主要用于定义"在线考试系统"的测试方法、测试技巧、测试重点、测试过程使用资源和测试用例设计方法等。本次测试主要测试项目的功能完整性、准确性，以及智能终端和浏览器的兼容性。

二、测试依据

编写本方案引用的相关资料，见表 7-26。

表 7-26　"在线考试系统"测试方案参考资料

文档	版本／日期	作者或来源	备注
"在线考试系统"需求分析	V-1.0	公司内部开发团队	
"在线考试系统"系统分析	V-1.0	公司内部开发团队	

文档	版本/日期	作者或来源	备注
项目开发计划	V-1.0	公司内部开发团队	
概要设计	V-1.0	公司内部开发团队	
"在线考试系统"测试需求分析说明书	V-2.0	公司内部开发团队	
"在线考试系统"测试计划	V-1.0	公司内部开发团队	

三、测试环境

1. 测试资源需求

本次测试所需资源说明如下。

（1）硬件资源。本次测试所需要的硬件资源见表 7-27。

表 7-27　"在线考试系统"测试硬件资源

编号	硬件设备	处理器型号	用途	使用数量	备注
1	计算机（台式）	IntelCore™i3-4160CPU@3.60GHz	登录"在线考试系统"进行答题测试	2	
2	笔记本电脑	Intel i5 低功耗版	登录"在线考试系统"进行答题测试	2	
3	平板电脑	iPad MR7K2CH/A	登录"在线考试系统"进行答题测试	1	
4	手机	华为 honor A AL-AL20	登录"在线考试系统"进行答题测试	2	
5	服务器	Intel Core™i5-6600KCPU@3.50GHz	作为服务器使用，在上面搭建 Apache 服务器	1	

（2）软件资源。本次测试所需要的软件资源见表 7-28。

表 7-28　"在线考试系统"测试软件资源

软件名称/工具类型	版本或说明
Windows 操作系统	Windows 7 旗舰版、Windows 10
Android 操作系统	Android 8.0.0
iOS 操作系统	iOS 11
Google 浏览器	71.0.3578.98（64 位正式版本）
Firefox	66.0.2（64 位）
IE	IE9
Safari	12.1.1
Opera	58.0

软件名称 / 工具类型	版本或说明
测试工具	Selenium+Python 自动化测试、Katalon Recorder
测试管理工具	禅道

2. 测试环境拓扑

本次测试环境的拓扑图如图 7-16 所示,如无特殊说明,本次测试中所使用的环境拓扑均为图 7-16 所示的环境。

四、测试项说明

本次测试主要为功能测试和兼容性测试,功能测试主要测试系统的功能完整性、准确性、易用性等,兼容性测试主要测试系统对智能终端与浏览器的兼容性。测试要点见表 7-29。

表 7-29 "在线考试系统"系统测试功能要点

序号	产品描述	测试要点	备注
1	发布试卷功能	录入试卷标题测试	
		录入题型测试	
		录入题目测试	
		发布试卷功能	
		录入考试时间测试	
		录入答案测试	
2	答题功能	选择试卷测试	
		答题测试	
		交卷测试	
		查看分数测试	
3	计算机阅卷功能	核对答案测试	
		计算分数测试	
4	兼容性测试(智能终端)	计算机(台式)端测试	
		平板电脑端测试	
		笔记本电脑端测试	
		手机端测试	
5	兼容性测试(浏览器)	Google 浏览器	
		Firefox 浏览器	
		IE 浏览器	
		Opera 浏览器	
		Safari 浏览器	

五、测试策略

本方案的测试数据来源于软件需求、软件系统分析、概要设计、测试需求及测试计划，一部分测试数据由开发团队提供，另一部分数据由测试团队提供。

1. 功能测试

在本次测试中，功能测试策略见表 7-30。

表 7-30 功能测试策略

测试事项	内容
测试范围	系统发布试卷功能、答题功能、计算机阅卷功能
测试目标	核实所有功能都已正常实现，即与软件需求一致
测试技术	采用黑盒测试、等价类划分等方法
测试工具	Selenium、PyCharm、Katalon Recorder
测试方法	自动化测试，使用 Python 脚本语言完成测试脚本
完成标准	所有测试用例执行完毕，且严重缺陷全部解决并通过回归测试
其他事项	无

2. 性能测试

在本次测试中，性能测试策略见表 7-31。

表 7-31 性能测试策略

测试事项	内容
测试范围	系统对智能终端、浏览器的兼容性
测试目标	核实不同的智能设备都可以登录"在线考试系统"进行考试练习
测试方法	手工测试
完成标准	"在线考试系统"可以在计算机（台式）、笔记本电脑、平板电脑、手机上登录使用
测试重点	台式机、笔记本电脑端测试为测试重点；Google、Firefox、IE 浏览器为测试重点
特殊事项	无

六、测试通过准则

测试通过准则如下：

（1）实现软件需求分析中的所有功能。

（2）所有测试策略都已完成。

（3）所有测试用例都执行完毕。

（4）所有重要等级程序漏洞都解决并通过回归测试。

七、其他

编写测试报告

测试报告编写过程也会因某些原因出错，检查测试报告时可对错误进行修改，并可将修改记录在表 7-32 中。

表 7-32　文件更改审批记录

序号	版本	*状态	作者	审核者	完成日期	修改内容

注　*状态：C——创建，A——增加，M——修改，D——删除。

测试报告目录如下所示：

测试分析报告

一、前言

1．声明

2．背景说明

3．目的

4．适用范围

5．参考资料

二、测试环境

1．测试资源

2．测试环境拓扑

三、测试范围说明

四、测试过程分析

1．功能测试

2．兼容性测试

五、测试结果分析

1．测试覆盖率分析

2．缺陷分析

六、测试汇总

1．测试问题汇总

2．差异分析

七、测试总结和评价

八、建议

根据上述目录编写本次测试的测试报告，具体内容如下：

一、前言

1．声明

本报告只适用于"在线考试系统"的功能测试和兼容性测试，在任何情况下若需要引用本文档中的任何内容，都应保证其本来意义，不得擅自进行增加、修改、伪造。

当软件产品更新时，设计的任何新的功能模块都需要进行重新测试，本报告不再适用，更不能把本报告中的内容适用于其他同类软件。

2. 背景说明

在 PHP 教学过程中，为了让学生巩固所学的 PHP 知识，掌握 Web 网站的搭建过程，开发人员结合当前教学趋势开发了用于模拟考试练习的在线考试系统，该系统仅用于内部教学使用。本次测试是对"在线考试系统"进行系统的功能测试与兼容性测试，主要验证该系统是否符合教学需求。

3. 目的

本报告旨在总结本次测试的测试内容和测试结果，对系统的功能和兼容性做出相应评估，并对系统中存在的缺陷进行分析总结，为项目改进提供建议，也给用户对产品的使用提供帮助。

4. 适用范围

本报告为公司内部资料，读者范围为公司内部测试人员、研发人员和相关负责人。如有特殊情况需要对外出示，必须经过公司审批程序。

5. 参考资料

本报告编写所参考的资料见表 7-33。

表 7-33　测试报告参考资料

文档	版本／日期	作者或来源	备注
"在线考试系统"需求分析	V-1.0	公司内部开发团队	
"在线考试系统"系统分析	V-1.0	公司内部开发团队	
"在线考试系统"测试需求分析说明书	V-2.0	公司内部开发团队	
"在线考试系统"测试计划	V-1.0	公司内部开发团队	
"在线考试系统"测试方案	V-1.0	公司内部开发团队	

二、测试环境

1. 测试资源

（1）硬件资源。本次测试需要的硬件资源见表 7-34 所示。

表 7-34　测试所需硬件资源

编号	硬件设备	处理器型号	用途	使用数量	备注
1	计算机（台式）	IntelCore™i3-4160CPU@3.60GHz	登录"在线考试系统"进行答题测试	2	
2	笔记本电脑	Intel i5 低功耗版	登录"在线考试系统"进行答题测试	2	
3	平板电脑	iPad MR7K2CH/A	登录"在线考试系统"进行答题测试	1	

编号	硬件设备	处理器型号	用途	使用数量	备注
4	手机	华为 honor A AL-AL20	登录"在线考试系统"进行答题测试	2	
5	服务器	Intel Core™i5-6600KCPU@3.50GHz	作为服务器使用，在上面搭建 Apache 服务器	1	

（2）软件资源。本次测试需要的软件资源见表 7-35。

表 7-35　测试所需软件资源

软件名称	版本
Windows 操作系统	Windows 7 旗舰版、Windows 10
Android 操作系统	Android 8.0.0
iOS 操作系统	iOS 11
Google 浏览器	71.0.3578.98（64 位正式版本）
Firefox	66.0.2（64 位）
IE	IE9
Safari	12.1.1
Opera	58.0
测试工具	Selenium+Python 自动化测试、Katalon Recorder
测试管理工具	禅道

2. 测试环境拓扑

本次测试环境拓扑如图 7-17 所示。

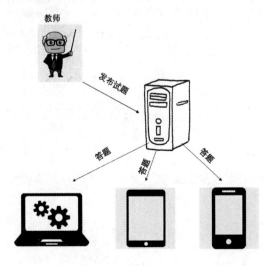

图 7-17　测试环境拓扑

三、测试范围说明

本次测试范围见表 7-36。

表 7-36　测试范围

序号	产品描述	测试要点	备注
1	发布试卷功能	录入试卷标题测试	该部分功能未实现
		录入题型测试	
		录入题目测试	
		发布试卷功能	
		录入考试时间测试	
		录入答案测试	
2	答题功能	选择试卷测试	功能准确实现
		答题测试	
		交卷测试	
		查看分数测试	
3	计算机阅卷功能	核对答案测试	功能准确实现
		计算分数测试	
4	兼容性测试（智能终端）	计算机（台式）端测试	计算机（台式）、笔记本电脑可以正常登录网站系统进行考试练习。平板电脑与手机无法登录网站
		平板电脑端测试	
		笔记本电脑端测试	
		手机端测试	
5	兼容性测试（浏览器）	Google 浏览器	支持 Google、Firefox、IE、Opera、Safari 浏览器
		Firefox 浏览器	
		IE 浏览器	
		Opera 浏览器	
		Safari 浏览器	

四、测试过程分析

1. 功能测试

功能测试以 Python 脚本自动化为主，辅以手工测试，功能测试过程概要分析见表 7-37。

2. 兼容性测试

兼容性测试主要测试"在线考试系统"对智能终端与浏览器的兼容情况，兼容性测试过程概要分析见表 7-38。

五、测试结果分析

1. 测试覆盖率分析

本次测试的功能测试覆盖率分析见表 7-39。

表 7-37　功能测试过程概要分析

功能模块	测试轮数	开始时间	结束时间	执行用例数	用例通过数	用例未通过数	用例通过率	备注
发布试卷功能	1	2020/5/6	2020/5/6	1	0	1	0	由于测试用例 T_001 测试未通过，发现系统存在没有管理员入口缺陷，而后面的 T_002～T_006 都基于管理员登录才可执行，因此 T_002～T_006 测试用例未执行
答题功能	1	2020/5/6	2020/5/7	10	10	0	100%	对于答题功能，由于题目较多，且每道题目有多个选项，因此执行全部测试用例未达到习题选项的 100% 覆盖
计算机阅卷功能	1	2020/5/7	2020/5/7	3	3	0	100%	

表 7-38　兼容性测试过程概要分析

兼容性测试	测试轮数	开始时间	结束时间	测试用例总数	用例通过数	用例未通过数	用例通过率	备注
智能终端	1	2020/5/8	2020/5/8	4	2	2	50%	测试用例 J_002 与 J_004 执行未通过
浏览器	1	2020/5/8	2020/5/8	5	5	0	100%	

表 7-39　功能测试覆盖率分析

功能模块	用例总数	用例执行数	测试覆盖率	备注
发布试卷功能	6	6	100%	试卷发布功能的测试覆盖率达 100%，但通过率为 0%
答题功能	10	10	100%	
计算机阅卷功能	3	3	100%	

本次测试的兼容性测试覆盖率分析见表 7-40。

表 7-40　兼容性测试覆盖率分析

兼容性测试	用例总数	用例执行数	测试覆盖率	备注
智能终端	4	4	100%	
浏览器	5	5	100%	

2. 缺陷分析

本次测试的缺陷分析见表 7-41。

表 7-41　缺陷分析

缺陷 ID	Bug	描述	等级	测试人员	开发人员
Bug_001	教师无法以管理员身份发布试卷	执行测试用例 T_001，测试结果为没有管理员登录入口，与预期结果不符。与开发人员沟通，只能从源代码级别添加试卷，这不符合软件需求分析。由于没有管理员入口，后面的试题录入也无从测试，因此，T_001 测试用例实则发现 6 个缺陷，即 Bug 001 ～ Bug 006	严重		
Bug_002	教师无法录入试卷标题	执行测试用例 T_001，测试结果为没有管理员登录入口，不能录入试卷标题，与预期结果不符	严重		
Bug_003	教师无法录入试卷题型	执行测试用例 T_001，测试结果为没有管理员登录入口，无法录入题型，与预期结果不符	严重		
Bug_004	教师无法录入题目	执行测试用例 T_001，测试结果为没有管理员登录入口，无法录入题目，与预期结果不符	严重		
Bug_005	教师无法录入考试时间	执行测试用例 T_001，测试结果为没有管理员登录入口，无法录入考试时间，与预期结果不符	严重		
Bug_006	教师无法录入答案	执行测试用例 T_001，测试结果为没有管理员登录入口，无法录入答案，与预期结果不符	严重		
Bug_007	无法在平板电脑端登录系统	执行测试用例 J_002，测试结果为无法在平板电脑端登录"在线考试系统"，与预期结果不符	一般		
Bug_008	无法在手机端登录系统	执行测试用例 J_004，测试结果为无法在手机端登录系统，与预期结果不符	一般		

六、测试汇总

1. 测试问题汇总

本次测试的问题总结和汇总见表 7-42。

表 7-42　测试问题汇总

序号	测试项	测试要点	测试结论	备注
1	发布试卷	录入试卷标题 录入题型 录入题目 录入考试时间 录入答案	试卷发布功能未实现，发现 6 个缺陷	

续表

序号	测试项	测试要点	测试结论	备注
2	答题功能	选择试卷 答题 交卷 查看分数	功能完整准确实现	
3	计算机阅卷	核对答案 计算分数	功能完整准确实现	
4	智能终端测试	计算机（台式） 笔记本电脑 平板电脑 手机	系统支持计算机（台式）、笔记本电脑，但不支持平板电脑与手机	经过测试人员的其他测试，手机模拟器可以登录系统
5	浏览器测试	Google Firefox IE Opera Safari	支持所列出的浏览器	

2. 差异分析

测试过程中存在的差异如下所示。

- 软件需求说明表明，系统可以让教师发布试卷，但系统在实现时只能在源代码中嵌入试卷，没有让教师发布试卷的入口。
- 测试计划以 Python 脚本自动化测试为主，但在实际测试中以手工测试为主。
- 在智能终端兼容性测试中，平板电脑与手机无法登录系统，当测试人员额外使用手机模拟器进行测试时，则可以登录系统，完成答题交卷。
- 在测试"发布试卷"功能模块时，由于测试用例 T_001 已经发现没有管理员登录入口缺陷，因此没有再执行测试用例 T_002 ~ T_006。

对上述差异进行如下分析：

- 软件实现与需求不符，不能满足用户需求，会造成系统可用性下降，达不到教学使用的目的。
- 在测试中，以手工测试为主，可以达到更高的准确度，但效率略低。
- 手机模拟器可以登录系统，表明系统设计没有问题。
- 测试用例 T_002 ~ T_006 未执行，不表明录入试卷标题、题型、题目、考试时间、答案功能未实现。

七、测试总结和评价

本报告主要对整个测试过程和结果进行总结。整个测试过程包括系统的功能测试和兼容性测试，软件缺陷主要集中在功能测试中的"发布试卷"模块，发现了 6 个严重缺陷。此外在智能终端的兼容性测试中，发现了 2 个一般缺陷。

其他未涉及的测试而可能存在的缺陷如下：

（1）保存功能：学生答题交卷完成之后，答过的试卷与分数是否可以长期保存以供查阅。

（2）删除功能：如果教师发布了错误试题，是否可以将其删除。

由于"在线考试系统"存在较多严重缺陷，整个"发布试卷"功能没有实现，这些缺陷是用户明确提出的需求，因此该系统未通过本次测试，不能予以发布。

八、建议

（1）实现"发布试卷"功能，让教师可以以管理员身份登录发布试卷，录入项包括试卷标题、题型、题目、考试时间、答案。

（2）建议丰富题目类型，不能只有判断、单选、多选、填空4种题型。

（3）完善系统使其兼容平板电脑与手机智能终端。

（4）确认系统具有保存试卷与分数的功能。

（5）在实现"发布试卷"功能时，确认教师可以删除错误试题。

单元小结

软件的测试目的如下：

（1）验证软件是否满足软件开发合同或项目开发计划、系统/子系统设计文档、软件需求规格说明、软件设计说明和软件产品说明等规定的软件质量要求。

（2）通过测试，发现软件缺陷。

（3）为软件产品的质量测量和评价提供依据。

测试的根本任务是发现并改正软件中的错误。

软件编码阶段应对源程序进行静态分析和模块测试，以保证程序的正确性。

软件测试过程的早期可以使用白盒测试方法，后期可以使用黑盒测试方法。

设计测试方案的基本目标是选用尽可能少的高效测试数据做到尽可能完善的测试，从而尽可能多地发现软件中的错误。

调试是将测试发现的软件错误及时改正。调试首先要确定错误的位置，改错应尽量避免引进新的错误。

习题 7

一、填空题

1. 等价类划分就是将输入数据按照输入需求划分为若干个子集，这些子集称为_____。

2. 等价类划分法可将输入数据划分为_____和_____。

3. 语句覆盖的目的是测试程序中的代码是否被执行，它只测试代码中的_____。

4. _____的作用是使真假分支均被执行。

5.　_____　是指判定语句中的每个条件都要取真、假值各一次。

二、判断题

1．有效等价类可以捕获程序中的缺陷，而无效等价类不能捕获缺陷。（　　　）

2．如果程序要求输入值是一个有限区间的值，可以划分为 1 个有效等价类（取值范围）和 1 个无效等价类（取值范围之外）。（　　　）

3．使用边界值方法测试时，只取边界 2 个值即可完成边界测试。（　　　）

4．语句覆盖无法考虑分支组合情况。（　　　）

5．目标代码插桩需要重新编译、链接程序。（　　　）

6．语句覆盖可以测试程序中的逻辑错误。（　　　）

三、简答题

1．软件测试目标是什么？测试应注意哪些原则？

2．什么是黑盒测试方法？什么是白盒测试方法？黑盒测试方法和白盒测试方法分别有哪几种方法？

3．简述等价类划分法的原则。

4．简述逻辑覆盖的几种方法及它们之间的区别。

单元 8　软件维护

单元导读

  软件产品开发完成交付用户使用后，就进入软件维护阶段。软件维护阶段是软件生命周期中最后的一个阶段，在精力和费用上也是投入最多的阶段。软件维护阶段的工作量甚至占整个开发全部工作量的一半以上，软件系统整个生命周期总成本的 70% 左右用于软件维护。软件运行过程中，由于种种原因，计算机程序经常需要改变，如隐藏程序漏洞的修改、功能新增、环境变化影响程序变化等。因此，对软件维护工作的重要性要有充分的认识，在软件设计时提高软件的可维护性，减少软件维护工作量和费用，从而提高软件系统的整体效益。

教学目标

- 正确认识软件维护的重要性。
- 熟悉软件维护过程。
- 熟悉软件维护中的副作用。
- 理解软件维护种类。
- 理解软件维护的困难。

任务 1　认识软件维护过程

任务描述

软件维护是软件生命周期中的一个重要阶段，同时也决定着软件生命周期的长短。为了延长软件的使用寿命，对软件系统进行错误修改、性能改进和其他属性改进，使产品适应新的运行环境，在对软件进行维护的过程中，首先要熟悉软件维护的类型，其次把握软件维护过程中会存在的困难、如何进行软件维护的实施，以及在软件维护工作中对软件系统的修改会带来哪些副作用等内容。

任务要求

熟悉软件维护的种类，熟悉软件维护过程中会存在的困难，掌握如何进行软件维护，熟悉软件维护工作中对软件系统的修改会带来哪些副作用。

知识链接

1. 软件维护概述

一般地，根据软件本身的特点，软件维护的工作量大，而且随着软件数量的增多和使用寿命的延长，软件维护的工作量占整个软件开发运行过程总工作量的比例还在持续上升。软件工程化的目的之一就是要提高软件的可维护性，减少软件维护所需要的工作量，从而降低软件系统的总成本。

2. 软件维护的定义

传统上，软件系统交付之后对其实施更改的学科叫作软件维护。通俗地说，软件系统交付使用以后，为了改正软件运行错误，或者因满足新的需求而加入新功能的修改软件的过程叫作软件维护。

软件维护与硬件维修不同，软件维护不是由于软件老化引起的，而是由于软件设计的不正确、不完善或使用环境发生变化而引起的。因此，软件维护过程也不是简单地将软件产品恢复到初始状态，以使其正常运转，而是需要给用户提供一个经过修改的软件新产品。软件维护活动就是需要改正现有错误，修改、改进现有软件以适应新环境的过程。

软件维护与软件开发过程之间的主要差别在于，软件维护不像软件开发一样从零做起，软件维护是在现有软件结构中引入修改，并且要考虑代码结构所施加的约束，此外，软件维护所允许的时间通常只是很短的一段时间。

3. 软件维护的类型

要求进行软件维护的原因多种多样，概括起来有以下 4 种类型：

（1）改正在特定使用条件下暴露出来的，测试阶段未能发现的潜在软件错误和设计缺陷。

（2）因在软件使用过程中数据环境发生变化（如事务处理代码改变），或处理环境发生变化（如安装了新硬件或更换了操作系统），需要根据实际情况，修改软件以适应这些变化。

（3）用户和数据处理人员在使用软件的过程中，经常会提出改进现有功能、增加新的功能或者改善系统总体性能等要求，为满足此类要求而对软件进行的修改。

（4）为预防软件系统的失效而对软件系统所实施的修改。

4. 软件维护的困难

软件的开发过程是否严谨，对软件维护有较大的影响。在软件开发过程中如果没有文档记录，会使软件维护难以进行；软件工程过程不考虑软件维护问题，同样会使软件难以维护。

软件维护的困难、软件维护的副作用

（1）结构性维护与非结构性维护。不采用软件工程方法开发的软件，只有程序没有文档，维护工作很难进行，称为非结构化维护。采用软件工程方法开发的软件，每个阶段都有文档，容易进行各种维护，称为结构化维护。因维护要求而引起的可能的事件流程图如图 8-1 所示。

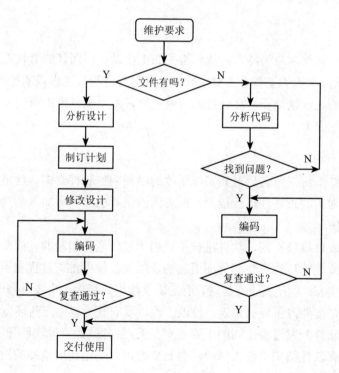

图 8-1　结构化维护与非结构化维护流程图

1）非结构化维护。图 8-1 右边的分支表示的是非结构化维护的流程。由于只有源程序，因此维护工作只能从分析源程序开始。

源程序内部的注解和说明一般不会很详尽，而软件结构、全程数据结构、系统接口、性能、设计约束等细微的特征往往很难完全搞清楚，甚至常常会产生误解。因此，往往会为分析源程序而花费大量的精力。

2)结构化维护。图8-1左边的分支表示的是结构化维护的流程。由于有完整的软件文档，维护编码任务就可从分析设计文件开始，进而确定编码软件的结构特性、功能特性和接口特性，确定需要的修改将会带来的影响并制订实施计划；然后修改设计，编写相应的源程序代码，对所作的修改进行复查，并利用在测试说明书中包含的信息重复进行过去的测试，以确保没有因本次修改而把错误引入软件中；最后把修改后的软件交付使用。

与非结构化维护相比，结构化维护能避免精力的浪费，并提高维护的总体质量。

（2）软件工程过程中不考虑维护问题造成软件维护困难。在软件生命周期的分析设计阶段，如果不进行严格而又科学的管理和规划，必然会造成维护阶段的困难。下面列举一些造成软件维护困难的常见问题。

- 理解他人编写的程序往往是非常困难的。软件文档越少，维护困难自然就越大。如果只有程序代码，而没有说明文档，将出现更严重的困难。

- 软件开发人员经常流动，因而当需要维护时，往往无法依赖开发人员本人来对软件进行解释和说明。

- 需要维护的软件往往没有足够的、合格的文档。维护时仅有文档是不够的，容易理解，并且和程序代码完全一致的文档，才对维护真正有价值。

- 绝大多数软件在设计时并不会充分考虑到以后修改的便利问题，因此，事后修改不但十分困难，而且很容易出错。

- 由于维护工作十分困难，又容易受挫，因而难以成为一项吸引人的工作。

没有采用软件工程的思想方法开发出来的软件总是会出现以上问题，而采用软件工程的思想方法则可避免或减少上述问题。

5. 软件维护的副作用

维护是为了延长软件的寿命，让软件创造更多的价值。但是维护会产生潜伏的错误或出现其他不希望出现的情况，称为维护的副作用。维护的副作用有编码副作用、数据副作用和文档副作用等3种。

（1）编码副作用。使用程序设计语言修改源程序时可能引入错误。例如：修改程序的标号、标识符、运算符、边界条件、程序的时序关系等，要特别仔细，避免引入新的错误。

（2）数据副作用。修改数据结构时可能造成软件设计与数据结构不匹配，因而导致软件错误。例如：修改局部量、全局量、记录或文件的格式、初始化控制或指针、输入/输出或子程序的参数等，容易导致设计与数据不一致。

（3）文档副作用。对数据流、软件结构、模块逻辑或任何其他特性进行修改时，必须对相关的文档进行相应修改，否则会导致文档与程序功能不匹配、文档不能反映软件当前的状态。因此，必须在软件交付之前对软件配置进行评审，以减少文档的副作用。

◯ 任务实施

1. 软件维护分种类分析

软件维护分为改正性维护、适应性维护、完善性维护和预防性维护 4 种。

（1）改正性维护（Corrective Maintenance）。软件测试不大可能找出一个大型软件系统的全部隐含错误。也就是说，几乎每一个大型程序在运行过程中，都会不可避免地出现各种错误。专门为改正错误、排除故障、消除程序漏洞（bug）而进行的软件维护叫作改正性维护。

（2）适应性维护（Adaptive Maintenance）。计算机领域的各个方面发展变化十分迅速，经常会出现新的系统或新的版本，外部设备及其他系统元件也经常在改进，而应用软件的使用时间，往往比原先的系统环境使用时间更为长久，因此，常需对软件加以改造，使之适应新的环境。为使软件产品在新的环境下仍能使用而进行的维护，称为适应性维护。

（3）完善性维护（Perfective Maintenance）。软件交给用户使用后，用户往往会要求扩充系统功能，增加系统需求规范书中没有规定的功能与性能特征等。为改善软件的性能、增加稳定性、提高处理效率、调整用户界面、减少软件的存储量等而进行的维护是完善性维护。

（4）预防性维护。为了进一步提高软件的可维护性和可靠性，需要对软件进行的其他维护称为预防性维护。

综上所述，所谓软件维护就是在软件交付使用之后，为了改正错误或满足新的需要而修改软件的过程。根据有关资料统计，各类软件维护的工作量占比大致如图 8-2 所示。

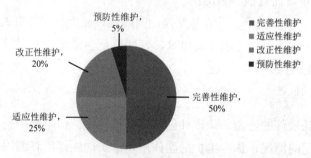

图 8-2　各类软件维护工作量占比图

2. 软件维护副作用案例分析

场景：用户登录之后，在主页判断用户状态，决定是否调用上传数据的接口。

代码简化分析：登录页面，登录成功后会本地缓存手机号、uid 等类似信息。

```
// login.vue
...
sessionStorage.setItem('uid', res.uid) // uid 接口返回
sessionStorage.setItem('phone', this.phone) // phone 手动输入
...
```

首页，获取完客户信息后，根据客户状态来判断是否调用上传数据的接口。

```
// index.vue
...
<script>
  export default {
    data () {
      return {
        phone: '',
        source: '' // url参数上获取
      }
    },
    methods: {
      getCustomerInfo () {
        axios(data).then( res => {
          if (res.status === 1) { // 这个条件下调用 upload接口
            this.phone = res.phone
            this.uploadData()
          }
        })
      },
      uploadData () {
        if (this.source === '1') {
          window.clientengine1.uploadSomeData(sessionStorage.getItem('phone'))
        }
        if (this.source === '2') {
          window.clientengine2.uploadSomeData(this.phone)
        }
      }
    },
    ready () {
      this.getCustomerInfo()
    }
  }
</script>
...
```

产品需求改动为：用户跳转到主页的时候，总是调用上传数据接口，不再判断状态。

代码修改如下：将 uploadData 方法直接移动到 ready 方法里执行。

```
    methods: {
      getCustomerInfo () {
        axios(data).then( res => {
          if (res.status === 1) { // 这个条件下调用 upload接口
            this.phone = res.phone
            // this.uploadData()
          }
        })
      },
      uploadData () {
        if (this.source === '1') {
          window.clientengine1.uploadSomeData(sessionStorage.getItem('phone'))
        }
        if (this.source === '2') {
          window.clientengine2.uploadSomeData(this.phone)
        }
      }
    },
    ready () {
      this.getCustomerInfo()
      this.uploadData()
    }
```

代码修改后引起副作用：uploadData 方法里 source 等于 2 的情况下，传递的参数为空。

引起副作用原因：uploadData 这个函数调用的时候，传递的参数数据来源不一样，一个是从 sessionStorage 里获取的（有具体值），另一个是从接口返回的（调用的时候这个值还是空）。

成功的改法：

```
uploadData () {
  const phone = sessionStorage.getItem('phone')
  if (this.source === '1') {
    window.clientengine1.uploadSomeData(phone)
  }
  if (this.source === '2') {
    window.clientengine2.uploadSomeData(phone)
  }
}
```

总结：写代码的时候，不能仅仅保证程序能正确地运行，还得保证处理数据的时候数据的来源要统一，这样修改的代码不容易出现低级错误。

任务 2　实施软件维护

任务描述

许多软件的维护十分困难，原因在于这些软件的文档像源程序一样难以理解，又难以修改。原则上软件开发工作严格按照软件工程的要求，遵循特定的软件标准或规范进行。实际开发过程中由于种种原因导致文档不全、质量差、开发过程不注意采用结构化方法、忽视设计风格等，所以在实施软件维护阶段显得尤为困难，对软件进行维护时，需要有正式或非正式的组织保证，详细记录维护过程，遵循软件维护工作流程，完成软件维护。

任务要求

熟悉软件可维护性的特性，运用可维护性度量软件质量特性；熟悉软件维护过程中的规范要求和组织管理，实施软件维护。

知识链接

1. 软件的可维护性

软件的可维护性指软件被理解、改正、调整和改进的难易程度。可维护性是指导软件工程各阶段的一条基本原则，提高软件可维护性是软件工程追求的目标之一。

影响软件可维护性的因素是多方面的，有维护人员的素质因素，有技术条件和管理方面的因素等。影响软件可维护性的与开发环境有关的因素如下：

● 是否拥有一组训练有素的软件开发人员。

- 系统结构是否可理解，是否合理。
- 文档结构是否标准化。
- 测试用例是否合适。
- 是否已有嵌入系统的调试工具。
- 所选用的程序设计语言是否合适。
- 所选用的操作系统等是否合适。

在以上影响软件可维护性的因素中，结构合理性是软件设计时最应当考虑的。如果系统结构不合理，维护难度会较大。所谓结构的合理性，主要有以下列几点为基础：模块化、结构的层次组织、系统文档的结构、命令的格式和约定、程序的复杂性等。

其他影响维护难易程度的因素还有应用的类型、使用的数据库技术、开关与标号的数量、IF 语句的嵌套层次、索引或下标变量的数量等。

此外，软件开发人员是否能参加维护也是值得考虑的因素。

2.　可维护性的度量

软件的可维护性是难以量化的概念，然而借助维护活动中可以定量估算的属性，能间接地度量可维护性。例如，进行软件维护所用的时间是可以记录并统计的，可以依据下列维护工作所需的时间来度量软件的可维护性。

- 识别问题的时间。
- 修改规格说明书的时间。
- 分析、诊断问题的时间。
- 选择维护工具的时间。
- 纠错或修改软件的时间。
- 测试软件的时间。
- 维护评审的时间。
- 软件恢复运行的时间。

软件维护过程所需的时间越短，说明软件维护就越容易。

软件的可维护性主要表现在它的可理解性、可测试性、可修改性、可移植性等方面。因而，对可维护性的度量问题也可分解成对可理解性、可测试性、可修改性、可移植性的度量问题。

（1）可理解性。软件的可理解性表现为维护人员理解软件的结构、接口、功能和内部过程的难易程度。模块化、结构化设计或面向对象设计，与源程序一致的、完整正确详尽的设计文档、源代码内部的文档，良好的高级程序设计语言等，都能提高软件的可理解性。

也可以通过对软件复杂性的度量来评价软件的可理解性，软件越复杂，理解就越困难。

（2）可测试性。可测试性代表软件被测试的容易程度。它与源代码有关，要求程序易于理解，还要求有齐全的测试文档，要求保留开发时期使用的测试用例。好的文档资料对诊断和测试至关重要。

可测试性也描述了证实程序正确性的难易程度。可测试性要求软件的需求定义应当有利于进行需求分析，易于建立测试准则，还要便于就这些准则对软件进行评价。

此外，有无可用的测试、调试工具及测试过程的确定也非常重要。在软件设计阶段就应该注意使差错容易定位，以便维护时容易找到纠错的办法。

（3）可修改性。可修改性是指修改程序的容易程度。一个可修改的程序往往是可理解的、通用的、灵活的和简明的。所谓通用，是指不需要修改程序就可使程序再次使用。所谓灵活，是指程序容易被分解和组合。

要度量一个程序的可修改性，可以通过对该程序做少量简单的改变来估算改变这个程序的难易程度。例如：对程序增加新类型的作业、改变输入／输出设备、取消输出报告等。如果对于一个简单的改变，程序中必须修改的模块超过 30%，则该程序属难以修改之列。

模块设计的内聚、耦合、局部化等因素都会影响软件的可修改性。模块抽象和信息隐蔽越好，模块的独立性越高，则修改时出错的机会也就越少。

（4）可移植性。可移植性就是指软件不加改动地从一种运行环境转移到另一种运行环境后的运行能力，即程序在不同计算机环境下能够有效地运行的能力。可移植性好的软件容易维护。

◉ 任务实施

1. 提高软件可维护性的方法

要提高软件的可维护性，应从下列几方面入手。

（1）明确软件工程的质量目标。提高可维护性是软件工程追求的目标之一。在软件开发的整个过程中，应该始终努力提高软件的可维护性，尽力设计出容易理解、容易测试和容易修改的软件。

（2）利用先进的软件技术和工具。软件技术在不断发展，新的软件工具不断出现，针对软件工程的新技术和新工具，应及时学习并应用。

（3）选择便于维护的程序设计语言。机器语言、汇编语言不易理解，难以维护，一般只有在对软件的运行时间和使用空间有严格限制或对系统硬件有特殊要求时才使用；高级语言容易理解，可维护性较好；查询语言、报表生成语言、图像语言更容易理解、使用和维护，因此选择适当的程序设计语言非常重要。程序员要慎重、综合地考虑各种因素，征求用户的意见，选择便于维护的程序设计语言。

（4）采取有效的质量保证措施。在软件开发时需确定中间及最终交付的成果，以及所有开发阶段各项工作的质量特征和评价标准。在每个阶段结束前的技术审查和管理复审中，也应着重对可维护性进行复审。验收测试是软件开发结束前的最后一次检查，它对提高软件质量，减少维护费用有着重要作用，所以应加强软件测试工作，以提高软件的可维护性，确保软件的质量。

（5）完善软件文档。软件文档应包含下述内容：

● 描述如何使用系统，没有这种描述，系统将无法使用。

● 描述怎样安装和管理系统。

● 描述系统需求和设计。

软件可维护性

● 描述系统的实现和测试。

在软件生命周期每个阶段的技术复审和管理复审中，都应对文档进行检查，对软件可维护性进行复审。软件文档的好坏直接影响软件的可维护性，以下是对软件文档的要求。

● 好的文档能提高程序的可阅读性。

● 好的文档简明、风格一致、易修改。

● 程序中的注释有利于增强程序的可理解性。

● 复杂、较长的程序，更需要有好的文档。

在软件维护阶段，利用历史文档可大大简化维护工作。历史文档有系统开发文档、软件运行错误记录和系统维护文档 3 种。

为了从根本上提高软件的可维护性，在开发时，明确质量目标、考虑软件的维护问题是必需的、重要的。在开发阶段提供规范、完整、一致的文档，采用先进的软件开发方法和软件开发工具，是提高软件可维护性的关键。

2. 软件维护的实施

软件开发机构在实施软件的维护时，需要有正式或非正式的组织保证，要详细记录具体的维护过程，软件维护通常要遵循一定的工作流程，具体如下所述：

（1）维护组织。也许并非每个软件开发机构都必须建立正式的维护组织，但至少应设立专门负责维护的非正式组织。维护组织通常以维护小组的形式出现，维护小组分为非长期维护小组和长期维护小组。非长期维护小组执行特殊或临时的维护任务，如对程序进行排错、进行完善性维护等，也可采取同事复查或同行复查方法来提高维护的效率。长期维护小组由组长、副组长、维护负责人、维护程序员等组成。组长是技术负责人，应当是有一定经验的系统分析员，具有一定的管理经验，熟悉系统的应用领域，负责向上级报告维护工作。副组长是组长的助手，应具有和组长相同的业务水平和工作经验，负责与开发部门或其他维护小组联系，在开发阶段收集与维护有关的信息，在维护阶段同开发人员继续保持联系。维护负责人是维护的行政领导，管理维护的人事工作。维护程序员负责分析程序的维护要求，并进行程序修改工作。他们应当具有软件开发与维护的知识和经验，还应当熟悉程序应用领域的知识。

（2）维护文档。维护文档有维护要求表、维护修改报告两种。

1）维护要求表。软件维护人员应当向用户提供空白的维护要求表，由要求维护的用户填写。该表应能完整描述软件产生错误的情况（包括输入数据、输出数据及其他有关信息）。对于适应性维护的要求，则应提出简单明了的维护要求规格说明。维护要求表由维护组长和维护负责人进行研究、审查批准，要避免盲目的维护。

2）软件修改报告。软件开发组织在收到用户的维护要求表后，应写一份软件修改报告，由维护组长和维护负责人审查批准后实施。该报告应包含下述内容：

● 按维护要求表进行维护所需要的工作量。

● 维护要求的性质。

● 该项要求与其他维护要求相比的优先程度。

● 预计修改后的状况。

（3）维护的流程。维护流程为用户填写维护要求表、审查批准、进行维护并做详细记录。

软件开发机构收到用户的维护申请后，把申请表交给组长去评价，再由维护程序员决定如何进行修改。

1）确定维护的类型。维护工作首先要根据维护要求表确定维护属于哪种类型。如果属于改错性维护，则需评价其出错的严重性。如果错误严重，就进一步指定人员，在系统管理员的指导配合下，分析错误的原因，进行维护。对不太严重的错误，则该项改错性的维护和其他软件开发的任务一起统筹安排。如果属于完善性或适应性维护，则先确定各个维护要求的优先次序，并且安排所需工作时间，从其意图和目标来看，属于开发工作，因此可将其视同开发任务。如果某项维护要求的优先级特别高，可立即开始维护工作。

不管是改错性、完善性还是适应性维护，都需要进行同样的技术工作，包括修改软件设计、修改源程序、单元测试、组装、有效性测试及复审等。不同类型的维护侧重点会有所不同，但总的处理方法基本相同。

当然，有时软件维护申请的处理过程并不完全符合上述事件流，例如：出现紧急软件问题时，就出现所谓"救火"维护要求，在这种情况下，就需要立即投入人力进行维护。

2）维护记录的保存。哪些维护记录值得保存下来？有人提出如下清单供读者参考：

● 维护要求表的标识、维护类型。
● 程序名称。
● 所用的编程语言。
● 程序句数或机器指令条数。
● 程序开始使用的日期。
● 已运行次数、故障处理次数。
● 程序改变的级别及名称。
● 修改程序所增加的源语句数、所删除的源语句数。
● 各次修改耗费的人数 × 时数。
● 维护开始和结束的日期。
● 累计用于维护的人数 × 时数。
● 维护工作的净收益。

为每项维护工作收集上述数据，进而可对维护工作进行复审。

3）维护的复审。

软件维护以后要对维护工作进行复审，再次检验软件文档的各个组成部分的有效性，并保证确实满足了维护要求表中的所有要求。软件维护复审时须检查以下问题：

● 设计、编码、测试工作的完成情况。
● 维护资源的使用情况。
● 维护的主要障碍和次要障碍。

复审对软件维护工作能否顺利进行有重大影响，也对将来的维护工作有重要意义，可为提高软件组织的管理效能提供重要意见。

单元小结

软件维护（Software Maintenance）就是在软件产品交付之后对其进行修改，以纠正错误、改进性能和其他属性或使产品适应新的环境。

软件维护分改正性维护、适应性维护、完善性维护和预防性维护 4 种。

软件的可维护性就是维护人员对该软件进行维护的难易程度，具体包括理解、改正、改动和改进该软件的难易程度。

提高软件的可维护性是软件工程各阶段追求的目标之一。

在软件开发时，明确质量目标、考虑软件的维护问题是必需的、重要的。软件开发阶段应提供完整、一致的文档，采用先进的软件开发方法和软件开发工具是提高软件可维护性的关键。

习题 8

1．什么叫软件维护，它有哪几种类型？

2．非结构化维护和结构化维护的主要区别是什么？

3．软件维护有哪些副作用？

4．什么叫软件的可维护性？它主要由哪些因素所决定？

5．如何度量软件的可维护性？

6．如何提高软件的可维护性？

7．从下列论述中选择出关于软件可维护性的正确叙述。

（1）在进行需求分析时，就应该同时考虑软件可维护性问题。

（2）在完成测试作业之后，为缩短源程序长度，应删去源程序中的注解。

（3）尽可能在软件生产过程中保证各阶段文档的正确性。

（4）编码时应尽可能使用全局量。

（5）选择时间效率和空间效率尽可能高的算法。

（6）尽可能利用计算机硬件的特点。

（7）重视程序的结构设计，使程序具有较好的层次结构。

（8）使用软件维护工具或支撑环境。

（9）在进行总体设计时应加强模块间的联系。

（10）提高程序的易读性，尽可能使用高级语言编写程序。

（11）为了加快维护作业的进程，应尽可能增加维护的人数。

8．从供选择的答案中选出与下列各条叙述关系最密切的顺号填在横线上。

软件从一个计算机系统或环境转移到另一个计算机系统或环境的容易程度。　　A

软件在投入使用时，实现其指定功能的可能程度。　　B　

软件使不同的系统约束条件和用户需求得到满足的容易程度。　　C　

在规定条件下和规定时间内，检查软件实现所指定功能的可能程度。　　D　

尽管有不合法的输入，软件仍能继续正常工作的能力。　　E　

①可测试性　②可理解性　③可靠性　④可移植性　⑤可用性

⑥兼容性　⑦健壮性　⑧可修改性　⑨可接近性　⑩一致性

单元 9　面向对象方法与 UML

面向对象（Objected Oriented，OO）方法是 1979 年以后发展起来的一个新方法，是当前软件工程方法学的主要方向，也是目前最有效、最实用和最流行的软件开发方法之一。其开发过程分为面向对象分析（Object Oriented Analysis，OOA）和面向对象设计（Object Oriented Design，OOD）两个步骤，面向对象设计方法不强调分析与设计之间的严格区分，不同的软件工程阶段可以交错、回溯，在分析和设计时所用的概念和表示方法相同。面向对象的分析和设计仍然有不同的分工和侧重点，分析阶段建立一个独立于系统实现的 OOA 模型；设计阶段考虑与实现有关的因素，对 OOA 模型进行调整，并补充与实现有关的部分，形成面向对象设计 OOD 模型。UML 是统一建模语言（Unified Modeling Language），是一种直观、通用的可视化建模语言。

- 了解面向对象的意义。
- 掌握面向对象的方法。
- 了解 UML 的发展。
- 掌握 UML 语言。
- 理解 UML 图的使用。
- 运用 UML 解决实际中的问题。

任务 1 认识面向对象方法

任务描述

软件工程的传统方法将结构化分析和结构化设计人为地分离成两个独立的部分，将描述数据对象和描述作用于数据上的操作分别进行。实际上，数据和对数据的处理是密切相关、不可分割的，分别处理会增加软件开发和维护的难度。面向对象技术考虑问题的基本原则是，尽可能模拟人类习惯的思维方式。面向对象（OO）使描述问题的问题空间（也称为问题域）与实现解法的解空间（也称为求解域）在结构上尽可能一致。

任务要求

理解面向对象的含义，熟悉面向对象的特点，掌握 UML 建模语言以及在实际工作中的运用，能够运用面向对象思维解决软件开发过程中出现的问题。

知识链接

面向对象方法的要点是对象、类、继承和消息传递。

（1）对象。面向对象方法把客观世界中的实体抽象为问题域中的对象（Object），用对象分解取代了传统的功能分解。

1）对象的定义。在应用领域中有意义的、与所要解决的问题有关系的任何事物都可以作为对象，并且既不能遗漏所需的对象，也不能包含与问题无关的对象。对象可以是具体物理实体的抽象、人为的概念、任何有明确边界和意义的事物，如一名学生、一个班级、借书、还书等。一个对象由一组属性和对这组属性进行操作的一组方法（服务）组成。对象之间通过消息通信，一个对象通过向另一个对象发送消息激活某个功能。

2）对象的特点。

● 以数据为核心。操作围绕对其数据所需要做的处理来设置，操作的结果往往与当时所处的状态（数据的值）有关。

● 主动性。对象是进行处理的主体，不是被动地等待对它进行处理，所以必须通过接口向对象发送消息，请求它执行某个操作，处理它的私有数据。

● 数据封装。对象的数据封装在黑盒里，不可见，对数据的访问和处理只能通过公有的操作进行。

● 本质上具有并行性。不同对象各自独立地处理自身的数据，彼此通过传递信息完成通信。

● 模块独立性好。模块内聚性强，耦合性弱。

（2）类。类（Class）是具有相同属性和相同方法的一组对象的集合。它为属于该类的对象提供了统一的抽象描述。同类对象具有相同的属性和方法，属性的定义形势相同，每个对象的属性值不同。例如：学生类可以定义属性学号、姓名、班级等，每个学生具有自己特有的属性值。

（3）继承。面向对象方法按照父类（或称为基类）与子类（或称为派生类）的关系，把若干个对类组成一个具有层次结构的系统（也称为类等级）。在层次结构中，下层的派生类具有与上层的基类相同的特性（包括数据和方法），这种现象称为继承（Inheritance），也就是说，在层次结构中，类具有父类的特性（数据和方法），子类只需定义本身特有的数据和方法。例如，学校的学生类，学生类可以分为本科生、研究生两个子类，可根据学生入学条件不同、在校学习的学制不同、学习的课程不同等，分别定义不同的子类，但都是学生。学生类定义的数据和方法，本科生类和研究生类自动拥有，如学号、姓名、性别、班级等；本科生类和研究生类只需定义本身特有的数据和方法，如研究生的研究方向等。

面向对象方法按照父类（或称为基类）与子类（或称为派生类）的关系，把若干个对类组成一个具有层次结构的系统（也称为类等级）。在层次结构中，下层的派生类具有与上层的基类相同的特性（包括数据和方法），这种现象称为继承，也就是说在层次结构中，类具有父类的特性（数据和方法），子类只需定义本身特有的数据和方法。继承具有传递性，一个类可以继承其父类的全部数据和操作，并定义本身特有的数据和操作，而它的子类将继承它所有的数据和操作，再定义子类特有的数据和操作。一个类实际继承了它的上层的全部描述。

继承有单继承和多重继承两种。

1）单继承：一个类只允许有一个父类，即类等级的数据结构为树型结构时，类的继承是单继承。如学生分为本科生、专科生、研究生。

2）多重继承：当一个类有多个父类时，类的继承是多继承，此时类的数据结构为网状结构或图。如冷藏车继承了汽车和冷藏设备两个类的属性。

（4）消息传递。面向对象方法中对象彼此之间仅能通过传递消息（Communication with Messages）的方式相互联系。对象与传统数据的本质区别是，它不是被动地等待外界对它施加操作，而是必须通过发消息请求它执行某个操作，处理其数据。对象是处理的主体，外界不能直接对它的数据进行操作。对象的信息都被封装在该对象类的定义中，不能从外界直接对它的数据进行操作，这就是封装性。综上所述，面向对象就是使用对象、类和继承机制，并且对象之间仅能通过传递消息实现彼此通信。可以用下列方程来概括：

OO=Objects+Classes+Inheritance+Communication with Messages

（面向对象 = 对象 + 类 + 继承 + 消息传递）

仅使用对象和消息的方法，称为基于对象的方法（Object-based），不能称为面向对象方法。使用对象、消息和类的方法，称为基于类的方法（Class-based），也不是面向对象方法。只有同时使用对象、类、继承和消息传递的方法，才是面向对象的方法。

面向对象方法

面向对象方法学的主要优点：

- 与人类习惯的思维方法一致。传统的程序设计技术是面向过程的设计方法，以算法为核心，把数据和过程作为相互独立的部分，数据代表问题空间中的客体，程序代码用于处理数据。这样忽略了数据和操作之间的内在联系，问题空间和解空间并不一致。面向对象技术以对象为核心，尽可能模拟人类习惯的思维方式，使问题空间和解空间结构一致。例如，将对象分类，从特殊到一般建立类等级、获得继承等开发过程，符合人类认知世界、解决问题的思维方式。

- 稳定性好。面向对象方法用对象模拟问题域中的实体，以对象间的联系刻画实体间的联系。当系统的功能需求变化时不会引起软件结构的整体变化，只需做局部的修改。由于现实世界中的实体是相对稳定的，因此，以对象为中心构造的软件系统也比较稳定。

- 可重用性好。面向对象技术可以重复使用一个对象类。例如，创建类的实例，直接使用类；又如，派生一个当前需要的新子类。子类可以重用其父类的数据给同种程序代码，并且可以方便地进行修改和扩充，而子类的修改并不影响父类的使用。

- 较易开发大型软件产品。用面向对象技术开发大型软件时，把大型产品看作一系列相互独立的小产品，可以降低开发的技术难度和开发工作管理的难度。

- 可维护性好。由于面向对象的软件稳定性比较好，容易修改，容易理解，易于测试和调试，因此软件的可维护性好。

- 面向对象的概念。面向对象方法的主要概念包括对象、类、实例、属性、消息、方法、封装、继承、多态性及重载等。以下对前面未讲解的 7 种概念进行详细讲解。

  ➢ 实例。实例（Instance）是由某个特定的类描述的一个具体对象。一个对象是类的一个实例。例如：学生是一个类，某位学生张三就是学生类的一个实例。

  ➢ 属性。属性（Attribute）是类中所定义的数据，它是对客观世界实体所具有的性质的抽象。类的每个实例具有自己特定的属性值。例如：学生类的实例每位学生都有自己特定的姓名、学号、性别、年龄等，所以根据系统的需求，可以定义学生类的属性，包括姓名、学号、性别、年龄等。

  ➢ 消息。消息（Message）就是向对象发出的服务请求，包含了提供服务的对象标识、服务（方法）标识、输入信息、回答信息等。消息可分为同步消息和异步消息。同步消息的发送者要等待接收者的返回。异步消息的发送者在发送消息后继续自己的活动，不等待消息接收者返回信息。面向对象的消息和函数调用是不同的，函数调用往往是同步的，调用者要等待接收者返回信息。

  ➢ 方法。方法（Method）是对象所能执行的操作，也就是类中所定义的服务。方法描述了对象执行操作的算法，响应消息的方法。例如：图书馆管理系统可以定义"读者"类的服务为"借书"和"还书"。

  ➢ 封装。封装（Encapsulation）就是把对象的属性和方法结合成一个独立的系统单位，并尽可能隐蔽对象的内部细节。封装使对象形成接口部分和实现部分两个部分。通过封装把对象的实现细节相对外界隐藏起来。对于用户来说，接口部分是可见的，实现部分是不可见的。封装提供了保护对象和保护客户端两种保护：封装保护对象，防止用户直接存取对象的内部细节；封装保护客户端，防止对象实现部分的变化可能产生的副作用，使实现部分的改变不会影响到相应客户端的改变。

- 多态性。多态性（Polymorphism）就是有多种形态。在面向对象技术中，多态是指一个实体在不同条件下具有不同意义或用法的能力，当对象接收到信息时，根据对象所属的不同层次的类的用法产生不同的行为。例如研究多边形及其两个特殊类正多边形和轴向矩形（原点、两边与坐标轴重合的矩形）的绘图算法。

- 多边形绘图时需要确定 n 个顶点的坐标。正多边形绘图时需要确定其边数、中心外接圆半径以及其中一个顶点的坐标。有两条边在坐标轴上的轴向矩形，绘图时只需确定与坐标原点相对的那个顶点的坐标。因此，多边形绘图的算法就具有多态性。多态性不仅增加了面向对象软件系统的灵活性，进一步减少了信息冗余，而且显著提高了软件的可重用性和可扩充性。

- 重载。重载（Overloading）有以下两种类型。函数重载：在同一作用域内的若干个参数特征不同的函数可以使用相同的函数名。运算符重载：同一运算符可以施加于不同类型的操作数。在 C++ 语言中，函数重载是根据函数变元的个数和类型决定使用哪个实现代码的，运算符重载是根据被操作数的类型决定使用运算符的哪种语义。重载进一步提高了面向对象系统的灵活性和可读性。

任务实施

面向对象的实现主要体现在两个方面：
1. 将面向对象设计的结果翻译成用某种语言书写的面向对象程序，即编码。
2. 对用某种语言编写的面向对象程序进行有效的测试，即测试。

面向对象程序的质量基本上由面向对象的质量决定，但是所采取的编程语言和编程风格也会对程序的可靠性、可重用性及可维护性产生影响。而保证软件可靠性的主要措施是软件测试，软件测试的目标也是用测试成本尽可能低的测试方案，发现尽可能多的错误。

任务 2　认识 UML

任务描述

UML 是由世界著名的面向对象技术专家 Grady Booch、Jim Rumbuagh 和 Ivar Jacoben 发起，在著名的面向对象的 Booch 方法、对象建模技术（Object Modeling Technique，OMT）方法和面向对象软件工程（Object Oriented Software Engineering，OOSE）方法的

基础上，不断完善、发展的一种统一建模语言。

任务要求

理解 UML 建模方法和过程，掌握 UML 建模类型。

知识链接

UML 概述：UML 是一种描述、构造、可视化和文档化的软件建模语言，是面向对象技术软件分析与设计中的标准建模语言，是便于交流的通用语言。

UML 的发展：1996 年年底，UML 已经稳定地占领了面向对象技术 85% 的市场，成为事实上的工业标准。1997 年 11 月，国际对象管理组织（Object Management Group，OMG）批准把 UML 1.1 作为基于面向对象技术的标准建模语言。目前，UML 正处于修订阶段，目标是推出 UML2.0，并将其作为标准提案向国际标准组织（International Organization for Standardization，ISO）提交。在计算机学术界、软件产业界、商业界，UML 已经逐步成为人们为各种系统建立模型，描述系统体系结构、商业体系结构和商业过程时使用的工具，在实践过程中，人们还在不断扩展它的应用领域。对象技术组织（Object Technology Organization）已将 UML 作为对象建模技术的行业标准。

模型是为了理解事物而对事物作出的一种抽象，是对事物的一种书面描述。通常，模型由一组图形符号和组织这些符号的规则组成，模型的描述应当无歧义。在开发软件系统时，建立模型的目的是减少问题的复杂性，验证模型是否满足用户对系统的需求，并在设计过程中逐步把实现的有关细节加入模型中，最终用程序实现模型。

UML 采用了面向对象的概念，引入了各种独立于语言的表示符号。UML 通过建立用例模型、静态模型和动态模型完成对整个系统的建模，所定义的概念和符号可用于软件开发过程的分析、设计和实现的全过程，软件开发人员不必在开发过程的不同阶段进行概念和符号的转换。OOSE 方法的最大特点是面向用例（Use Case）。用例代表某些用户可见的功能，它实现了一个具体的用户目标。用例代表一类功能，而不是使用该功能的某一具体实例。用例是精确描述需求的重要工具，贯穿于整个软件开发过程，包括对系统的测试和验证过程。

UML 的作用：UML 统一了面向对象建模的基本概念、术语及其图形符号，便于交流。

1. UML 的设计目标

设计人员为 UML 设定了以下目标：
- 所有建立模型人员的通用建模语言。
- 尽可能简洁，但又有足够的表达能力。
- 可以为良好设计实践提供支持，如封装、框架、目标捕获、分布、并发、模式及协作等。
- 支持现代迭代构造方法，如用例驱动、建立强壮结构。
- 包含所有面向对象概念。

UML 现在已经做到了以下几点：

认识 UML

- 运用面向对象概念来构造任何系统模型。
- 是对人和计算机都适用的可视化建模语言。
- 支持独立于编程语言和开发过程的规格说明。
- 建立概念模型与可执行体之间的对应关系。
- 提供可扩展机制和特殊化机制。
- 支持更高级的开发概念，如组件、协作、模式、框架等。UML 适用于以面向对象技术来描述，任何类型的系统，而且适用于系统开发的不同阶段（从需求分析至系统设计、实现、测试、维护等的全过程）。

2．UML 的内容

UML 采用图形表示法，是一种可视化的图形建模语言。UML 的主要内容包括 UML 语义、UML 表示法和几种模型。以下对 UML 语义和 UML 表示法进行介绍。

（1）UML 的语义。UML 语义是定义在一个建立模型的框架中的，建模框架有 4 层（4 个抽象级别）。

1）UML 的基本元素层。由基本元素（Thing）组成，代表要定义的所有事物。

2）元模型层。元模型层由 UML 的基本元素组成，包括面向对象和面向构件的概念，每个概念都是基本元素的实例，为建模者和使用者提供了简单、一致、通用的表示符号和说明。

3）静态模型层。由 UML 静态模型组成，静态模型描述系统的元素及元素间的关系，常称为类模型。每个概念都是元模型的实例。

4）用例模型层。由用例模型组成，每个概念都是静态模型层的一个实例，也是元模型层的一个实例。用例模型从用户的角度描述系统需求，它是所有开发活动的指南。

（2）UML 表示法为建模者和建模工具的开发人员提供了标准的图形符号和文字表达的语法。这些图形符号和文字所表达的是应用级的模型，使用这些图形符号和正文语法为系统建模构造了标准的系统模型。

UML 表示法由 UML 图、视图、模型元素、通用机制和扩展机制组成。

1）图（Diagram）。UML 的模型是用图来表示的，共有 5 类 9 种图。

- 用例图：用于表示系统的功能，并指出各功能的操作者。
- 静态图：包括类图、对象图及包，表示系统的静态结构。
- 行为图：包括状态图和活动图，用于描述系统的动态行为和对象之间的交互关系。
- 交互图：包括顺序图和协作图，用于描述系统的对象之间的动态合作关系。
- 实现图：包括构件图和配置图，用于描述系统的物理实现。

2）视图（View）。视图由若干张图构成，从不同的目的或角度描述系统。

3）模型元素（Model Element）。图中使用的概念，例如用例、类、对象、消息和关系，统称为模型元素。模型图用相应的图形符号表示。一个模型元素可以在多个不同的图中出现，但它的含义和符号是相同的。

4）通用机制。UML 为所有元素在语义和语法上提供了简单、一致、通用的定义性说明。UML 利用通用机制为图附加一些额外信息。通用机制的表示方法如下：

- 字符串：用于表示有关模型的信息。
- 名字：用于表示模型元素。
- 标号：用于表示附属于图形符号的字符。
- 特定字符串：用于表示附属于模型元素的特性。
- 类型表达式：用于声明属性变量和参数。

5）扩展机制。UML 的扩展机制使它能够适应一些特殊方法或满足用户的某些特殊需要。扩展机制用标签、约束、版型来表示。

- UML 可以建立系统的用例模型、静态模型和动态模型，每种模型都由适当的 UML 图组成。用例模型描述用户所理解的系统功能。
- 静态模型描述系统内的对象、类、包以及类与类、包与包之间的相互关系等。
- 动态模型描述系统的行为，描述系统中的对象通过通信相互协作的方式、对象在系统中改变状态的方式等。

任务实施

为了使 UML 能很容易地适应某些特定的方法、机构或用户的需要，UML 设计了适当的扩展机制。利用扩展机制，用户可以定义和使用自己的模型元素。

UML 的扩展机制可以用 3 种形式给模型元素加上新的语义，分别为重新定义、增加新语义或对某些元素的使用增加一些限制。

1. 标签值

利用标签值（标记值）可以增加模型元素的信息。每个标签代表一种性质，能应用于多个元素。每个标签值把性质定义成一个标签名和标签值。标签名和标签值都用字符串表示，且用花括号括起来。标签值布尔值为 true（真）时，可以省略不写。

例如，抽象类通常作为父类，用于描述子类的公共属性和行为。在抽象类的类图中，类名下面加上标签 {abstract}，则表明该类不能有任何实例，如图 9-1（a）所示。对于类的 static（静态的）、virtual（虚拟的）、friend（友元）等特性，有时也可以用三角形来标记，如图 9-1（b）所示。

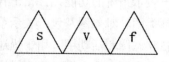

（a）在类名下面加上标签　　　（b）用三角形来标记特性

图 9-1　标签的使用

2. 约束

约束对 UML 的元素进行限制。约束可以附加在类、对象或关系上，约束写在花括号内，约束不能给已有的 UML 元素增加语义，只能限制元素的语义。

以下是约束的示例：

● {abstract}：用于类的约束，表明该类是一个抽象类。
● {complete}：用于关系的约束，表明该关系是一个完全分类。
● {hierarchy}：用于关系的约束，表明该关系是一个分层关系。
● {ordered}：用于多重性的约束，表明目标对象是有序的。
● {bag}：用于多重性的约束，表明目标对象多次出现，是无序的。

3. 版型

版型（Stereotype）能将 UML 已经定义的元素的语义进行专有化或扩展。UML 中预定义了 40 多种版型，与标签值和约束一样，用户可以自定义版型。版型的图形符号是"《 》"，括号中间写版型名，如图 9-2 所示。

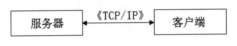

图 9-2　UML 中的版型

UML 中的元素具有通用的语义，利用版型可以对元素进行专有化和扩展。版型不是给元素增加新的属性和约束，而是直接在已有元素中增加新的语义。

任务 3　使用 UML 图

任务描述

UML 图有用例图、类图、对象图、状态图、顺序图、活动图、协作图、构件图及部署图 9 种。在实际的软件开发过程中，开发人员可以根据自己的需要选择合适的 UML 图来使用。

任务要求

理解和使用 UML 图，掌握 UML 各种图的特点和方法。

知识链接

1. 注释

折角矩形是注释的符号，框中的文字是注释内容，如图 9-3（a）所示。

2. 消息

对象之间的交互是通过传递消息完成的。UML 图中的消息都用从发送者作为起点出发的箭头线表示。UML 定义了 3 种消息，并用箭头的形状表示了消息的类型，如图 9-3（b）所示。

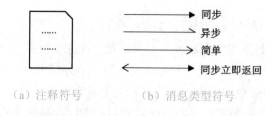

(a) 注释符号   (b) 消息类型符号

图 9-3   注释符号和消息类型符号

（1）简单消息：表示简单的控制流，只表示消息从一个对象传给另一个对象，没有描述通信的任何细节。

（2）同步消息：表示调用者发出消息后必须等待消息返回，只有当处理消息的操作执行完毕后，调用者才可以继续执行自己的操作。

（3）异步消息：发送者发出消息后，不用等待消息处理完就可以继续执行自己的操作。异步消息主要用于描述实时系统中的并发行为。

可以把一个简单消息和一个同步消息合并成一个消息（同步且立即返回），这样的消息表示操作调用一旦完成就立即返回。

3. 用例图

用例图（Use Case Diagram）定义了系统的功能需求。用例图从用户的角度描述系统功能，并指出各功能的操作者。用例图的主要元素是用例和执行者。用例图中用方框画出系统的功能范围，该系统功能的用例都置于方框中，用例的执行者都置于方框外。执行者和用例之间要进行信息扩展。

用例用椭圆表示有以下要点：

- 用例是一个类，它代表一类功能而不是使用该功能的某一具体实例。
- 用例代表某些用户可见的功能，其可以实现一个具体用户的目标。
- 用例由执行者激活，并提供确切的值给执行者。
- 用例可大可小，但必须是对一个具体用户目标实现的完整描述。

4. 执行者

- 执行者也称为角色，用一个小人图形表示。
- 执行者是与系统交互的人或物。
- 执行者是能够使用某个功能的一类人或物。

5. 通信联系

执行者和用例之间要交换信息，这一行为称为通信联系。执行者与用例之间用线段连接，表示两者之间进行通信联系。执行者不一定是一个具体的人，可能是使用该系统的其他系统或设备等，但都用人形来表示。执行者激活用例，并与用例交换信息，单个执行者可与多个用例联系，一个用例也可与多个执行者联系。对于同一个用例，不同执行者起的作用也可不同。

6. 脚本

用例的实例是系统的一种实际使用方法，称为脚本，是系统的一次具体执行过程。用例图中应尽可能包含所有的脚本，才能较完整地从用户使用的角度来描述系统的功能。

【例 9.1】请画出饮用水自动售水系统的用例图。如果投入 1 元硬币,则自动放水 5 升;投入 5 角硬币，放水 2.5 升；如果选择 1 元，投入 2 个 5 角硬币，也可放水 5 升。如果饮用水来不及生成，系统会把硬币退还顾客并亮红灯。硬币由收银员定时回收。

顾客甲投入 1 个 1 元硬币，系统收到钱后放出 5 升水，这个过程就是一个脚本。饮用水自动销售系统中，投入硬币的人可以是甲，也可以是乙，但是甲或乙不能称为执行者。因为具体某个人，如甲，可以投入 1 元硬币，可以投入 5 角硬币，也可以执行取款功能，投币 1 元硬币后把钱取走。

根据系统功能,可以将执行者分为收银员和顾客两类。顾客可以投入 1 元或 5 角的硬币，顾客投入两个 5 角硬币和投入 1 个 1 元硬币的效果相同，因此顾客买水有 2 个脚本。投入硬币后，如果饮用水来不及生成，系统会把硬币退还给顾客，并亮红灯，这个顾客取款过程是另一个脚本。收银员取款是一个脚本。因此该系统共有 4 个脚本。饮用水自动销售系统的用例图如图 9-4 所示。

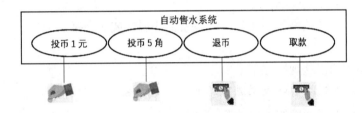

图 9-4　饮用水自动售水系统的用例图

类图和包类图（Class Diagram）描述类与类之间的静态关系。类图表示系统或领域中的实体以及实体之间的关联，由表示类的类框和表示类之间关联的连线所组成。

7. 类图的符号

类的 UML 图标是一个矩形框，分成 3 个部分，上部写类名，中间写属性，下部写操作。类的图形符号如属性图 9-5 所示。类与类之间的关系用连线表示，不同的关系操作用不同的连线和连线端点处的修饰符来区别。

图 9-5　类的图形符号和关系连线

（1）类的名称。类的名称是名词，应当含义明确、无歧义。

（2）类的属性。类的属性描述该对象的共同特性。类属性的值应能描述并区分该类的每个对象。例如，学生对象有属性"姓名"，这是每个学生都具有的共同特性，而具体的某个姓名可区分学生对象。

属性的选取符合系统建模的目的，系统需要的特性才能作为类的属性。属性的语法格式如下：

可见性 属性名 : 类型名 = 初值 { 性质串 }

例如：

+ 性别 : 字符型 =" 男 "{" 男 "," 女 "}

属性的可见性就是可访问性，通常分为如下 3 种：
- 公有的（public）：用加号（+）表示。
- 私有的（private）：用减号（−）表示。
- 保护的（protected）：用井号（#）表示。

属性名和类型名之间用冒号（:）分隔。类型名表示该属性的数据类型，类型可以是基本数据类型，如整数、实数、布尔型、字符型等，也可以是用户自定义的类型。属性的默认值用属性的初值表示；类型名和初值之间用等号连接；用花括号括起来的性质串是一个标记值，列出属性所有可能的取值，每个值之间用逗号分隔。也可以用性质串说明该属性的其他信息，比如 { 只读 }。

（3）类的操作。类的操作用于修改、检索类的属性或执行某些动作。操作只能用于该类的对象上。

描述类的操作的语法规则如下：

可见性 操作名 (参数表): 返回值类型 { 性质串 }

类与类之间的关系通常有关联关系、继承关系、依赖关系和细化关系 4 种。

8. 类的关联关系

类的关联关系表示类与类之间存在某种联系。

（1）普通关联。两个类之间的普通关联关系用直线连接来表示。类的关联关系有方向时，用黑三角表示方向，可在方向上起名字，也可不起名字，图 9-6 表示了关联的方向。不带箭头的关联可以是方向未知、未确定或双向的。

在类图中还可以表示关联中的数量关系，即参与关联的对象的个数或数量范围，如下示例。
- 0···1，表示 0～1 个对象。
- 0···* 或 *，表示 0～多个对象。
- 1···15，表示 1～15 个对象。
- 3，表示 3 个对象。
- 个数默认，表示 1。

图 9-6 所示为学生与计算机的关联，学生使用计算机，计算机被学生使用，几个学生合用 1 台计算机或多个学生使用多台计算机。

（2）限定关联。在一对多或多对多的关联关系中，可以用限定词将关联变成一对一的限定关联，限定词放在关联关系末端的一个小方框内，如图 9-7 所示。

图 9-6　类与类的普通关联　　　　图 9-7　类的限定关联

（3）关联类。为了详细说明类与类之间关联，可以用关联类来记录关联的一些附加信息，关联类与一般类一样可以定义其属性和操作（也可称为链属性）。关联类用一条虚线与关联连接。

例如，"学生"与所学习的"课程"具有关联关系，如图 9-8（a）所示。m 个学生"学习"n 门课程，每个学生学习每门课程都可得到相应的成绩、学分。可定义关联类"学习"的属性为"成绩""学分"，还可以定义它的操作，如图 9-8（b）所示。

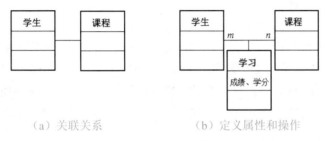

（a）关联关系　　　　　（b）定义属性和操作

图 9-8　关联类图示

（4）聚集。聚集表示类与类之间的关系是整体与部分的关系。在需求分析时，使用"包含""组成""分为"等词时，意味着存在聚集关系。

聚集关系除了一般聚集关系，还有共享聚集和复合聚集两种特殊的聚集关系。

部分对象可同时参与多个整体对象的构成，称为共享聚集，例如：学生可参加多个社团组织。一般聚集和共享聚集的表示符号都是在整体类旁画空心菱形，用直线连接部分类，如图 9-9 所示。

如果部分类完全隶属于整体类，部分与整体共存亡，则称该聚集为复合聚集，简称为组成。组成关系用实心菱形表示。例如：旅客列车由火车头和若干车厢组成，旅客列车是整体，火车头与车厢是列车的各个组成部分，车厢分为软席、硬席、软席卧铺和硬席卧铺4 种。图 9-10 所示是旅客列车组成图，此图是复合聚集图例。

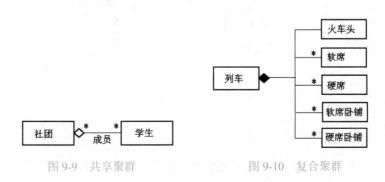

图 9-9　共享聚群　　　　　图 9-10　复合聚群

9. 类的一般—特殊关系

类与若干个互不相容的子类之间的关系称为一般—特殊关系，或称为泛化关系。

事物往往既有共同性，也有特殊性。同样，一般类中有时也有特殊类。

如果类 B 具有类 A 的全部属性和全部服务，而且具有自己的特性或服务，则 B 叫作 A 的特殊类，A 叫作 B 的一般化类。

类的一般—特殊关系（泛化关系）的图形符号如图 9-11（a）所示。图的上部是一个一般化类（汽车），下面是若干个互不相容的子类（客车和货车）。它们之间用带箭头的指示线连接，三角形的顶点指向一般化类，底部引出的直线连接特殊类。

特殊类的对象拥有其一般化类的全部属性和服务，称作特殊类对一般化类的继承。继承就是自动地拥有，因此特殊类不必重新定义一般化类中已定义过的属性和服务，只需要声明它是某个类的特殊类，定义它自己特殊的属性和服务即可。特殊类中可能还存在下一层的特殊类。

继承具有传递性。例如：一个特殊类 B 既拥有从它的一般类 A 中继承下来的属性和服务，又有自己新定义的属性和服务。当这个特殊类 B 又被它更下层的特殊类 C 继承时，类 B 从类 A 继承来的和类 B 自己定义的属性、服务被它的特殊类 C 继承下去。因此，类 C 在拥有类 A 的属性和服务的同时，也拥有类 B 的属性和服务，还有类 C 特殊的属性和服务。

继承是面向对象方法中一个十分重要的概念，是面向对象技术可以提高软件开发效率的一个重要因素。

在研究系统数据结构时，单继承关系的类形成的结构是树型结构，多继承关系的类形成的结构是网络结构。如图 9-11（a）所示为汽车类含客车与货车两个子类，子类与父类有继承关系，是树型结构，子类互不相同，客车的车厢是载客用的，货车车厢是载货用的。如图 9-11（b）所示，冷藏车继承了货车的属性和服务，同时又继承了冷藏设备的属性和服务，称为多继承，是网络结构。

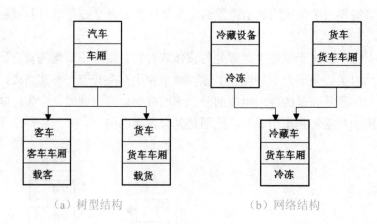

(a) 树型结构　　　　　　　　　(b) 网络结构

图 9-11　类的继承关系和多继承关系

10. 类的依赖关系

有依赖关系的两个类用带箭头的虚线连接，箭头指向独立的类，如图 9-12 所示。类

A 是独立的，类 B 以某种方式依赖于类 A，如果类 A 改变了，将影响依赖于它的类 B 中的元素。如果一个类向另一个类发送消息，一个类使用另一个类的对象作为操作的参数或者作为它的数据成员等，这样的两个类之间都存在依赖关系。连接依赖关系的虚线可以带一个版型标签，版型名写在《》内，并具体说明依赖的种类。

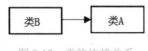

图 9-12　类的依赖关系

11.　类的细化关系

在软件开发的不同阶段都使用类图，这些类图表示了类在不同层次的抽象。类图可分为以下 3 个层次：

（1）概念层类图：在需求分析阶段用概念层类图描述应用领域中的概念。

（2）说明层类图：在设计阶段用说明层类图描述软件的接口部分。

（3）实现层类图：在实现阶段用实现层类图描述软件系统中类的实现。

当对同一事物在不同抽象层次上进行描述时，这些描述之间具有细化关系。例如：类 A 进一步详细描述后得到类 B，则称类 A 与类 B 具有细化关系，用由 B 指向 A 的虚线及空心三角形表示。类的细化关系如图 9-13 所示，类 A 进一步细化后得到类 B，类 B 细化了类 A。细化主要用于表示类的模型之间的相关性，常用于跟踪模型的演变。

12.　包

包（Package）是一种组合机制，像一个容器，可以组织模型中的相关元素，是把各种各样的模型元素通过内在的语义关系连接在一起形成的一个高内聚、低耦合的整体。包通常用于对模型的管理，有时可把包称为子系统。包的图示符号由两个矩形组成，小的矩形位于大矩形的左上方，如图 9-14 所示。包的名字可以写在小的矩形内，也可以写在大矩形内。

图 9-13　类的细化关系　　　　　　　图 9-14　包的图示

（1）当不需要关心包的内容和细节时包的多字写在小矩形内。

（2）当需要显示包的内容时，把包的名字写在小矩形内，包的内容放在大矩形内。包的内容可以是类的列表、类图或者是另一个包。包与包之间可以建立依赖、泛化和细化关系，其图形符号与类图相同。包不仅是模型的一部分，实际上还是整个系统的子系统。建模人员可将模型按内容分配在一系列的包中。

设计包时必须遵守的原则有重用等价原则、共同闭包原则、共同重用原则和非循环依赖原则，上述原则的要点如下：

● 重用等价原则。把包作为可重用的单元。把类放在包中时，方便重用以及对该包的各个版本的管理。

- 共同闭包原则。把需要同时改变的类放在一个包中。在大型项目中，往往会有许多包，对包的管理并不容易。将相互有影响的类放在一个包中，当改变一个类时，只对一个包有影响，不会影响其他包。共同闭包原则就是提高包的内聚、降低包的耦合。
- 共同重用原则。不会一起使用的类或包不要放在同一包中。
- 非循环依赖原则。包和包之间的依赖关系不要形成循环。

在 UML 中，包是一种建模元素，在建模时用来组织模型中的各种元素，是分组事物（Grouping Thing）的一种。UML 中并没有包图，通常所说的包图是指类图、用例图等。在系统运行时，并不存在包的实例。

13. 对象图

对象是类的实例。因此，对象图（Object Diagram）可以看作是类图的实例，能帮助人们理解比较复杂的类图。类图与对象图之间的区别是，对象图中对象的名字下面要加下划线。对象有以下 3 种表示方式：

（1）对象名：类名。

（2）类名。

（3）对象名。

对象名与类名之间用冒号连接，一起加下划线。如果只有类名没有对象名，类名前一定要加冒号，冒号和类名要同时加下划线。另外，也可以只写对象名并加下划线，类名及"："省略。

例如：图 9-6 表示学生类与计算机类之间的关联关系，图 9-15 表示学生类中的对象实例"王五"与计算机类中的对象实例"6 号机"之间的关联关系，这里对象名及类名的下面都加了下划线。

图 9-15　对象图

面向对象方法在进行系统分析时，与传统方法的需求分析一样，有时应分析对象的状态，画出状态图后，才可正确地认识对象的行为并定义它的服务。并不是所有类都需要画状态图，有明确意义的状态、在不同状态下行为有所不同的类才需要画状态图。状态转换（转移）是指两个状态之间的关系，它描述了对象从一个状态进入另一个状态的情况，并执行了所包含的动作。

UML 状态图（State Chart Diagram）的符号与单元 3 介绍的状态转换图一样。

（1）椭圆或圆角矩形：表示对象的一种状态，椭圆内部填写状态名。

（2）箭头：表示从箭头出发的状态可以转换到箭头所指向的状态。

（3）事件：箭头线上方可标出引起状态转换的事件名。

（4）方括号（[]）：事件名后面可加方括号，括号内写状态转换的条件。

（5）实心圆（•）：指出该对象被创建后所处的初始状态。

（6）内部实心的同心圆◉：表示对象的最终状态。

一张状态图的初始状态只有一个，而终态可以有多个，也可以没有最终状态，只有用圆角矩形表示的中间状态。

每个中间状态有不同的操作（活动），中间状态可能包含状态名称、状态变量的名称和值、活动表 3 个部分。中间状态的 3 个组成部分如图 9-16 所示。这里状态变量和活动表都是可选项。

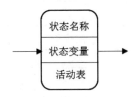

图 9-16　中间状态的 3 个组成部分

活动表经常使用下述 3 种标准事件。

（1）entry（进入）。指进入该状态的动作，相当于状态图中的初始状态，可用实心圆表示。

（2）exit（退出）。指退出该状态的动作，对应于状态图中的标识。

（3）do（做）。指在该状态下的动作，可在表示该状态的圆角框内用状态子图详细描述。

这些标准事件一般不做其他用途。活动表较复杂时也可用状态图中嵌套一个状态子图来表示。活动表中表示动作的语法如下：

事件名 (参数表)/ 动作表达式

事件名可以是任何事件，包括上述 3 种标准事件，需要时可以指定事件的参数表。动作表达式可以指定应做的动作。

状态机（State Machine）是指某对象或交互过程在其整个生命周期中对事件做出响应而先后经历的各种状态，同时表明响应和动作。

状态机为类的对象在生命周期建立模型。状态机由对象的一系列状态和激发这些状态的转换组成，状态转换附属的某些动作可能会被执行，状态机用状态图描述。

【例 9.2】状态机举例。

图 9-17 所示是拨打电话的状态转换图，共有空闲状态和活动状态两个状态。活动状态又可具体画出拨打电话时可能遇到的几种不同情况，可在表示活动状态的圆角框内用嵌套的状态子图详细描述。

14.　顺序图

顺序图（Sequence Diagram）描述对象之间动态交互的情况，主要表示对象之间的时间顺序。顺序图中的对象用矩形框表示，框内标有对象名。

顺序图有以下两个方向。

（1）从上到下：从表示对象的矩形框开始，从上到下代表时间的先后顺序，并表示该段时间内该对象是存在的。

（2）水平方向：横向水平线的箭头指示了不同对象之间传递消息的方向。

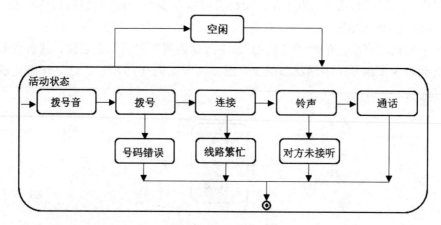

图 9-17　拨打电话状态转换图

如果对象接收到消息后立即执行某个活动，表示对象被激活了，激活用细长的矩形框表示，写在该对象的下方。消息可以带有条件表达式，用来表示分支或决定是否发送。带有分支的消息某一时刻只发送分支中的一个消息。

浏览顺序图的方法是从上到下按时间的顺序查看对象之间交互的消息。

【例 9.3】用顺序图描述打电话的操作过程。

打电话时，主叫方拿起听筒，信息就发给交换机，交换机接到信息后，发信息给主叫方，电话发出拨号音；主叫方拨电话号码，交换机发响铃信息给通话双方，被叫方在 30秒内接听电话，双方就可通话，停止铃音。若被叫方没有在 30 秒内接听电话，则停止铃音，并且不能通话。

如图 9-18 所示是一个描述打电话操作过程的顺序图，如果被叫方没有接听电话就不能通话，这样的情况在此图中反映不出来。此时可以用活动图描述。

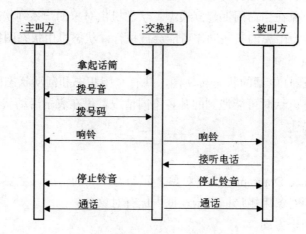

图 9-18　顺序图

活动图（Activity Diagram）是状态图的一种特殊情况，不需要指明任何事件，只要动作被执行，活动图中的状态就自动开始转换。当状态转换的触发事件是外部事件时，常用状态图来表示。如果状态转换的触发事件是内部动作的完成，即可用活动图描述。

在活动图中，用例和对象的行为中的各个活动之间通常具有时间顺序，活动图描述了这种顺序，展示出对象执行某种行为时或者在业务过程中所要经历的各个活动和判定点。每个活动用一个圆角矩形表示，判定点用菱形框表示。

【例 9.4】用活动图描述打电话的过程。

图 9-19 所示是拨打电话的过程的活动图，打电话者拿起听筒，出现拨号音，拨号连接，如果号码错误就停止；如果号码正确还要判断对方是否线路忙，线路忙则停止，线路不忙才能接通；听到响铃，若对方在 30 秒内接听电话，就进行通话，通话结束则停止；若对方超过 30 秒未接听则停止。这个活动图描述了拨打电话功能的设计方案，电话在遇到不同情况时进入不同的状态，图中含有判断。

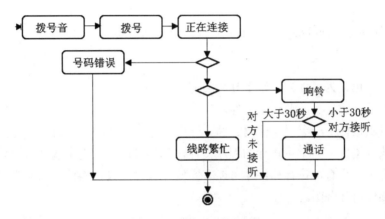

图 9-19　拨打电话活动图

15. 协作图

协作图（Collaboration Diagram）用于描述系统中相互协作的对象之间的交互关系和链接关系。协作图和顺序图都是描述对象间的交互关系。它们的侧重点不同，顺序图着重表示交互的时间顺序，协作图着重表示交互对象的静态链接关系。

协作图中的对象图示与顺序图相同。对象之间的连线代表了对象之间的关联和消息传递，每个消息箭头都带有一个消息标签。书写消息标签的语法规则如下：

前缀 [条件] 序列表达式 返回值：= 消息说明

- 前缀。前缀表示在发送当前消息之前应该把指定序列号的消息处理完。若有多个序列号，则用逗号隔开，用斜线标志前缀的结束。
- 条件。书写条件的语法规则与状态图一样，在方括号内写明条件。
- 序列表达式。序列表达式用于指定消息发送的顺序。在协作图中把消息按顺序编号，消息 1 总是序列的开始消息，消息 1.1 是处理消息 1 过程中的第 1 条嵌套消息，消息 1.2 是第 2 条嵌套消息，依此类推。

- 消息说明。消息说明由消息名和参数表组成，其语法与状态图中事件说明的语法相同。
- 返回值。返回值表示消息（操作调用）的结果。

协作图用于描述系统行为如何由系统的组成部分协作实现，只有涉及协作的对象才会被表示出来。协作图中，多对象用多个方框重叠表示。图 9-20 中描述了学生成绩管理系统中教师担任多门课程的教学任务、学生学习多门课程。

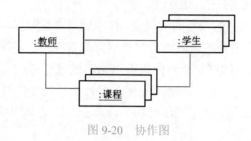

图 9-20　协作图

构件图（Component Diagram）描述软件构件之间的相互依赖关系。

16. 件的类型

软件构件（也称为组件）有以下几种类型：

（1）源构件：实现类的源代码文件。

（2）二进制构件：一个对象代码文件、一个静态库文件或一个动态库文件。

（3）可执行构件：一个可执行的程序文件，是链接所有二进制构件所得到的结果。构件的几种类型中，只有可执行构件才可能有实例。构件图只把构件表示成类型，如果要表示实例，必须使用部署图。

17. 构件的表示符号

构件的表示符号如图 9-21 所示。

- 构件图的图示符号是左边带有两个小矩形的大矩形，构件的名称写在大矩形内。
- 构件的依赖关系用一条带箭头的虚线表示，箭头的形状表示消息的类型。
- 构件的接口：从代表构件的大矩形边框画出一条线，线的另一端为小空心圆，接口的名字写在空心圆附近。这里的接口可以是模块之间的接口，也可以是软件与设备之间的接口或人机交互界面。

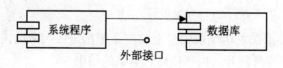

图 9-21　构件图表示符号

图 9-21 表示某系统程序有外部接口，并调用数据库。由于在调用数据库时，必须等数据系统程序数据库库中的信息返回后，程序才能进行判断、操作，因此是同步消息传送。

部署图（Deployment Diagram）描述计算机系统硬件的物理拓扑结构及在此结构上执行的软件。使用部署图可以表示硬件设备的物理拓扑结构和通信路径、硬件上运行的软件构件、软件构件的逻辑单元等。部署图常用于帮助人们理解分布式系统，其含有结点和连接、构件和接口以及对象。

18. 结点和连接

结点（Node）是一种代表运行时计算资源的分类器。一般来说，结点至少要具备存储功能，而且常常具有处理能力。运行时对象和构件可驻留在结点上。

结点可代表一个物理设备以及在该设备上运行的软件系统。例如一个服务器、一台计算机、一台打印机、一台传真机等。结点用一个立方体表示，结点名放在立方体的左上角。

结点间的连线表示系统之间进行交互通信的线路，在 UML 中称为连接。通信的类型写在表示连接的线旁，以指定所用的通信协议或网络类型。结点的连接是关联，可以加约束、版型、多重性等符号。图 9-22 所示部署图中有收银端和销售端两个结点。

19. 构件和接口

部署图中的构件代表可执行的物理代码模块（可执行构件的实例），在逻辑上可以和类图中的包或类对应。因此，部署图可以显示运行时各个包或类在结点中的分布情况。

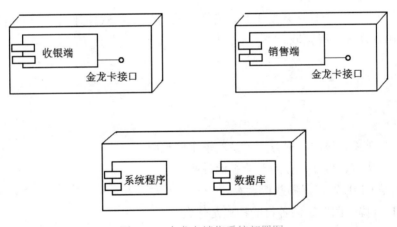

图 9-22 金龙卡销售系统部署图

在面向对象方法中，类和构件的操作和属性对外并不都是可见的，类和构件等元素对外提供的可见操作和属性称为接口。接口用一端是小圆圈的直线来表示。

20. 对象

构件中应包含一些运行的对象。部署图中的对象与对象图中的对象表示方法相同。

任务实施

【例 9.5】用部署图描述使用金龙卡的饮食销售系统。

图 9-22 所示是金龙卡饮食销售系统的部署图。该系统中有若干个销售端，每个销售

端有一个金龙卡接口和一个输入销售金额的界面。输入销售金额后，要将数据库中该金龙卡原有余额减去所输入的金额，再把得到的新余额存入数据库中。后台服务器有系统程序和数据库，系统程序用来对数据库中的数据进行处理。收银端有一个金龙卡接口和一个输入金额的界面，这里输入的金额要与数据库中该金龙卡原有的余额相加，再将得到的新余额存入数据库中。

单元小结

面向对象方法是一种将数据和处理相结合的方法。面向对象方法不强调分析与设计之间的严格区分，从面向对象分析（OOA）到面向对象设计（OOD），是一个反复多次迭代的过程。

面向对象方法使用对象、类和继承机制，对象之间仅能通过传递消息实现彼此通信。

UML 是面向对象方法使用的标准建模语言。常用的 UML 图有 9 种，包括用例图、类图、对象图、状态图、顺序图、活动图、协作图、构件图及部署图。

包也称为子系统，由类图或另一个包构成，表示包与包之间的依赖、细化、泛化等关系。包通常用于对模型的管理。

UML 是一种有力的软件开发工具，它不仅可以用来在软件开发过程中对系统进行建模，还可以用在许多工程领域。

习题 9

1. 什么是对象、属性、服务、关系？请举例说明。
2. 什么是状态、事件、行为？请举例说明。
3. 什么是 UML？它有哪些特点？
4. UML 有哪些图？它们各自的特点是什么？
5. 用 UML 较完整地描述学生成绩管理系统中的类、对象、系统功能和处理过程，画出用例图、类图、状态图、顺序图、部署图。
6. 解释包的含义。

单元 10　面向对象技术与 UML 应用

单元导读

　　面向对象技术不强调分析与设计之间的严格区分，分析和设计时所用的概念和表示方法相同，都应用 UML 描述。但面向对象分析（OOA）和面向对象设计（OOD）仍然有不同的侧重点。分析阶段应建立一个独立于系统实现的 OOA 模型，设计阶段则考虑与实现有关的因素，对 OOA 模型进行调整并补充与实现有关的部分，形成面向对象的设计 OOD。OOD 结束后要进行面向对象的系统实现和面向对象测试。

教学目标

- 了解面向对象的意义。
- 理解面向对象技术和方法。
- 掌握 UML 建模方法。
- 掌握 UML 建模在软件开发中的运用。

任务 1 认识面向对象分析

任务描述

统一过程（Rational Unified Process，RUP）是在使用 UML 开发软件时，采用用例驱动，迭代增量式的构造方法。采用这种方法时，不是一次性地向用户提交软件，而是分块逐次开发和提交软件。

任务要求

理解面向对象技术的特点，掌握面向对象分析（OOA）和面向对象设计（OOD）的内容。

知识链接

1. 面向对象分析

面向对象分析就是收集和整理用户需求并建立问题域精确模型的过程。面向对象分析需要建立的模型有对象模型、动态模型和功能模型。

面向对象分析过程的第一步是要分析得到完整准确的用户需求。开始分析用户需求陈述时，要发现和改正原始陈述中有二义性和不一致性的内容，补充修改遗漏的内容。通过反复与用户讨论、协商和交流，并通过深入的调查研究，得到更完整、更准确的用户需求陈述。

第二步是根据需求陈述对事物进行抽象，并用模型准确地表达系统需求。为了确定系统功能和目标，抽象时可根据对象的属性、服务和对象之间的关系进行表达。

对象和类是问题域中客观存在的，面向对象分析的主要任务就是通过对系统需求进行分析找出问题域中存在的对象及其相互关系。通常先找出所有的候选类，然后再从候选类中剔除那些与问题域无关的、非本质的东西。有一种简单地查找候选类的方法，称为 Wirfs-Brock 名词词组策略。这种方法以用自然语言书写的需求陈述作为依据，将其中的名词作为候选类，把形容词等描述类的特征的数据作为类属性，把动词作为类的服务的候选者，然后删除其中不必要、不正确、重复的内容，由此确定对象、类及其相互关系。

面向对象分析阶段要分析系统中所含的所有对象及其相互之间的关系。

（1）分析对象的属性、服务及消息的传递。

（2）分析对象在系统中的不同状态及状态的转换。

通过以上分析，建立系统的 3 种模型，分别为描述系统数据结构的对象模型、描述系统控制结构的动态模型、描述系统功能的功能模型。

这 3 种模型相互影响、相互制约、有机地结合在一起。后面的章节将详细介绍建立 3

种模型的方法和步骤。

2. 面向对象分析原则

面向对象分析的基础是对象模型。对象模型由问题域中的对象及其相互的关系组成。最重要的是，一定要把在应用领域中有意义的、与所要解决的问题有关系的所有事物作为对象，既不能遗漏所需的对象，也不能定义与问题无关的对象。

例如：学校图书馆图书流通管理系统中，"学生"对象的属性可包含学号、姓名、性别、年龄、借书编号、借书日期及还书日期等，但没有必要把学生的学习成绩、政治面貌作为属性。

面向对象分析的原则有两个，即包含原则和排斥原则：

（1）包含原则。在对现实世界中的事物进行抽象时，强调对象的各个实例的相似方面。

例如，学生进校后，学校要把学生分为若干个班级，"班级"是一种对象。描述：同一年进校，学习相同的专业，同时学习各门课程，一起参加各项活动的学生，有相同的班长，相同的班主任，班上学生按一定的顺序编排学号等。"班级"通常有编号，如 2009 年入学的计算机科学与技术学院（代号 01）计算机应用专业（代号 02）1 班编号为 09010201。

（2）排斥原则。对不能抽象成某一对象的实例，要明确地排斥。

任务实施

例如：同一年进校，不同专业的学生不在同一班级；同一专业，不是同一年份进校的学生不在同一班级；有时一个专业，同一届学生人数较多，可分几个班级，这时不同班级的编号不相同，比如 2009 年入学的计算机应用专业 1 班的班级号为 09010201，2009 年入学的计算机应用专业 2 班的班级号为 09010202。

在定义对象时，还应描述对象与其他对象的关系、背景信息等。

例如：班级有班主任，各门课程有对应的任课教师、上课时间和地点，班级有一定数量的学生；如果学生留级，就应安排到下一届相同专业的班级中去学习。

在对象模型中描述对象时要规范，如对象描述常用现在时态的陈述性语句，避免模糊有二义性的术语。

例如：班级编号为 09010201，学生在校期间升级时班级编号一直保持不变，学生毕业后，该班级就不存在了，但是班级编号仍可作为学生档案中的信息备查。

任务 2　建立对象模型

任务描述

对象模型是面向对象分析阶段所建立的 3 个模型中最关键的一个模型，对象模型表示静态的、结构化系统的数据性质。它是对客观世界实体中对象及其相互之间关系的映射，描述了系统的静态结构。建立对象模型首先要确定对象、类，然后分析对象、类之间的相互关系。对象类之间的关系可分为一般—特殊关系、组合关系和关联关系。对象模型用类符号、类实例符号以及类的关联关系、继承关系、组合关系等表示。有些对象具有主动服务功能，称为主动对象。

任务要求

了解静态模型表示，熟悉组合关系和关联关系。

知识链接

1. 对象

对象是系统中用来描述客观事物的一个实体，是构成系统的一个基本单位，由一组属性和一组对这组属性进行操作的服务构成。

对象标识（Object Identifier）也就是对象的名字，有外部标识和内部标识之分，前者供对象的定义者或使用者使用；后者供系统内部用来唯一识别对象。

对象标识应符合的条件有三：一是在一定的范围或领域中是唯一的；二是与对象实例的特征、状态及分类无关；三是在对象存在期间保持一致。属性是用来描述对象的静态特征的数据项。

服务是用来描述对象的动态特征（行为）的一系列操作序列。

2. 类

类是具有相同属性和服务的一组对象的集合，为属于它的全部对象提供了统一的抽象描述（属性和服务）。类的图形符号是一个矩形框，由两条横线把矩形分为 3 部分，上面是类的名称，中间是类的属性，下面列出类所提供的服务，如图 10-1（a）所示。

（a）类的图形符号　　　　　　　　　　（b）

图 10-1　类及该类的对象

一个对象是符合类定义的一个实体，又称为类的一个实例。

对象有如下 3 种表示方式：

● 对象名：类名

● 对象名

● ：类名

如图 10-1（b）所示，学生类中的对象实例"王五"与计算机类中的对象实例"6 号机"之间存在关联关系，这里对象名及类名的下面都加了下划线。这两个对象的属性和服务没有标出，因为此处强调的是两个类之间的联系，即学生王五使用 6 号计算机。

3. 类的相互关系

系统中的两个或多个类之间存在一定的关系，在实际应用时，最常出现的关系有关联关系、整体—部分关系和一般—特殊关系。在建立对象模型时，要分析系统中的所有类，确定这些类相互之间究竟存在怎样的关系。

（1）关联关系。类的关联关系反映了对象之间相互依赖、相互作用的关系。

【例 10.1】教师指导学生毕业设计，请对此案例进行多对多关联的分解。m 位教师指导 n 名学生进行毕业设计，其中每位教师指导若干名学生，每位学生由一位教师指导；每位学生完成教师指定的一个毕业设计题目，得到指导教师评定的成绩。这种关联是多对多的关联，可用图 10-2（a）表示。关联的链属性是毕业设计题目和成绩。

本例也可以将教师与学生的关联"毕业设计"定义为一个类。每位教师指导多个毕业设计课题，每个学生完成一个毕业设计课题。教师与毕业设计变为相对简单的一对多的关联关系（1:k），毕业设计与学生是一对一（1:1）的关联，如图 10-2（b）所示。这种定义方式虽然多定义了一个对象，但避免了复杂的多对多关联。

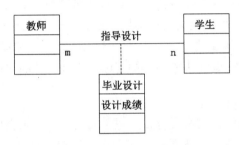

（a）多对多的关联

（b）一对多和一对一的关联

图 10-2　教师与学生关联关系

（2）整体—部分关系。整体—部分关系就是聚集关系，也称为组合关系，它反映了对象之间的构成关系。聚集关系最重要的性质是传递性。

当聚集关系有多个层次时，可以用一棵简单的聚集树来表示它。例如：一本教材由封面、前言、目录及若干章组成，每章由若干节和习题组成，其聚集树如图 10-3 所示。

（3）类的一般—特殊关系。前文已提到，类与若干个互不相容的子类之间的关系称为一般—特殊关系。

继承是面向对象方法中一个十分重要的概念，是面向对象技术可以提高软件开发效率的一个重要原因。子类可以继承父类所定义的属性和操作，又可定义本身的特殊属性和操作。

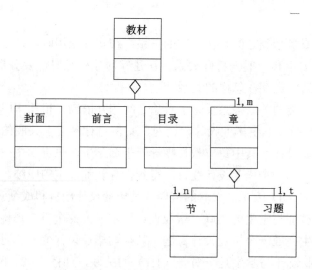

图 10-3　教材结构和聚集关系

例如，高等学校的学生就是一般化类，它的下面分为两个互不相容的子类，分别为本科生和研究生。"学生"类可以定义属性学号、姓名、性别、出生年月等，子类"本科生"类和"研究生"类可以继承父类"学生"所定义的所有属性和操作。"本科生"类可以定义其特殊的属性"专业""班级"，"研究生"类可以定义其特殊的属性"研究方向""导师"等。

4. 划分主题

在开发一个软件系统时，通常会有较大数量的类，几十个类以及类之间错综复杂的关系会使人难以理解、无从下手。人类在认识复杂事物时，往往从宏观到微观分层次进行。当考虑各部分的细节时，应围绕一个主题进行微观的思考。开发软件也可以用划分主题的方法，将系统分解为若干子系统，将复杂问题分解为一些相对简单的问题，再研究这些简单问题的解法，有时还需要确定系统中存在的主动对象。

主题（Subject）是把一组具有较强联系的类组织在一起而得到的类的集合，它有以下几个特点：

- 主题是由一组类构成的集合，但其本身不是一个类。
- 一个主题内部的对象具有某种意义上的内在联系。
- 主题的划分有一定的灵活性，强调的重点不同可以得到不同的主题划分。

主题的划分有两种方式。一种是自底向上的，先建立对象类，然后把对象类中关系较密切的类组织为一个主题，如果主题数量仍太多，则再进一步把联系较强的小主题组织为大主题，直到系统中最上层主题数不超过 7 个，这种方式适合小型系统或中型系统。另一种方式是自顶向下的，先分析系统，确定几个大的主题，每个主题相当于一个子系统，按这些子系统分别进行面向对象分析，建立各个子系统中的对象类，最后再将子系统合并为大的系统。

5. 主题图

面向对象分析时，可将问题域中的类图划分成若干个主题。主题的划分无论采用自顶向下还是自底向上方式，最终结果都是一个完整的对象类图和一个主题图。主题图有展开方式、压缩方式和半展开方式 3 种表示方式。关系较密切的对象画在一个框内，框的每个角标上主题号，框内是详细的对象类图，标出每个类的属性和服务以及类之间的详细关系，就可得展开方式的主题图；如果将每个主题号及主题名分别写在一个框内，就可得压缩方式的主题图；每个框内将主题号、主题名及该主题中所含的类全部列出，得到的就是半展开主题图。

主题的压缩可表明系统的总体情况，主题的展开则可了解系统的详细情况。

主动对象的概念、作用和意义最近几年开始受到重视。按照通常理解，对象的每个服务是在消息的驱动下执行的操作，所有这样的对象都是被动对象（Passive Object）。

在现实世界中，具有主动行为的事物并不罕见，如交通控制系统中的信号灯、军队中向全军发号施令的司令部和发现情况要及时报告的哨兵等。

主动对象是一组属性和一组服务的封装体，其中至少有一个服务不需要接收消息就能主动执行（称为主动服务）。

主动对象或主动服务可以用名称前加@来表示。在 UML 中，主动对象用加粗的边框表示，如图 10-4（a）所示，营业员就是主动对象。

除了含有主动服务外，主动对象中也可以有一些在消息驱动下执行的一般服务。主动对象的作用是描述问题域中具有主动行为的事物以及在系统设计时识别的任务，主动服务描述相应的任务所完成的操作。在系统实现阶段应被实现为一个能并发执行的、主动的程序单位，如进程或线程。例如：商品销售管理系统中的营业员就是一个主动对象，其主动服务就是登录；商场销售的上级领导（上级系统接口）也是主动对象，其可以对商场各部门发送消息，进行各种管理，如图 10-4（a）所示。

任务实施

【例 10.2】商品销售管理系统主题图。

商品销售系统是商场管理的一个子系统，它要求的功能有：为每种商品编号，记录商品的名称、库存的下限等；营业员接班后要登录、售货、为顾客选购的商品结账、为商品计价并收费、打印购物清单及合计，交班时结账、交款；系统帮助供货员发现哪些商品的数量到达安全库存量、即将脱销，需及时供货；账册用来统计商品的销售、进货量及库存量，结算资金向上级报告；上级可以发送和接收信息，如要求报账、核账、增删商品种类或变更商品价格等。

通过分析后可建立的对象有营业员、销售事件、账册、商品、商品目录、供货员、上级系统接口，并将它们的属性和服务标识在图中。这些对象之间的所有关系也在图中标出，由此可得一个完整的类图，如图 10-4（a）所示。在图 10-4（a）中，"销售事件"类是"账册"类的子类，是一对多的关系，用空心三角形连接。每次销售若干数量的"商品"是"商品目录"中的一种，因而"商品"类可看成"商品目录"的子类，也用空心三角形连接，也是一对多的关系。

分析该系统，将其中对象之间的关系比较密切的几个对象画在一个框里，例如营业员、

销售事件、账册关系比较密切；商品、商品目录关系比较密切。供货员、上级系统接口与
销售之间的关系较远，但是这两个对象有一个共同之处，它们都可以看成系统与外部的接
口。把关系较密切的对象画在一个框内，框的每个角标上主题号，就可得展开方式的主题图，
如图 10-4（a）所示。将每个主题号及主题名分别写在一个框内，就可得压缩方式的主题图，
如图 10-4（b）所示。将主题号、主题名及该主题中所含的类全部列出，就是半展开主题图，
如图 10-4（c）所示。

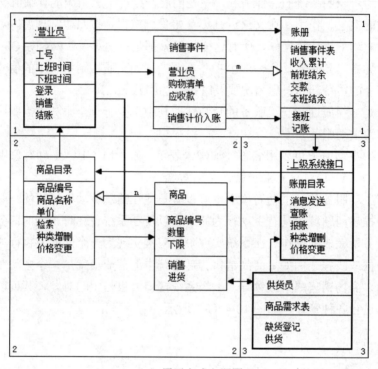

（a）展开方式主题图

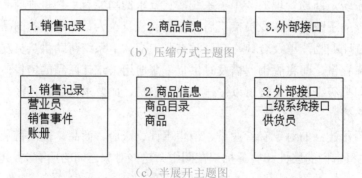

（b）压缩方式主题图

（c）半展开主题图

图 10-4　商品销售管理系统图

建立对象模型

任务 3　建立动态模型

任务描述

对象模型建立后，就需考查对象和关系的动态变化情况。面向对象分析所确定的对象及其关系都具有生命周期。对象及其关系的生命周期由许多阶段组成，每个阶段都有一系列运行规律和规则，用来调节和管理对象的行为。对象和关系的生命周期用动态模型来描述。动态模型描述对象和关系的状态、状态转换的触发事件以及对象的服务（行为）。

任务要求

了解对象及其关系的生命周期，掌握动态模型，描述对象和关系。

知识链接

1. 状态

状态是对象在其生命周期中的某个特定阶段所具有的行为模式，它是对影响对象行为的属性值的一种抽象，规定了对象对输入事件的响应方式。对象对输入事件的响应，既可以是一个或一系列的动作，也可以仅仅改变对象本身的状态。

2. 事件

事件是引起对象状态转换的控制信息，是某个特定时刻所发生的事情，是引起对象从一种状态转换到另一种状态的事情的抽象。事件没有持续时间，是瞬间完成的。

3. 服务

服务也称为行为，是对象在某种状态下所发生的一系列处理操作。

4. 编写脚本

脚本的原意是指表演戏剧、话剧、拍摄电影、电视剧等所依据的剧本，里面记载台词、故事情节等。在建立动态模型的过程中，脚本是系统执行某个功能的一系列事件。

脚本通常起始于一个系统外部的输入事件，结束于一个系统外部的输出事件，包括发生在此期间的系统的所有内部事件。编写脚本的目的是保证不遗漏系统功能中重要的交互步骤，有助于确保整个交通的正确性和清晰性。

【例 10.3】编写打电话、通话过程的脚本。

打电话、通话过程的一系列事件列举如下：

● 打电话者拿起电话受话器。

● 电话拨号音开始。

● 打电话者拨一个数字。

- 电话拨号音结束。
- 打电话者拨其他数字。
- 打电话者拨最后一个数字。
- 如果电话号码拨错，交换机提示出错信息；如果号码正确，且对方空闲，则接电话者的电话开始振铃。
- 铃声在打电话者的电话上传出。
- 如果在 30 秒内，接电话者拿起话筒，双方电话停止振铃。
- 双方进行通话。
- 接电话者挂断电话。
- 电话切断。
- 打电话者挂断电话。
- 如果拨号正确，对方正忙，打电话者的电话传出忙音。
- 如果接电话者在 30 秒内不接听电话，双方电话停止振铃。

5. 设计用户界面

交互行为可以分为应用逻辑和用户界面两部分。通常，系统分析员首先集中精力考虑系统的信息流和控制流，而不是首先考虑用户界面。

但是，用户界面的美观、方便、易学及效率，是用户使用系统时首先感受到的。用户界面的美观与否往往对用户是否喜欢、是否接受一个系统起很重要的作用。在分析阶段不能忽略用户界面的设计，应该快速建立用户界面原型，供用户试用与评价。面向对象方法的用户界面设计和传统方法的用户界面设计相同。

6. 画 UML 顺序图或活动图

UML 顺序图（也称为事件跟踪图）中，一条竖线代表应用领域中的一个类，每个事件用一条水平的箭头线表示，箭头方向从事件的发送对象指向事件的接收对象，事件时间从上向下递增。

【例 10.4】画出招聘考试管理系统的顺序图。

某市人事局举行统一招聘考试。首先，各招聘单位向人事局登记本单位各专业的招聘计划数，由人事局向社会公布招聘专业与相应的考试科目及各单位的招聘计划；然后，考生报名、填志愿，人事局组织安排考试，录入考试成绩，向考生和招聘单位公布成绩；最后，各招聘单位进行录用，发录用通知书。

经分析，该系统共有人事局、考生和招聘单位 3 个对象类。其顺序图如图 10-5 所示。

7. 画状态转换图

如果对象的属性值不相同，对象的行为规则有所不同，则称对象处于不同的状态。

由于对象在不同状态下呈现不同的行为方式，因此应分析对象的状态，才可正确地认识对象的行为，并定义它的服务。

例如，通信系统中的传真机对象就有设备关闭、忙、故障（如缺纸或卡纸）、就绪（开启并空闲）等状态，可以专门定义一个"状态"属性，该属性有以上介绍的几种属性值，每一个属性值就是一种状态。

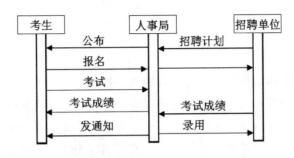

图 10-5 招聘考试管理系统顺序图

面向对象方法中的状态转换图的表示方法与传统方法中数据对象的状态转换图表示方法相同。

有了状态转换图，就可"执行"状态转换图，以便检验状态转换的正确性和协调一致性。执行方法是从任意一个状态开始，当出现一个事件时，引起状态转换，到达另一状态，在状态入口处执行相关的行为，在另一事件出现之前，这个状态应该不会发生变化。

任务实施

【例 10.5】分别画出旅馆管理系统中旅客和床位的状态转换图。

旅馆管理系统中，旅客登记以后，系统要为旅客安排房间和床位，不同规格的房间住宿费单价不同；旅客住宿若干天以后结账、退房，此时才可将床位分配给新来的旅客；床位有"空"和"住人"两种状态，只有当床位处于"空"状态时，才可以安排旅客住宿，随后床位的状态变为"住人"；旅客离开后，他所住的床位又变为"空"状态。

旅客在该系统中有旅客登记、住宿和注销 3 种状态。从"旅客登记"状态转换到"住宿"状态，是由事件"登记旅客情况"和"分配床位"的发生引起的；从"住宿"状态转换到"注销"状态，是由事件"结账"和"退房"引起的。旅客的状态转换图如图 10-6（a）所示。

床位在系统中有"空"和"住人"两个状态。"空"状态的床位可以分配旅客住宿，"住人"状态的床位不可以安排旅客住宿。行为"分配床位"引起床位从"空"状态转换为"住人"状态，"旅客退房"引起床位从状态"住人"转换为"空"。床位的状态转换图如图 10-6（b）所示。

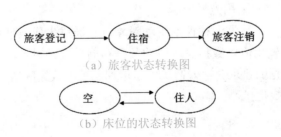

（a）旅客状态转换图

（b）床位的状态转换图

图 10-6 旅客和床位的状态转换图

建立动态模型

任务 4 建立功能模型

🔍 任务描述

功能模型由一组数据流图组成。在面向对象分析方法中，为动态模型的每个状态画数据流图，可以清楚地说明与状态有关的处理过程，在建立系统对象模型和动态模型的基础上，分析其处理过程，将数据和处理结合在一起而不是分离开来，这就是面向对象分析的独特之处。数据流图中的处理对应于状态图中的活动或动作，数据流对应于对象图中的对象或属性。

📋 任务要求

了解功能模型数据流图组成，掌握数据流中的对象或属性。

🔗 知识链接

功能模型用来说明如何处理数据以及数据之间有何依赖关系，并表明系统的有关功能。数据流图有助于描述以上问题。

建立功能模型的步骤包括确定输入、输出值，画数据流图，定义服务。

1. 确定输入、输出值

数据流图中的输入、输出值是系统与外部之间进行交互的事件的参数。

建立功能模型

2. 画数据流图

功能模型可用多张数据流图、程序流程图来表示。程序流程图符号可按《信息处理数据流程图、程序流程图、系统流程图、程序网络图和系统资源图的文件编制符号及约定》（GB 1526—1989）中的规定绘制。

- 数据流或处理流程：用带箭头的直线表示。
- 处理：用圆角框或椭圆表示。
- 数据存储：用两条平行线或两端被同方向的圆弧封口的平行线表示。
- 数据源或数据终点：用方框表示。

在面向对象方法中，数据源往往是主动对象，它通过生成或使用数据来驱动数据流。数据终点接收数据的输出流。数据流图中的数据存储是被动对象，本身不产生任何操作，只响应存储和访问数据的要求。输入箭头表示增加、更改或删除所存储的数据，输出箭头表示从数据存储中查找信息。

3. 定义服务

在建立对象模型时，确定了类、属性、关联、结构后，还要确定类的服务（操作）。

在建立动态模型和功能模型后，类的服务（操作）才能确定。

类的服务（操作）与对象模型中的属性和关联的查询有关，与动态模型中的事件有关，与功能模型的处理有关。通过分析，可把这些操作添加到对象模型中去。

类的服务（操作）有以下几种：

（1）对象模型中的服务。来自对象模型的服务（操作）有读、写属性值。

（2）来自事件的服务。事件是某个特定时刻所发生的事情，是引起对象从一种状态转换到另一种状态的事情的抽象。事件可以看成信息从一个对象到另一个对象的单向传送，发送信息的对象可能会等待对方的答复，而对方可以回答也可以不回答事件。这些状态的转换、对象的回答等，所对应的就是服务。因此事件对应于各个服务，并且同时可启动新的服务。

（3）来自状态动作和活动的服务。状态图中的活动和动作可能是服务，应该定义成对象模型的服务（操作）。

（4）来自处理的服务。数据流图中的各个处理对应对象的服务，应该添加到对象模型的服务中去。如前所述，通过面向对象分析得到的模型包括对象模型、动态模型和功能模型。对象模型为动态模型和功能模型提供基础，动态模型描述了对象实例的生命周期或运行周期。行为的发生引起状态转换，行为对应于数据流图上的处理，对象是数据流图中的存储或数据流，处理通常是状态模型中的事件。面向对象的分析就是用对象模型、动态模型、功能模型描述对象及其相互关系。

软件开发过程就是一个多次反复修改、逐步完善的过程，使用面向对象方法比使用结构化分析和设计技术更容易实现反复修改及逐步完善的过程。过程中必须把用户需求与实现策略区分开来，但分析和设计之间不存在绝对的界限；必须与用户及领域专家密切配合，协同提炼和整理用户的需求，最终的模型要得到用户和领域专家的认可。很可能需要建立原型系统，以便与用户进行更有效的交流。

4. 面向对象设计

在传统的软件工程中，软件生命周期包括可行性研究、需求分析、概要设计和详细设计、系统实现、测试和维护。面向对象设计方法也要求系统设计员进行需求分析和可行性研究，并在设计之前准备好一组需求规范。在进行软件开发时，面向对象设计方法和传统的软件工程一样包括软件分析和设计阶段，面向对象方法不强调软件分析和设计的严格区分，但还是有分工的。

面向对象分析阶段要分析系统中所包含的所有对象及其相互之间的关系。面向对象设计是把分析阶段得到的需求转变成符合成本和质量要求的、抽象的系统实现方案的过程。面向对象设计又分为系统设计和对象设计两个阶段。面向对象设计产生一组设计规范后，用面向对象程序设计语言来实现它们。

从面向对象分析到面向对象设计是一个逐渐扩充模型的过程，分析和设计活动是一个多次反复迭代的过程，具体来说就是面向对象分析、系统设计和对象设计 3 个阶段的反复循环进行。面向对象方法学在概念和表示方法上的一致性保证了各项开发活动之间的平滑过渡。

5. 系统设计

系统设计确定实现系统的策略和目标系统的高层结构，系统设计是要将系统分解为若干子系统，定义和设计系统时应使其具有良好的接口，通过接口和系统的其余部分进行通信。除了少数"通信类"，子系统中的类应该只和其内部的其他类协作，尽量降低子系统的复杂度，子系统的数量不宜太多。当两个子系统相互通信时，可以建立客户/服务器连接或端对端的连接。在客户/服务器连接方式中，每个子系统只承担一个角色，服务只是单向地从服务器流向客户端。

系统设计步骤如下：

（1）将系统分解为子系统，设计系统的拓扑结构。系统中子系统结构的组织有水平层次组织和块状组织两种方案。利用层次和块各种可能的组合，可以成功地将多个子系统组成完整的软件系统。由子系统组成完整的系统时，所使用的典型的拓扑结构有管道型、树型、星型等，设计过程中应采用与问题结构相适应的、尽可能简单的拓扑结构，以减少子系统之间的交互数量。

1）水平层次组织。水平层次组织分以下两种模式：

● 封闭式：每层子系统仅使用其直接下层提供的服务。这种模式降低了各层次之间的相互依赖性，更易理解和修改。

● 开放式：每层子系统可以使用处于其下面的任何一层子系统所提供的服务。这种模式的优点是减少了需要在每层重新定义的服务数目，使系统更高效、更紧凑；缺点是不符合信息隐蔽原则，对任何一个子系统的修改都会影响处在更高层次的系统。

2）块状组织。把系统分解成若干个相对独立的、弱耦合的子系统，一个子系统相当于一块，每块提供一种类型的服务。

（2）设计问题域子系统。问题域部分包括与应用问题直接有关的所有类和对象。识别和定义这些类和对象的工作在 OOA 中已经开始，在 OOA 阶段得到的模型描述了要解决的问题。在 OOD 阶段对在 OOA 中得到的结果进行改进和增补，主要是对 OOA 模型增添、合并或分解类－对象、属性及服务，调整继承关系等。设计问题域子系统的主要工作有调整需求、重用设计（重用已有的类）、组合问题域类、添加一般化类等。

1）调整需求。以下情况会导致面向对象分析需要修改：

● 用户需求或外部环境发生了变化。

● 分析员对问题域理解不透彻或缺乏领域专家的帮助，以致面向对象分析模型不能完整、准确地反映用户的真实需求。

2）重用设计。面向对象设计中很重要的工作是重用设计。首先选择可能被重用的类，然后标明本问题中不需要使用的重用类的属性和操作，增加从重用类到问题域类之间的一般—特殊化关系，把应用类中因继承重用类而无须定义的属性和操作标出，修改应用类的结构和连接。

3）把问题域有关的类组合起来。

在设计时，从类库中分析查找一个类作为层次结构树的根类，把所有与问题域有关的类关联到一起，建立类的层次结构。把同一问题域的一些类集合起来，存放到类库中。

4）添加一般化类。有时，某些特殊类要求一组类似的服务。此时，应添加一个一般化类，定义所有这些特殊类所共用的一组服务，在该类中定义其实现。

（3）设计人—机交互子系统。通常，子系统之间有客户—供应商（Client-Supplier）关系和平等伙伴（Peer-to-Peer）关系两种交互方式，设计过程中应尽量使用客户—供应商关系。设计人—机交互子系统时，一般会遵循一些准则和策略，其具体内容如下所述：

1）设计人—机交互界面的准则。

● 一致性：一致的术语、一致的步骤、一致的动作。

● 减少步骤：减少敲击键盘的次数、单击鼠标的次数及下拉菜单的距离，减少获得结果所需的时间。

● 及时提供反馈信息：让用户能够知道系统目前已经完成任务的多大比例。

● 提供"撤销（undo）"命令：以便用户及时撤销错误动作，消除错误造成的后果。

● 无须记忆：记住信息留待以后使用应是软件的责任，而不是用户的任务。

● 易学：提供联机参考资料，供用户参阅。

● 富有吸引力。

2）设计人—机交互子系统的策略。

a．用户分类。

● 按技能层次分类：外行、初学者、熟练者、专家。

● 按组织层次分类：行政人员、管理人员、专业技术人员、其他办事员。

● 按职能分类：顾客、职员。

b．用户。

● 用户类型。

● 使用系统欲达到的目的。

● 特征（年龄、性别、受教育程度、限制因素等）。

● 关键的成功因素（需求、爱好、习惯等）。

● 技能水平。

● 完成本职工作的脚本。

c．设计命令层次。

● 研究现有的人—机交互含义和准则。

● 确定初始的命令层次：如一系列选择屏幕，一个选择按钮或一系列图标。

● 精化命令层次：研究命令的次序、命令的归纳关系，命令层次的宽度和深度不宜过大，操作步骤要简单。

d．人—机交互类。

例如，Visual C++ 语言提供了 MFC 类库，设计人—机交互类时，仅需从 MFC 类库中选择适用的类，再派生出需要的类。

（4）设计任务管理子系统。任务（Task）是进程（Process）的别称，是执行一系列活动的一段程序。当系统中有许多并发性行为时，需要依照各个行为的协调和通信关系，划分各种任务，以简化并发性行为的设计和编码。任务管理主要包括任务的选择和调整，首先要分析任务的并发性，然后设计任务管理子系统、定义任务。

1）分析并发性。面向对象分析所建立的动态模型是分析并发性的主要依据，两个对象彼此不存在交互，或它们同时接受事件，则这两个对象在本质上是并发的。

2）设计任务管理子系统。设计任务管理子系统的相关工作如下所述：

- 识别事件驱动任务：例如一些负责与硬件设备通信的任务。
- 识别时钟驱动任务：以固定的时间间隔激发这种事件，以执行某些处理。
- 识别优先任务和关键任务：根据处理的优先级别来安排各个任务。
- 识别协调者：当有 3 项或更多任务时，应当增加一项起协调者的作用的任务。它的行为可以用状态转换图描述。
- 评审各项任务：对各任务进行评审，确保它能满足任务的事件驱动或时钟驱动，并确定优先级或关键任务和任务的协调者等。
- 确定资源需求：有可能使用硬件来实现某些子系统，现有的硬件是否能完全满足某些需求或是否需要使用比通用的 CPU 性能更高的专用硬件等。

3）定义各个任务。定义任务的工作主要包括是什么任务、如何协调工作及如何通信。

- 是什么任务：为任务命名，并简要说明这个任务。
- 如何协调工作：定义各个任务如何协调工作，指出它是事件驱动还是时钟驱动。
- 如何通信：定义各个任务之间如何通信，任务从哪里取值，结果送往何方。

（5）设计数据管理子系统。数据管理设计需提供在数据管理系统中存储和检索对象的基本结构，包括对永久性数据的访问和管理。它建立在某种数据存储管理系统之上，隔离了数据管理机构所关心的事项。

1）选择数据存储管理模式。数据存储管理模式有文件管理、关系型数据库管理系统和面向对象数据库管理系统 3 种。

- 文件管理：提供基本的文件处理能力。
- 关系型数据库管理系统：使用若干表格来管理数据。
- 面向对象数据库管理系统：以两种方法实现管理，一是对关系型数据库管理系统进行扩充，二是对面向对程序设计语言进行扩充。不同的数据存储管理模式有不同的特点，适用范围也不相同，设计人员应该根据应用系统的特点选择适用的模式。

2）设计数据管理子系统。

- 设计数据管理子系统时需要设计数据格式和相应的服务。
- 设计数据格式的方法与所使用的数据存储管理模式密切相关。
- 使用不同的数据存储管理模式时，属性和服务的设计方法是不同的。

任务实施

面向对象分析得到的对象模型通常并没有详细描述类中的服务。面向对象设计阶段是扩充、完善和细化对象模型的过程，面向对象设计的一个重要任务是设计类中的服务、实现服务的算法，还要设计类的关联、接口形式，进行设计的优化。

1. 对象描述

对象是类或子类的一个实例，对象的设计描述可以采用以下形式之一。

（1）协议描述。协议描述是一组消息和对消息的注释。对有很多消息的大型系统，可能要创建消息的类别。通过定义对象可以接收的每个消息和当对象接收到消息后完成的相关操作来建立对象的接口。

（2）实现描述。描述传送给对象的消息所蕴含的每个操作的实现细节，包括对象名字的定义和类的引用、关于描述对象属性的数据结构的定义及操作过程的细节。

2. 设计类中的服务

（1）确定类中应有的服务。需要综合考虑对象模型、动态模型和功能模型来确定类中应有的服务，如状态图中对象对事件的响应、数据流图中的处理、输入流对象、输出流对象及存储对象等。

（2）设计实现服务的方法。设计实现服务应先设计实现服务的算法，考虑算法的复杂度，考虑如何使算法容易理解、容易实现并容易修改；其次是选择数据结构，要选择能方便、有效地实现算法的数据结构；最后是定义类的内部操作，可能需要添加一些用来存放中间结果的类。

3. 设计类的关联

在应用系统中，使用关联有两种可能的方式，分别是只需单向遍历的单向关联和需要双向遍历的双向关联。单向关联可以用简单指针来实现，双向关联可以用指针集合来实现。

4. 链属性的实现

链属性的实现要根据具体情况分别处理，如果是一对一关联，链属性可作为其中一个对象的属性而存储在该对象中；如果是一对多关联，链属性可作为"多"端对象的一个属性；如果是多对多关联，可使用一个独立的类来实现链属性，如例 10.1 中的图 10-2（b）所示，将毕业设计题目作为一个对象，使教师与学生的多对多关联变为教师与毕业设计题目的一对多关联以及学生与毕业设计题目的一对一关联。

5. 设计的优化

设计的优化需要先确定优先级，设计人员必须确定各项质量指标的相对重要性，才可以确定优先级，以便在优化设计时制订折中方案。在设计时通常在效率和设计清晰性之间寻求折中，有时可以通过增加冗余的关联以提高访问效率，或调整查询次序，或保留派生的属性等来优化设计。究竟如何设计才算是优化，要取得用户和系统应用领域专家的认可才能定论。

面向对象设计除了遵循传统软件设计应遵循的基本原理，还要考虑面向对象设计的特点。后文中的准则和启发式规则可以供设计时参考。

6. 面向对象设计的准则

（1）模块化。对象就是模块，把数据结构和操作数据的方法紧密地结合在一起，构成模块。

（2）抽象。类是一种抽象数据类型，对外开放的公共接口构成了类的规格说明（即协议），接口规定了外界可以使用的合法操作符，利用操作符可以对类的实例中所包含的数据进行操作。

（3）信息隐蔽。对于类的用户来说，属性的表示方法和操作的实现算法都应该是隐蔽的。

（4）低耦合（弱耦合）。对象之间的耦合主要有交互耦合和继承耦合两种。对于交互耦合，应尽量降低消息连接的复杂程度，减少对象发送（或接收）的消息数；对于继承耦合，应提高继承耦合程度，使特殊类尽量多继承一般化类的属性和服务。

（5）高内聚（强内聚）。面向对象的内聚主要有服务内聚、类内聚和一般－特殊内聚 3 种。

- 服务内聚：一个服务应该完成一个且仅完成一个功能。
- 类内聚：类的属性和服务应该是高内聚的。
- 一般－特殊内聚：一般－特殊结构应该是对相应领域知识的正确抽取，一般－特殊结构的深度应适当。

（6）重用性。尽量使用已有的类。在确实需要创建新类时，应考虑将来是否可重复使用。

7. 面向对象设计的启发式规则

（1）设计结果应该清晰易懂。设计时用词应一致，使用已有的协议，减少消息模式的数目，避免模糊的定义。

（2）一般－特殊结构的深度应适当。类等级层次数保持在 7 个左右，不超过 9 个。

（3）设计简单的类。设计类时要避免包含过多的属性，要有明确的定义，尽量简化对象之间的相互关系，不要提供太多的服务。

（4）使用简单的协议。通常，消息的参数不要超过 3 个。在修改有复杂消息、相互关联的对象时，往往会导致其他对象的修改。

（5）使用简单的服务。如果需要在服务中使用 CASE 语句，应考虑用一般－特殊结构来代替这个类。

（6）把设计变动减到最小。设计的质量越高，设计结果保持不变的时间越长。

任务 5 实施面向对象设计

任务描述

在面向对象系统设计结束后，就可进入系统实现阶段。系统实现阶段分为面向对象程序设计（Object Oriented Programming，OOP）、测试和验收。在面向对象程序设计之前，与传统软件工程方法一样，也要先选择程序设计语言。在进行面向对象程序设计时，除了应具有一般程序设计的风格外，还要遵守一些面向对象方法的特有准则。

任务要求

熟悉系统实现阶段的内容，掌握面向对象程序设计、测试和验收过程。

知识链接

面向对象设计既可选用面向对象语言来实现，也可选用非面向对象语言来实现。重要的是要将面向对象分析和设计时的所有面向对象概念都能映射到目标程序中去。例如一般－特殊、继承等。

1. 选择编程语言的关键因素

● 与 OOA 和 OOD 有一致的表示方法。
● 具有可重用性。
● 可维护性强。

一般应尽量选择面向对象程序设计语言来实现面向对象的分析、设计结果。

2. 面向对象程序设计语言的技术特点

在选择面向对象程序设计语言时，应考查语言的下述技术特点：
● 具有支持类与对象的概念的机制。
● 实现整体－部分结构的机制。
● 实现一般－特殊结构的机制。
● 实现属性和服务的机制。
● 类型检查的机制。
● 建立类库的机制。
● 持久保存对象的机制。
● 将类参数化的机制。
● 运行效率。
● 开发环境。

3. 选择面向对象程序设计语言的实际因素

软件开发人员在选择面向对象程序设计语言时，除了考虑上述因素外，还应考虑下列因素：
● 将来能否占主导地位。
● 可重用性。
● 类库。
● 开发环境。
● 其他。例如：对运行环境的需求，对已有软件进行集成的难易程度，售后服务等。

任务实施

良好的面向对象程序设计风格，包括传统的程序设计风格和以下面向对象方法特有的准则。

（1）提高软件的可重用性。面向对象设计的一个主要目标是提高软件的可重用性。在编码阶段主要是代码的重用，可以重用本项目内部相同或相似部分的代码，也可以重用其他项目的代码。为了有助于实现重用，程序设计应遵循下述准则：

- 提高类的操作（服务）的内聚。类的一个操作应只完成单个功能，如果涉及多个功能，应把它分解成几个更小的操作。
- 减小类的操作（服务）的规模。类的某个操作的规模如果太大，应把它分解成几个更小的操作。
- 保持操作的一致性。功能相似的操作应有一致的名字、参数特征、返回值类型、使用条件及出错条件等。
- 把提供决策的操作与完成具体任务的操作分开设计。
- 全面覆盖所有条件组合。
- 尽量不使用全局量。
- 利用继承机制。

（2）提高可扩充性。以下准则有利于提高软件的可扩充性：

- 把类的实现封装起来。
- 一个操作应只包含对象模型中的有限内容，不要包含多种关联的内容。
- 避免使用多分支语句。
- 精心确定公有的属性、服务或关联。

（3）提高健壮性。以下准则有利于提高软件的健壮性：

- 预防用户的操作错误。
- 检查参数的合法性。
- 不预先设定数据结构的限制条件。
- 经过测试，再确定需要优化的代码。

任务 6　测试面向对象

任务描述

面向对象测试的主要目标和传统软件测试一样，用尽可能低的测试成本和尽可能少的测试用例，发现尽可能多的错误。面向对象软件的测试步骤从单元测试开始，逐步进行集成测试，最后进行系统测试和确认测试。最小的可测试单元是封装起来的类和对象，但是，面向对象程序的封装、继承和多态性等机制增加了测试和调试的难度，面向对象的测试可以借鉴传统软件工程方法，结合面向对象方法的实际实施。

任务要求

熟悉面向对象测试的主要目标，掌握软件测试策略和测试步骤。

知识链接

1. 面向对象测试策略

传统的单元测试集中在最小的可编译程序单位中，即子程序（模块）中。一旦这些单元都测试完，就把它们集成到程序结构中，这时要进行一系列的回归测试，以发现模块的接口错误和新单元加入程序中所带来的副作用。最后，系统被作为一个整体来测试，以发现软件需求中的错误。面向对象的测试策略与上述策略基本相同，但也有许多新特点，面向对象的测试活动向前推移到了分析模型和设计模型的测试，除此之外，单元测试和集成测试的策略都有所不同。

2. 对象和类的认定

在面向对象分析中认定的对象是对问题空间中的结构、其他系统、设备、相关的事件、系统涉及的人员等实际实例的抽象。对象和类的认定测试可以从如下方面考虑：

（1）认定的对象是否全面，认定的对象名称应该准确、适用，问题空间中所涉及的实例是否都反映在认定的抽象对象中。

（2）认定的对象是否具有多个属性，只有一个属性的对象通常应看作其他对象的属性，而不应该抽象为独立的对象。

（3）认定为同一对象的实例是否有共同的、区别于其他实例的共同属性，是否提供或需要相同的服务，如果服务随着实例变化，认定的对象就需要分解或利用继承性来分类表示。

（4）如果对象之间存在比较复杂的关系，应该检查它们之间的关系描述是否正确。例如：一般－特殊关系、整体－部分关系等。

（5）检查面向对象的设计，应该着重注意以下问题：

- 类层次结构中是否涵盖了所有在分析阶段中定义的类。
- 是否能体现面向对象分析中所定义的实例关系、消息传送关系。
- 子类是否具有父类没有的新特性。
- 子类间的共同特性是否完全在父类中得以体现。

3. 面向对象的单元测试

在测试面向对象的程序时，测试单元的概念发生了变化。封装导出了类和对象的定义，这意味着每个类和对象封装有属性和处理这些属性的方法。现在，最小的可测试单元是封装起来的类或对象，由于类中可以包含一组不同的方法，并且某个特殊方法可能作为不同类的一部分存在，因此单元测试的意义发生了较大的变化。

因此孤立地测试对象的方法是不可取的，应该将方法作为类的一部分来测试。例如：在一个父类 A 中有一个方法 x，这个父类被一组子类所继承，每个子类都继承方法 x，但是，在 x 被应用于每个子类定义的私有属性和操作环境时，由于方法 x 被使用的语境有了微妙的差别，故有必要在每个子类的语境内测试方法 x。这意味着在面向对象的语境中，只在父类中测试这个方法 x 是无效的。

面向对象的类测试与传统软件的模块测试类似，它们之间所不同的是传统的单元测试侧重于模块的算法细节和穿过模块接口的数据，而面向对象的类测试是由封装在该类中的方法和类的状态行为所驱动的。

4. 面向对象的集成测试

面向对象的集成测试与传统方法的集成测试不同，由于面向对象的软件中不存在明显的层次控制结构，因此，传统的自顶向下或自底向上的集成策略在这里是没有意义的。面向对象的集成测试有如下所述两种策略：

第一种称为基于线程的集成测试（Thread-Based Testing），这种策略所集成的是响应系统的一个输入或事件所需要的一组类，每个线程被单独地集成和测试。使用回归测试的方法进行测试，可保证集成后没有产生副作用。

第二种称为基于使用的集成测试（Use-Based Testing），这种策略首先测试几乎不使用服务器类的那些类（称为独立类），把独立类都测试完之后再测试使用独立类的下一个层次的类（称为依赖类），对依赖类的测试要一个层次一个层次地持续进行下去，直到构造出整个软件系统。

面向对象软件集成测试的一个重要策略是基于线程的集成测试。线程是对一个输入或事件做出反应的类集合。基于使用的集成测试侧重于那些不与其他类进行频繁协作的类。在进行面向对象系统的集成测试时，驱动程序和桩程序的使用也会发生变化。驱动程序可用于测试低层中的操作和整组类的测试，也可用于代替用户界面，以便在界面实现之前就可以进行系统功能的测试；桩程序可用于需要类之间协作，但其中一个或多个协作类还未完全实现的情况。

簇测试（Cluster Testing）是面向对象软件集成测试中的一步，利用试图发现协作中的错误的测试用例来测试协作的类簇。

5. 面向对象的确认测试

面向对象的验收和确认不再考虑类与类之间相互连接的细节问题，和传统方法的确认测试一样，主要用黑盒法，根据动态模型和描述系统行为的脚本来设计测试用例。验收要有用户参加，检验集成以后的系统是否正确地完成了预定的功能，能否满足用户的需求。在验收之前要反复进行测试，尽量避免验收时出现返工的现象。当然，对验收时发现一些问题做适当的修改也是难免的。

确认测试始于集成测试的结束，那时单个构件已测试完，软件已组装成完整的软件包，且接口的错误已被发现和改正。在确认测试或者系统测试时，由于不再考虑类和类之间实现的细节，因此与传统软件的确认测试基本上没有什么区别，测试内容主要集中在用户可见的操作和用户可识别的系统输出上。为了设计确认测试用例，测试设计人员应该认真研究动态模型和描述系统行为的脚本，构造出有效的测试用例，以确定最可能发现用户需求错误的情景。

确认测试的目的是验证所有的需求是否均被正确实现，对发现的错误要进行归档，对软件质量问题提出改进建议。确认测试侧重于发现需求分析的错误，即发现那些对于最终用户来说显而易见的错误。

6. 面向对象的测试步骤

面向对象的软件测试从测试对象和类开始，逐步进行集成测试，最后进行系统测试和确认测试。最小的可测试单元是封装起来的类和对象。鉴于面向对象技术的特点，虽然测试步骤名称相同，但是所执行的任务与传统的结构化方法可能有所不同。可将面向对象的测试划分为以下 6 个步骤：

（1）制订测试计划。由测试设计人员根据用例模型、分析模型、设计模型、实现模型、构架描述和补充需求来制订测试计划。其目的是规划一次迭代中的测试工作，包括描述测试策略、估计测试工作所需要的人力以及系统资源、制订测试工作的进度等。测试设计人员在制订测试计划时应该参考用例模型和补充性需求等文档来辅助估算测试的工作量。

由于每个测试用例、测试规程和测试构件的开发、执行和评估都需要花费一定的成本，而系统是不可能被完全测试的，因此一般的测试设计准则是：所设计的测试用例和测试规程能以最小的代价来测试最重要的用例，并且对风险性最大的需求进行测试。

（2）设计测试用例。传统的测试是由软件的输入、加工、输出或模块的算法细节驱动的，而面向对象测试的关键点在于设计合适的操作序列，以便测试类的状态。由于面向对象方法的核心技术是封装、继承和多态性，这给设计面向对象软件的测试用例带来了困难。以下步骤由测试设计人员根据用例模型、分析模型、设计模型、实现模型、构架描述和测试计划来设计测试用例和测试规程。

面向对象测试的最小单元是类。首先，查看类的设计说明书，设计测试用例时，检查类是否完全满足设计说明书所描述的内容。通常要开发测试驱动程序来测试类，这个驱动程序创建具体的对象，并为这些对象创造适当的环境，以便运行测试用例。驱动程序向测试用例指定的一个对象发送一个或多个消息，然后根据响应值、对象发生的变化、消息的参数来检查消息产生的结果。

类的测试用例通常有两种设计方法，一种是根据类说明来确定测试用例，另一种是根据状态转换图来构建测试用例。

类说明可用自然语言、状态转换图或类说明语句等多种形式进行描述。

在根据类说明设计了基本的测试用例后，应该检查类所对应的状态图，并补充类的测试用例。状态图说明了与一个类的实例相关联的行为，在状态图中，用两个状态之间带箭头的连线表示状态的转换，箭头指明了状态转换的方向。状态转换通常是由事件触发的，事件表达式的语法如下：

事件说明 [条件]/ 动作表达式

【例 10.6】在图书馆信息管理系统中，根据读者类的 UML 说明设计测试用例。

在图书馆信息管理系统中，读者类的 UML 说明如图 10-7 所示。

根据类说明来设计测试用例时，首先检查对类属性的操作。例如设计测试用例进行获取读者编号、编辑读者姓名等操作，以检查软件是否有错误。然后，设计测试用例以检查对数据库的操作是否有错误，例如保存、删除读者对象。最后，设计测试用例以检查其他业务操作，例如检查读者有效性操作是否有错。

在设计测试用例时，不仅要考虑正确的、有效的操作情况，还要考虑错误的、非法的操作情况。例如，在测试"判断读者有效性"操作时，测试数据中的读者编号应该分别给出正确的、错误的、非法的 3 种情况，检查其输出是否符合设计要求。

读者
读者编号 姓名 性别 出生年月 E-mail 有效性
获取、编辑 判断读者有效性 借书 还书

图 10-7　图书管理系统中读者类 UML 说明

【例 10.7】在图书馆信息管理系统中，根据状态图设计测试用例。

在图书馆信息管理系统中，可用状态图反映"图书"对象的状态变化，如图 10-8 所示。当图书的状态为"在库"时，如果发生"借书"事件，条件是"证件有效"，那么操作"出库"执行，图书的状态由"在库"变为"外借"。设计测试用例时，如果事件发生的条件有多个，应该考虑条件的各种组合情况。例如，新的图书信息产生时要经过采购、验收，然后进行编目。采购的条件是要有订单和发票，且在进行图书编目前要验收。根据图书采购时的具体情况，应该使所设计的测试用例覆盖"有订单，有发票""有订单，无发票""无订单，有发票"和"无订单，无发票"等各种情况。

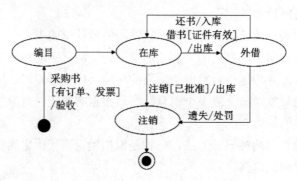

图 10-8　图书馆信息管理系统中"图书"对象的状态图

集成测试用例用于验证被组装成"构造"的构件之间能否正常地交互。测试设计人员设计一组测试用例，以便有效地完成测试计划中规定的测试目标。为此，测试设计人员应尽可能寻找一组互不重叠的测试用例，以尽可能少的测试用例发现尽可能多的问题。测试设计人员在设计集成测试用例时，要认真研究用例图、顺序图、活动图、协作图等交互图形，再从中选择若干组感兴趣的场景，即参与者、输入信息、输出结果和系统初始状态等。

系统测试用于测试系统功能在整体上是否满足要求，测试在不同条件下的用例组合的运行是否有效。这些条件包括不同的硬件配置、不同程度的系统负载、不同数量的参与者以及不同规模的数据库等。

如果一个"构造"在前面的迭代中已经通过了集成测试和系统测试，在后续的迭代开发中产生的构件可能会与其有接口或依赖关系，为了验证将它们集成在一起是否有缺陷，除了添加一些必要的测试用例进行接口验证外，充分利用前面已经使用过的测试用例来验证后续的构造也是非常有效的。设计回归测试用例时，要注意它的灵活性，应让回归测试能够适应被测试软件的变化。

集成测试主要在客户对象中发现错误，而不是在服务器对象中。集成测试的关注点是确定调用代码中是否存在错误，而不是测试被调用代码。

（3）实现测试构件。软件工程师根据测试用例、测试规程和被测试软件的编码，设计并实现测试构件，进而实现测试规程自动化。这样的测试构件在测试其他软件时可以做适当修改后重复使用。测试构件的实现有如下两种方法：

- 依赖于测试自动化工具。软件工程师根据测试规程，在测试自动化工具环境中执行测试规程所描述的动作，测试工具会自动记录这些动作，软件工程师整理这些记录，并做适当的调整，即生成一个测试构件。这种构件通常是以脚本语言实现的，例如 Visual Basic 的测试脚本。
- 软件工程师开发测试构件。软件工程师以测试规程为需求规格说明，进行分析和设计后，使用编程语言开发测试构件。很显然，开发测试构件的工程师需要有更高超的编程技巧和责任心。

（4）集成测试。集成测试人员根据测试用例、测试规程、测试构件和实现模型执行集成测试，并且将集成测试的结果返回给测试设计人员和相关的工作流负责人员。集成测试人员对每一个测试用例执行测试流程（手工或自动），实现相关的集成测试，接下来将测试结果和预期结果相比较，研究二者偏离的原因。集成测试人员要把缺陷报告给相关工作流的负责人员，由他们对有缺陷的构件进行修改；还要把缺陷报告给测试设计人员，由他们对测试结果和缺陷类型进行统计分析，评估整个测试结果。

（5）系统测试。当集成测试已表明系统满足了所确定的软件集成质量目标时，就可以开始进行系统测试了。系统测试是根据测试用例、测试规程、测试构件和实现模型对所开发的系统进行测试，并且将测试中发现的问题反馈给测试设计人员和相关工作流的负责人员。

（6）测试评估。测试评估是指测试设计人员根据测试计划、测试用例、测试规程、测试构件和测试执行者反馈的测试缺陷，对一系列的测试工作做出评估。测试设计人员将测试工作的结果和测试计划确定的目标进行对比，他们通常会准备一些度量标准，用来确定软件的质量水平，并确定还需要进一步做多少测试工作。测试设计人员尤其看重测试的完全性和可靠性两条度量标准。

任务实施

【例 10.8】在图书馆信息管理系统中，根据读者借书顺序图设计测试用例。

图 10-9 所示是描述图书馆信息管理系统中读者"借书"过程的顺序图。通过研究图 10-9，

可找出这个场景的参与者是读者和图书馆的借还书操作员。操作员输入的信息要与读者数据库和图书数据库里的信息进行交互，输入信息是读者号和图书号。输出信息可能有多种情况：图书馆有此书，可借；图书馆无此书，新书预订；此书已全部借出，可预借；读者号不存在，提示出错信息；图书号不存在，提示出错信息；读者借书的数量已经超限，不能借书。根据表示用例交互的各种图形，往往可以导出许多测试用例，当执行相应测试时，可以将捕获到的系统内各对象之间的实际交互结果与这些表示交互的图形进行比较，比如，可通过跟踪打印输出或者通过单步执行对两者进行比较，两者结果应相同，否则说明软件中存在缺陷。

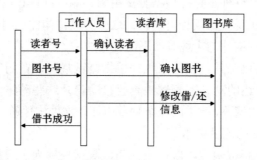

图 10-9　图书馆信息管理系统"借书"过程顺序图

任务 7　UML 应用

任务描述

为了解决对过程的描述问题，使用 UML 进行面向对象开发时，采用以用例驱动、以体系结构为中心、反复迭代的渐增式的构造方法。首先选择系统中的某些用例，完成这些用例的开发；再选择一些未开发的用例进行开发，如此迭代、渐增地进行，直至所有用例都实现。每次迭代都包括分析、设计、实现、测试和交付各个阶段，但整个项目的迭代次数不宜过多，通常以 3～5 次为宜。使用面向对象方法从建立模型开始，画出相应的 UML 图，再考虑不同的视图补充所需要的图，最后把这些图合成一个整体。这样，就可以比较全面地建立系统模型，合理正确地解决问题、设计软件。

任务要求

熟悉 UML 进行面向对象开发，掌握 UML 图的运用。

知识链接

利用 UML 进行软件开发时，在面向对象分析阶段和面向对象设计阶段所使用的描述符号相同，因此不需要严格区分这两个阶段的工作。UML 是一种标准建模语言，用来建立模型、描述某些内容、表示使用一个方法所带来的结果；但是它缺少描述解决问题的方法和执行过程的机制，缺少对过程或方法做什么、怎么做、为什么做、什么时候做的指示。

面向对象方法在开发过程中会产生的主要模型有用例模型、静态模型、动态模型和实现模型。

以下对这种模型及相关知识进行讲解。

1. 用例模型

用例模型从用户的角度描述系统需求，是所有开发活动的指南。它包括一张或多张用例图，定义了系统的用例、执行者（角色，Actor）及角色与用例之间的关联（Association），即交互行为。

由于用 UML 开发软件是对用例进行迭代渐增式构造的过程，因此要对用例进行分析，先要搞清究竟哪些用例必须先开发，哪些用例可以晚一点开发，正确制订开发计划。

（1）将用例按优先级分类：优先级高的、必须首先实现的功能，最先开发。

（2）区分用例在体系结构方面的风险大小：如果暂时不实现某个用例会导致在以后的迭代渐增开发时有大量的改写工作，这样的用例要先开发。

（3）对用例所需的工作量进行估算，合理安排工作计划。在进度方面风险大的、无法估算工作量的用例不能放到最后再开发，以免因它的实际工作量太大影响整个工程的进度。

在迭代渐增式开发软件时，每次迭代都是在前一次迭代的基础上增加另一些用例，所以对每次软件集成的结果都应进行系统测试，并向用户演示，表明用例已正确实现。所有测试用例都应予以保存，以便在以后的迭代中进行回归测试。

【例 10.9】绘制商品销售管理系统用例图。

商品销售管理系统有 5 个脚本：经理执行系统管理功能，营业员执行销售功能，会计执行账务管理功能，供货员执行供货功能，售后服务执行售后服务功能。该系统的用例图如图 10-10 所示。

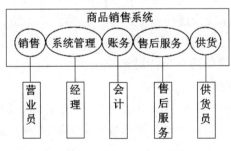

UML 应用

图 10-10　商品销售管理系统用例图

2. 静态模型

任何建模语言都以静态模型作为建模的基础，统一建模语言（UML）也不例外。静态模型描述系统的元素及元素间的关系，它定义了类、对象和它们之间的关系及组件模型。

组件是组成应用程序的可执行单元，类被分配到组件中，以提供可重复使用的应用程序构件。组件为即插即用的应用程序结构奠定了基础。

在 UML 中静态模型描述系统的元素及元素间的关系，它定义了类、对象和它们之间的关系及组件模型。组件是组成应用程序的可执行单元，类被分配到组件中，以提供可重复使用的应用程序构件，组件为即插即用的应用程序结构奠定了基础。UML 对可重用性的支持、接口、用例、协作、组件、结点等体现系统结构。静态模型使用的图包括用例图、类图、对象图、构件图和部署图等。

3. 动态模型

动态模型描述系统随时间的推移发生的行为，可以使用的 UML 图有状态图、顺序图、活动图和协作图等。

动态模型主要描述消息交互和状态机两种动作。

（1）消息交互：对象之间为达到特定目的而进行的一系列消息交换而组成的动作，可用顺序图、活动图和协作图等描述。

（2）状态机：由对象的一系列状态和激发这些状态转换的事件组成，可以用状态图描述。

4. 实现模型

实现模型包括构件图和部署图，它们描述了系统实现时的一些特性。

（1）构件图显示代码本身的逻辑结构：构件图描述系统中的软构件以及它们之间的相互依赖关系，构件图的元素有构件、依赖关系和接口。

（2）部署图显示系统运行时的结构：部署图显示系统硬件的拓扑结构和通信路径，还显示系统结构结点上执行的软件构件所包含的逻辑单元等。

5. UML 视图

视图（View）是模型的简化说明，即采用特定角度或观点，忽略与相应角度或观点无关的实体来表达系统的某一方面特征。

一个系统往往可以从不同的角度进行观察，从一个角度观察到的系统，构成系统的一个视图。每个视图是整个系统描述的一个投影，说明了系统的一个特殊侧面，若干个不同的视图可以完整地描述所建造的系统。每种视图是由若干幅图组成的，每一幅图包含了系统某一方面的信息，阐明系统的一个特定部分或方面。由于不同视图之间存在一些交叉，因此一幅图可以作为多个视图的一部分。

在 UML 中，视图可划分成 9 类，分别属于 3 个层次。在最上层中，视图被分成结构分类、动态行为和模型管理 3 个视图域，每个视图域的第 2 层包括一些视图，第 3 层由 UML 的图组成。

6. 结构分类

结构分类描述系统中的结构成员及其相互关系。结构分类包括静态视图、用例视图和实现视图。

（1）静态视图：由类图组成，主要概念为类、关联、继承、依赖关系、实现和接口。

（2）用例视图：由用例图组成，主要概念为用例、执行者、关联、扩展、用例继承。

（3）实现视图：由构件图组成，主要概念为构件、接口、依赖关系和实现。

7. 动态行为

动态行为描述系统随时间推移发生的行为。动态行为视图包括部署视图、状态视图、活动视图和交互视图。

（1）部署视图：由部署图组成，主要概念为结点、构件、依赖关系和位置。

（2）状态视图：由状态图组成，主要概念为状态、事件、转换和动作。

（3）活动视图：由活动图组成，主要概念为状态、活动、转换、分叉和结合。

（4）交互视图：由顺序图、协作图构成，主要概念为交互、对象、消息、激活、协作及角色。

8. 模型管理

模型管理说明了模型的分层组织结构。模型管理视图根据系统开发和部署组织视图，主要概念为包、子系统和模型。

9. 可扩展性

UML 的所有视图和所有图都具有可扩展性，扩展机制用约束、版型和标签值来实现。

10. UML 使用准则

UML 可以有多种模型、多种视图，它们都是用图来描述的。UML 共有用例图、类图、对象图、状态图、顺序图、活动图、协作图、构件图和部署图 9 种图。UML 的每种图形都规定了许多符号。在实际的软件开发过程中，开发人员并不需要使用所有图，也不需要对每个事物都画模型，应根据自己的需要选择使用几种图。

下面介绍一些 UML 的使用准则：

- 选择使用合适的 UML 图。应当优先选用简单的图形和符号。例如最常用的概念为用例、类、关联、属性和继承等，应当首先用图描述这些内容。
- 只对关键事物建立模型。要集中精力围绕问题的核心来建立模型，最好只画几张关键的图，经常使用并不断更新、修改这几张图。
- 分层次地画模型图。根据项目进展的不同阶段画不同层次的模型图，不要一开始就进入软件实现细节的描述。在软件分析的开始阶段，通过分析对象实例建立系统的基本元素，即对象或构件；然后建立类、建立静态模型；分析用例、建立用例模型和动态模型；在设计阶段考虑系统功能的实现方案。
- 模型应具有协调性。不同抽象层次的模型都必须协调一致。对同一事物从不同角度描述得到不同的模型、不同的视图后，要把它们合成一个整体。建立在不同层次上的模型之间的关系用 UML 中的细化关系表示出来，以便追踪系统的工作状态。
- 模型和模型的元素大小要适中。如果所要建模的问题比较复杂，可以把问题分解成若干个子问题，分别为每个子问题建模，再把每个子模型构成一个包，以降低模型的复杂性和建模的难度。

◉◉ 任务实施

统一建模语言（UML）是一种建模语言，是一种标准的表示方法。UML 可以为不同的人们提供统一的交流方法，其表示方法的标准化有效地促进了不同背景的人们的交流，有效地促进了软件分析、设计、编码和测试人员的相互理解。

UML 是一种通用的标准建模语言，可以为任何具有静态结构和动态行为的系统建立模型。UML 的目标是用面向对象的图形方式来描述任何系统，因此它具有很广泛的应用领域。其中最常用的是建立软件系统的模型，这种模型也可以用于描述非计算机软件的其他系统，例如机械系统、商业系统、处理复杂数据的信息系统、企业机构或业务流程、具有实时性要求的工业系统或工业过程等。

UML 适用于系统开发的全过程，应用于需求分析、设计、编码和测试等所有阶段。

（1）需求分析：通过建立用例模型，描述用户对系统的功能要求；用逻辑视图和动态视图来识别和描述类以及类之间的相互关系；用类图描述系统的静态结构；用协作图、顺序图、活动图和状态图描述系统的动态行为。此时只建立模型，并不涉及软件系统解决问题的细节。

（2）设计：在软件分析结果的基础上设计软件系统技术方案的细节。

（3）编码：把设计阶段得到的类转换成某种面向对象程序设计语言的代码。

（4）测试：不同软件测试段可以用不同的 UML 图作为测试的依据。例如，单元测试可以使用类图和类的规格说明；集成测试使用构件图和协作图；系统测试使用用例图；验收测试由用户使用用例图。

目前，Microsoft Visio 2000 Professional Edition 和 Enterprise Edition 包含通过逆向工程将 Microsoft Visual C++、Microsoft Visual Basic 和 Microsoft Visual J++ 代码转换为统一建模语言（UML）类图、模型的技术。逆向工程是从代码到模型的过程，有了自动逆向工程技术，既方便了软件人员对程序的理解，也方便了对程序正确性的检查。

总之，UML 适用于以面向对象方法来描述任何类型的系统，而且适用于系统开发的全过程。

任务 8　认识统一过程

◉◉ 任务描述

统一过程（Rational Unified Process，RUP）是 Rational 软件公司开发的一种软件工程处理过程软件，它采用了万维网技术，可以提高团队的开发效率，并为所有成员提供了最佳的软件实现方案。RUP 处理过程为软件开发提供了规定性的指南、模板和范例。RUP 可用来开发很多领域内的、所有类型的应用，如电子商务、网站、信息系统、实时系统和嵌入式系统等。RUP 是一个随时间推移而不断进化的过程，参与开发的任何人员都可使用它。而事实上，UML 也是由该公司 Grady Booch、Ivar Jacobson 和 Jim Rumbaugh 共同研究开发的,并在其中融入了 OOSE 等思想。统一建模语言 UML 是支持 RUP 的有力工具,RUP 使用 UML 来完成各个阶段的建模。RUP 将项目管理、商业建模、分析与设计等工作统一到一致的、贯穿至整个开发周期的处理过程中。

任务要求

熟悉 RUP,掌握 RUP 使用 UML 来完成各个阶段的建模。

知识链接

1. RUP 的开发模式

RUP 在使用 UML 开发软件时,采用用例驱动、迭代增量式的构造方法。采用这种方法,不是一次性地向用户提交软件,而是分块逐次地开发和提交软件。

为了管理、监控软件开发过程,RUP 把软件开发过程划分为多个循环,每个循环生成产品的一个新版本。每个循环都由初始阶段、细化阶段、构造阶段和提交阶段 4 个阶段组成。每个阶段要经过分析、设计、编码、集成和测试反复多次迭代,以达到预定的目的或完成确定的任务。

也可以将开发过程安排为由初始、细化、构造和提交 4 个阶段组成,只在构造阶段进行分析、设计、编码、集成和测试工作的反复多次迭代,要根据系统和设计人员的具体情况进行合理安排。使用 UML 的 RUP 开发过程如图 10-11 所示。

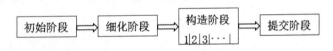

图 10-11　使用 UML 的 RUP 开发过程

（1）初始阶段。初始阶段的任务是估算项目的成本和效益,确定项目的规模、功能和架构,估计和安排项目的进度。

（2）细化阶段。细化阶段的主要目标是建立软件系统的合理架构,因此要对问题域进行分析,捕获大部分的用例,确定实际开发过程,规划开发过程的具体活动,确定完成项目所需的资源,为构造阶段制订出准确的计划。要建立用例模型、静态模型、动态模型和实现模型,并用 UML 画出所需要的图。

（3）构造阶段。构造阶段通过一系列迭代过程增量式地建造和实现用例,每次迭代都是在前一次迭代的基础上增加新的用例。每次迭代过程都要对用例进行分析、设计、编码、集成,向用户展示,写出初步的用户手册,并进行测试。

例如,对例 9.1 所示 4 个用例分别进行分析、设计、编码、测试并进行集成后,饮用水自动销售系统也就基本构造完成了。

（4）提交阶段。试用产品并改正试用中发现的缺陷后,开始进行制作产品的最终版本、安装产品、完善用户手册和培训用户等工作。

2. RUP 的特点

统一过程（RUP）的主要特点是基于构件、使用 UML（统一建模语言）、采用用例驱动和架构优先的策略。

（1）基于构件。统一过程所构造的软件系统是由软件构件建造而成的，这些软件构件定义了明确的接口，且它们相互连接成整个系统。

（2）使用 UML 统一建模语言。

（3）RUP 是用例驱动的。RUP 在开发过程中要分析用例的优先级、对系统架构的影响程度和用例的风险大小，合理安排系统构造的迭代过程。先构造那些优先级高的，对系统架构有较大影响的，或风险较大的用例，后构造其他用例。

（4）RUP 采用迭代增量方式。RUP 采用迭代增量建造方法，每次迭代增加尚未实现的用例，所有用例建造完成，系统也就建造完成了。

（5）RUP 采用构架优先方法。软件构架概念包含了系统中最重要的静态结构和动态特征，如软件应用平台（计算机体系结构、操作系统、数据库管理系统、网络通信协议等）、是否有可重用的构造块（如图形用户界面框架）、如何考虑实施问题、如何与原有系统集成以及非功能性需求（如性能、可靠性）等，体现了系统的整体设计。

用例和构架之间是相互有影响的，一方面，用例在实现时必须适合构架；另一方面，构架必须预留空间以便增加尚未实现的用例，因此构架和用例必须并行进行设计。构架设计人员必须全面了解系统，从系统的主要功能，即优先级高的用例入手，先开发一个只包括最核心功能的构架，并使构架能够进行拓展，开发构架时不仅要考虑系统的初始开发，而且要考虑将来的发展。构架优先开发的原则是 RUP 开发过程中至关重要的主题。

⊙▶任务实施

RUP 的要素有项目、产品、人员、过程、工具等。

（1）项目。一个软件项目，在规定的时间和费用范围内，由一组人员来完成，创造软件产品。这些人员根据过程按一定的组织模式开发项目的产品。

（2）产品。统一过程中所开发的产品是一个软件系统，软件系统用 UML 图、用户界面、构件、测试计划及系统模型等描述，开发过程还需要有开发计划、工作安排等管理信息。

（3）人员。统一过程自始至终都有人员参与，所牵涉的人员有用户、架构设计人员、开发人员、测试人员和项目管理人员。不同的人员所担任的角色不同，用户提供资金和系统需求并使用系统，其他人员分别进行系统的规划、开发、测试及项目管理等工作。

（4）过程。软件开发过程定义了一组完整的活动，通过这些活动将用户的需求转换为软件产品。过程组织各类人员相互配合，指导人员进行各种活动，完成产品的生产。

（5）工具。工具支持软件开发过程，将许多重复工作自动化。工具和过程是相互配套的，过程驱动工具的开发，工具指导过程的开发，过程不能缺少工具。统一过程与 UML 相结合，可以使开发过程中建模工具的描述能力增强。UML 还在不断完善和发展，若要对其有更多了解，请参阅相关文献。

任务 9　认识 Rational Rose

任务描述

　　Rational Rose 是美国的 Rational 公司出品的面向对象建模工具,是基于 UML 的可视化工具。利用这个工具,可以建立用 UML 描述的软件系统的模型,而且可以自动生成和维护 C++、Java、VB 和 Oracle 等语言或系统的代码。Rational Rose 包括了统一建模语言(UML)、面向对象软件工程(OOSE)、操作维护终端(Operation Maintenance Terminal,OMT),其中统一建模语言(UML)由 Rational 公司 3 位世界级面向对象技术专家 Grady Booch、Ivar Jacobson 和 Jim Rumbaugh 通过对早期面向对象研究和设计方法进行进一步扩展而得来的,它为可视化建模软件奠定了坚实的理论基础。

任务要求

　　了解 Rational Rose,掌握面向对象建模工具。

知识链接

　　现在,Rational Rose 已经发展成为一套完整的软件开发工具族,包括系统建模、模型集成、源代码生成、软件系统测试、软件文档的生成、模型与源代码间的双向工程、软件开发项目管理、团队开发管理以及互联网发布等工具,构成了一个强大的软件开发集成环境。

　　Rational Rose 具有完全的、能满足所有建模环境(如 Web 开发、数据建模、Visual Studio 和 C++)需求能力和灵活性的一套解决方案,允许开发人员、项目经理、系统工程师和分析人员在软件开发周期内使用同一种建模工具。利用 Rational Rose,可对需求和系统的体系架构进行可视化分析设计,再将需求和系统的体系架构转换成代码,从而简化开发步骤,也有利于与系统有关的各类人员对系统的理解。由于在软件开发周期内使用同一种建模工具,可以确保更快更好地创建满足客户需求的、可扩展的、灵活并且可靠的应用系统。使用 Rational Rose 可以先建立系统模型再编写代码,从而一开始就要保证系统结构的合理性。同时,利用模型可以更方便地发现设计缺陷,从而以较低的成本修正这些缺陷。所谓建模,就是人类对客观世界和抽象事物之间的联系进行的具体描述。在过去的软件开发中,程序员使用手工建模,既耗费了大量的时间和精力,又无法对整个复杂系统全面准确地进行描述,以至于直接影响应用系统的开发质量和开发速度。

　　Rose 模型是用图形符号对系统的需求和设计进行的形式化描述。Rose 使用的描述语言是统一建模语言(UML),它包括各种 UML 图、参与者、用例、对象、类、构件和部署结点,用于详细描述系统的内容和工作方法,开发人员可以用模型作为所建系统的蓝图。由于 Rose 模型包含许多不同的图,因此项目小组(客户、设计人员、项目经理、测试人员等)可以从不同角度看这个系统。在 Rose 中也可以采用 Booch 或 OMT 方法建模,而它们与

UML 方法所建的模型只是表示方法不同，可以相互转换。

Rational Rose 有助于系统分析，可以先设计系统用例和用例图显示系统的功能，可以用交互图显示对象如何配合提供所需功能，类和 Class 框图可以显示系统中的对象及其相互关系，构件图可以演示类如何映射到实现构件，部署图可以显示系统硬件的拓扑结构。在传统的软件开发过程中，设计小组要与客户交流并记录客户要求。假设一个开发人员张三根据用户的一些要求作出一些设计决策，编写出一些代码；李四也根据用户的一些要求作出完全不同的设计决策，并编写出一些代码，两者的编程风格存在差异是非常自然的。如果有 20 个开发人员共同开发系统的 20 个不同组成部分，这样在有人要了解或维护系统时就会遇到困难，如果不详细与每个开发人员面谈，很难了解他们每个人作出的开发决策、系统各部分的作用和系统的总体结构。如果没有设计文档，则很难保证所建的系统就是用户所需要的系统。

传统软件设计过程如图 10-12 所示。

图 10-12　传统软件设计过程

用户的要求被建成软件代码，只有张三知道系统的结构，如果张三离开，则这个信息也随他一起离开。如果有人要代替张三，要了解这样一个文档不足的系统就会非常困难。使用 Rose 建立模型、产生代码的过程如图 10-13 所示。

图 10-13　Rose 设计过程

设计被建成文档，开发人员就可以在编码之前一起讨论设计决策了，不必担心系统设计中每个人选用不同的风格。用 Rose 所建立的模型可以为软件有关的各类人员共同使用。

- 客户和项目管理员通过用例图取得系统的高级视图，确定项目范围。
- 项目管理员用用例图和用例文档将项目分解成可管理的小块。
- 分析人员和客户通过用例文档了解系统提供的功能。
- 软件开发人员根据用例文档编写用户手册和培训计划。
- 分析人员和开发人员用顺序图和协作图描述系统的逻辑模型、系统中的对象及对象间消息。
- 质量保证人员通过用例文档和顺序图、协作图取得测试脚本所需的信息。
- 开发人员用类图和状态图取得系统各部分的细节及其相互关系。
- 部署人员用构件图和部署图显示要生成的执行文件、其他构件以及这些构件在系统中的部署位置。
- 整个小组用模型来确保代码满足了需求，代码可以回溯到需求。

因此，Rose 是整个项目组共同使用的工具，每一个小组成员都可以收集所需的信息和设计信息的仓库。Rational Rose 还可以帮助开发人员产生框架代码，此功能适用于目前流行的多种语言，包括 C++、Java、Visual Basic 和 PowerBuilder。此外，Rose 可以对代码进行逆向工程，可以根据现有系统产生模型。根据现有系统产生模型的好处有很多，例如模型发生改变时，Rose 可以修改代码，做出相应改变；代码发生改变时，Rose 可以自动将这个改变加进模型中。这些特性可以保证模型与代码的同步，避免遇到过时的模型。

利用 RoseScript 可以扩展 Rose，是 Rose 随带的编程语言。利用 RoseScript 可以编写代码，自动改变模型，生成报表，完成 Rose 模型的其他任务。

Rational Rose 提供了一套十分友好的界面，用于系统建模。Rose 界面包括菜单栏、浏览器、工具栏（标准工具栏和图形工具栏）、工作区、文档区和日志区，如图 10-14 所示。

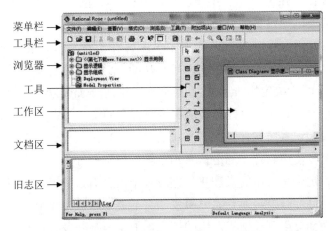

图 10-14　Rational Rose 界面

● 浏览器：用于在模型中迅速漫游，它可以显示模型中的参与者、用例、类、构件等。

● 文档区：可以查看或更新模型元素的文档。

● 工具栏：可以访问常用命令。Rose 中有标准工具栏和图形工具栏两个工具栏，标准工具栏总是显示，包含任何图形中都可以使用的选项；图形工具栏随每种 UML 图形的改变而改变。

● 工作区：用于显示和编辑一个或几个 UML 图形。改变图形窗口中的元素时，Rose 会自动更新浏览器。同样，用浏览器改变元素时，Rose 会自动更新相应的图形，这样 Rose 可以保证模型与元素的一致性。

● 日志区：用于查看错误信息和报告各个命令的结果。

Rational Rose 模型具有 4 个视图，分别是用例视图、逻辑视图、构件视图和部署视图，每个视图针对不同对象具有不同的用途。

（1）用例视图。用例视图包括系统中的所有参与者、用例和用例图，还可能包括一些顺序图或协作图。用例视图是系统中与实现无关的视图，只关注系统的功能，而不关注系统的具体任务实施。

  项目开始时，用例视图的主要使用者是客户、分析人员和项目管理员，这些人员通过用例、用例图和相关文档来确定系统的主要功能。随着项目的进行，小组的所有成员可通过用例视图了解正在建立的系统，通过用例描述事件流程。利用这个信息，质量保证人员可以开始编写测试脚本，技术作者可以开始编写用户文档，分析人员和客户可以从中确认捕获所有要求，开发人员可以看到系统生成哪些高层构件以及系统的逻辑结构。一旦确认了用例视图中描述的参与者及用例，就确定了系统的范围，然后可以继续在逻辑视图中关注系统如何实现用例中提出的功能。

  （2）逻辑视图。逻辑视图关注的焦点是系统的逻辑结构。逻辑视图提供了对系统较详细的描述，主要包括类、类图、交互图（顺序图和协作图）、状态图等。逻辑视图还要描述构件之间如何关联，利用这些细节元素，开发人员可以构造系统的详细设计。

  通常，绘制逻辑视图采用两步法，第一步标识分析类，第二步将分析类变为设计类。分析类是独立于语言的类，通过关注分析类，可以在不关注语言的特定细节的情况下了解系统结构。设计类是具有语言特定细节的类。例如，有一个负责与另一系统交流的分析类，不管这个类用什么语言编写，只关心其中的信息和功能。但是，将它变成设计类时，就要关注语言的特定细节，可能决定用 Java 类，甚至确定用两个 Java 类来实现这个分析类。分析类和设计类不一定一一对应，设计类出现在逻辑视图的交互图中。

  在逻辑视图中，要标识系统构件，检查系统的信息和功能，检查构件之间的关系。这里的一个主要目的是重复使用软件。通过认真指定类的信息和行为，组合类，检查类和包之间的关系，就可以确定重复使用的类和包。完成多个项目后，就可以将新类和包加进软件重用库中。今后的项目可以组装现有的类和包，而不必一切从头开始。

  几乎小组中每个人都会用到逻辑视图中的信息，但主要是开发人员和软件架构师使用逻辑视图；开发人员主要关心生成什么类，每个类包含的信息和功能；软件架构师更关心系统的总体结构，因为软件架构师要负责保证系统结构的稳定，考虑重复使用的问题，保证系统能灵活地适应需求变化。

  标识类并画出类图后，就可以转入构件视图，了解系统的物理结构。

  （3）构件视图。构件视图包含模型代码库、执行文件、运行库和其他构件的信息。构件视图包括以下几部分：

- 构件：代码的实际模块。
- 构件图：显示构件及其相互关系，帮助了解编译相关性。利用这个信息，就可以确定构件的编译顺序了。
- 包：相关构件的组。和包装类一样，包装构件的目的之一是重复使用。相关构件可以更方便地选择，并在其他应用程序中重复使用，只需要认真考虑组与组之间的关系。

  有些构件是代码库，有些是运行构件，如执行文件或动态链接库（DLL）文件。开发人员也用 Component 视图显示已经生成的代码库和每个代码库中包含的类。构件视图包含模型代码库、执行文件、运行库和其他构件的信息。构件视图的主要用户是负责控制代码和编译部署应用程序的人。

（4）部署视图。部署视图关注系统的实际部署，可能与系统的逻辑结构有所不同。

例如，系统可能用逻辑三层结构。换句话说，界面与业务逻辑可能分开，业务逻辑又与数据库逻辑分开。但部署也可能是两层结构，即界面放在一台机器上，而业务和数据库逻辑放在另一台机器上。

部署视图还可以处理其他问题，如容错、网络带宽、故障恢复和响应时间等。

部署视图包括以下几部分：

- 进程：在自己的内存空间执行的线程。
- 处理器：任何有处理功能的机器。每个进程在一个或几个处理器中运行。
- 设备：任何没有处理功能的机器，例如打印机。

部署视图显示网络上的进程和设备及其相互间的实际连接。部署视图还显示进程，显示哪个进程在哪台机器上运行。整个开发小组都使用部署视图了解系统部署，但部署视图的主要用户是发布应用程序的人员。

◉ 任务实施

Rational Rose 中的所有工作都基于所创建的模型。使用 Rational Rose 的第一步是创建模型，模型可以从头创建，也可以使用现有框架模型来创建。Rational Rose 模型（包括所有图形、模型元素）都保存在一个扩展名为 .mdl 的文件中。

创建新模型的步骤：从菜单中依次选择 File → New 命令，或单击标准工具栏中的 New 按钮，此时会出现一些可用框架，只要选择需要用的应用框架就可以了。每个应用框架针对不同的编程语言，并提供语言本身的预制模型和应用开发框架。选择 Cancel 则不使用框架。

若想保存 Rational Rose 中的模型，则从菜单中依次选择 File → Save 命令，或单击标准工具栏中的 Save 按钮，整个模型都保存在一个文件中。

面向对象机制的一大好处是可以重复使用。重复使用不仅适用于代码，也适用于模型。Rose 支持对模型和模型元素的导入与导出。选择菜单 File 中的 Export Model 命令可进行输出的操作，选择 Import Model 命令可进行输入的操作，这样，可以对现有模型进行复用。使用 Rational Rose 的具体步骤请参考相关书籍，安装 Rational Rose 之后按照操作步骤逐步完成设计工作即可。

单元小结

面向对象方法是一种将数据和处理相结合的方法。面向对象方法不强调分析与设计之间的严格区分。从面向对象分析到面向对象设计，是一个反复多次迭代的过程。面向对象的分析由对象模型、动态模型和功能模型构成。

对象模型用类符号、对象符号、类的关联关系、继承关系、整体－部分关系等表示。建立动态模型要首先编写脚本，从脚本中提取事件，画事件的顺序图，再画状态转换图。功能模型可用数据流图、程序流程图等来表示。面向对象设计分为系统设计和对象设计两个阶段。选择面向对象设计方法的关键因素：与 OOA 和 OOD 有一致的表示方法、注意可重用性和可维护性。面向对象系统实现阶段进行面向对象的程序设计和测试时，除了遵循传统程序设计的准则以外，还有一些特有的准则。

面向对象软件的测试从设计测试用例、测试对象和类开始，逐步进行集成测试，然后进行系统测试和确认测试。

UML 的使用准则：选择合适的 UML 图，只对关键事物建立模型，分层次地画出模型图，其中模型应具有协调性，模型和模型的元素应大小适中。统一过程的主要特点是基于构件、使用统一建模语言、采用用例驱动、迭代增量方式和架构优先的策略。

Rational Rose 是美国的 Rational 公司出品的面向对象建模工具，是基于 UML 的可视化工具。

习题 10

1. 建立对象模型时需对问题领域中的对象进行抽象，抽象的原则是什么？举实例说明。

2. 某高校教务管理系统含如下信息：每个学生属于某一个班级，每个班级有若干学生；每个学生规定学习几门课程，每门课程有若干个任课教师；每个学生在选修某门课程时可选择某一指定的任课教师，每位教师担任若干门课的教学工作；学生学习某门课程后获得学分和成绩。用对象模型描述下列对象的属性、服务及相互关系。

学生：学号、姓名、专业、班级、性别。

班级：系、专业、入学年份。

课程：课程名、任课教师、学分。

教师：姓名、担任的课程名、任课班级。

3. 拟开发银行计算机储蓄系统。存款分活期、定期两类，定期又分为三个月、半年、一年、三年、五年；利率各不相同，用利率表存放。储户到银行后填写存款单或取款单。存款时，登记存款人姓名、住址、存款额、存款类别及存款日期；储蓄系统为储户建立账号，根据存款类别记录存款利率，并将储户填写的内容存入储户文件中，打印存款单交给储户。取款时，储户填写账号、储户姓名、取款金额、取款日期；储蓄系统从储户文件中查找出该储户记录，若是定期存款，则计算利息，打印本金、利息清单给用户，然后注销该账号。若是活期存款，则扣除取出的金额，计算出存款余额，打印取款日期、取款金额及余额。写出该储蓄系统的数据字典，用 UML 建立对象模型、动态模型和功能模型。

4. 某市进行公务员招考工作，分行政、法律和财经 3 个专业。市人事局公布所有用人单位招收各专业的人数，考生报名，招考办公室发放准考证。考试后，招考办公室发放考试成绩单，公布录取分数线，将考生按专业分别按总分从高到低进行排序。用人单位根据排序名单进行录用，发放录用通知书给考生，并给招考办公室留存备查。请根据以上情况进行分析，确定本题应建立哪几个对象类，画出顺序图。

5．某公安报警系统在一些公安重点保护单位（例如银行、学校等）安装了报警装置。工作过程如下：一旦发生意外，事故发生单位只需按报警按钮后，系统立即向公安局发出警报，自动显示报警单位的地址、电话号码等信息。接到警报后，110 警车立即出动前往出事地点。值班人员可以接通事故单位的电话，问清情况，需要时再增派公安人员到现场处理。请根据以上情况进行分析，确定本题应建立哪几个对象类，并画出顺序图。

单元 11　软件重用和再工程

 单元导读

　　软件重用是在软件开发过程中重复使用相同或相似的软件元素的过程。这些软件元素包括应用领域知识、开发经验、设计经验、体系结构、需求分析文档、设计文档、程序代码及测试用例等。对于新的软件开发项目而言，它们是构成整个软件系统的部件，或者在软件开发过程中可以发挥某种作用。

　　软件再工程是软件逆向工程的扩充。软件逆向工程提取到需要的信息后，软件再工程基于对原系统的理解和转换，在不变更整个系统功能的前提下，生产新的软件源代码。软件再工程是以软件工程方法学为指导，对既有对象系统进行调查，再将其重构为新形式代码的开发过程。

 教学目标

- 了解软件重用和再工程的意义。
- 理解软件重用和再工程。
- 掌握软件重用。
- 掌握再工程。

任务 1　认识可重用的软件成分

任务描述

软件重用（Reuse）也称为软件再用或软件复用，是指对软件构件不做修改或稍加修改就多次重复使用。软件重用的目的是降低软件开发和维护的成本，提高软件生产率和软件的质量。一般情况下，在软件开发中采用重用软件构件，较从头开发这个软件更加容易。软件重用的目的是能更快、更好、成本更低地生产软件产品。

任务要求

明确软件重用的方法，熟悉软件重用的目的，掌握软件重用在软件开发过程中可发挥的作用。

知识链接

软件的重用可划分为 3 个层次，即知识重用、方法和标准的重用以及软件成分的重用。

可重用的软件成分

1.　知识重用

知识重用是多方面的，例如软件工程知识、开发经验、设计经验、应用领域知识等的重用。

2.　方法和标准的重用

方法和标准的重用包括传统软件工程方法、面向对象方法、有关软件开发的国家标准和国际标准的重用等。标准函数库是一种典型的、原始的重用机制，各种软件开发过程都能使用。不同应用领域中的软件元素也可重用，例如数据结构、分类算法、人机界面构件等。

3.　软件成分的重用

（1）重用级别。软件成分的重用可分为 3 个级别，即源代码重用、设计结果重用和分析结果重用。

1）源代码重用。源代码重用可以采用下列几种形式：

● 源代码的剪贴。这种重用存在软件配置管理问题，无法跟踪代码块的修改重用过程。

● 源代码包含（Include）：许多程序设计语言都提供 Include 机制，所包含的程序库要经过重新编译才能运行。

● 继承：利用继承机制重用类库中的类时，不必修改已有代码就可以扩充类，或找到需要的类。

2）设计结果重用。设计结果的重用包括体系结构的重用。设计结果的重用有助于把应用软件系统移植到不同的软件或硬件平台上。

3）分析结果重用。分析结果重用特别适用于用户需求没有改变，但是系统体系结构发生变化的场合。

（2）可重用的软件成分。可重用的软件成分包括项目计划、成分估计、体系结构、需求和规格说明、设计、源代码、用户文档和技术文档、用户界面、数据以及测试用例。以上软件成分将在后文中的任务实施中进行进一步说明。

任务实施

（1）项目计划：软件项目计划的基本结构和许多内容是可以重用的。这样，可以减少制总计划的时间，降低建立进度表、进行风险分析等活动的不确定性。

（2）成本估计：不同的项目中经常含有类似的功能，在进行成本估计时，重用部分的成本也可重用。

（3）体系结构：很多情况下，体系结构有相似或相同之处，可以创建一组体系结构模板，作为重用的设计框架。

（4）需求模型和规格说明：类和对象的模型及规格说明、数据流图等可以重用。

（5）设计：系统和对象设计可以重用，用传统方法开发的体系结构、接口、设计过程等可以重用。

（6）源代码：经过验证的程序构件可以重用。

（7）用户文档和技术文档：在实际工作中经常可以对这些文档的较大部分内容进行重用。

（8）用户界面：很多情况下用户界面可以重用。

（9）数据：重用的数据包括：内部表，列表和记录结构，以及文件和数据库。

（10）测试用例：一旦设计或代码构件被重用，相关的测试用例也可以被重用。

任务 2　实现软件重用

任务描述

通常先分析软件的功能需求，根据需求开发可重用的软件构件，并对其进行标识、构造、分类和存储，以便在特定的应用领域中重用这些软件构件。在开发软件时，根据软件需要检索软件构件，对软件构件进行补充、修改、组装，再进行系统测试、调试工作，直到完成软件工程。

任务要求

明确需求开发可重用的软件构件，熟悉系统测试、调试工作。

知识链接

软件重用过程有 3 种模型，分别为组装模型、类重用模型和软件重用过程模型。

1. 组装模型

最简单的软件重用过程是，先将以往软件工程项目中建立的软件构件存储在构件库中，然后通过对软件构件库进行查询，提取可以重用的软件构件；再为了适应新系统对它们进行一些修改，并建造新系统需要的其他构件（这些构件可保存到构件库中去，以便今后重用）；最后将新系统需要的所有构件进行组装。图 11-1 描述了软件重用的组装模型。

图 11-1　软件重用组装模型

2. 类重用模型

利用面向对象技术，可以比较方便有效地实现软件重用。面向对象技术中的类是比较理想的可重用软件构件，称为类构件。

类构件的重用方式可以有以下几种。

（1）实例重用。按照需要创建类的实例，然后向该实例发送适当的消息，启动相应的服务，完成所需要的工作。

（2）继承重用。利用面向对象的继承性机制，子类可以继承父类已有定义的数据和操作，子类也可以定义新的数据和操作。为了提高继承重用的效果，可以设计一个合理的、具有一定深度的类构件的层次结构。这样可以降低类构件接口的复杂性，提高类的可理解性，为软件开发人员提供更多的可重用构件。

（3）多态重用。多态重用方法根据接收消息的对象类型不同，在响应一个一般化的消息时，由多态性机制启动正确的方法，执行不同的操作。

3. 软件重用过程模型

为了实现软件重用，已经出现了许多过程模型，这些模型都强调领域工程和软件工程同时进行。图 11-2 描述了软件重用过程模型。领域工程在特定的区域中创建应用领域的模型、设计软件体系结构模型、开发可重用的软件成分、建立可重用的软件构件库。显然，软件构件可以得到不断积累、不断完善。

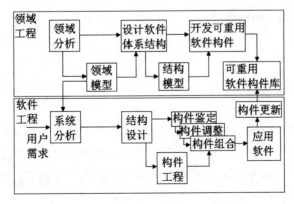

图 11-2　软件重用过程模型

基于构件的软件工程，根据用户的实际需求，参照领域模型进行系统分析，使用领域的结构模型进行结构设计；从可重用软件构件库中查找所需要的构件，对构件进行鉴定、调整，构造新的软件构件；再对软件构件进行组合，开发应用软件，使软件构件不断更新，并补充到可重用软件构件库中去，即完成软件重用过程。

开发可重用的软件构件：开发可重用的软件构件的过程就是领域工程。所谓"领域"，是指具有相似或相近的软件需求的应用系统所覆盖的一组功能区域。可以根据领域的特性及相识性预测软件构件的可重用性。一旦确认了软件构件的重用价值，对这样的软件构件进行设计和构造，形成可重用的构件，进而建立软件构件库的过程，就是领域工程。领域工程的目的是标识、构造、分类和传播软件构件，以便在特定的应用领域中重用这些软件构件。

领域工程包括分析过程、开发软件构件和传播软件构件 3 个主要的活动。

（1）分析过程。领域工程分析过程中，标识可重用的软件构件是一项重要工作。以下一些内容可作为标识可重用构件的指南：

实现软件重用

- 构件的功能在未来的工作中需要吗？
- 构件的功能通用性强吗？
- 构件是否依赖于硬件？
- 构件的设计是否足够优化？
- 构件在重用时需要做大的修改吗？
- 能否将一个不可重用的构件分解成一组可重用的构件？

（2）开发可重用的软件构件。为了开发可重用的软件构件，应该考虑以下几个问题。

1）标准的数据结构。例如文件结构或数据库结构，所有构件都应该使用这些标准的数据结构。

2）标准的接口协议。建立模块内接口、外部接口和人机界面 3 个层次的接口协议。

3）程序模板。可用结构模型作为程序体系结构设计的模板。例如报警系统软件可用于医疗监护、家庭安全、工业过程监控等各种系统，它的结构模板含有如下构件：

- 人机交互界面。
- 安全范围设置。
- 与监控传感器通信的管理机制。
- 响应机制。
- 控制机制。

建立了上述程序模板后，在设计具体的应用软件时，只要根据系统的实际要求稍加修改就可实现重用。

（3）传播软件构件。传播软件构件是为了让用户能在成千上万的软件构件中找到自己所需要的构件，这需要很好地描述构件。构件的描述应包括构件的功能、使用条件、接口、如何实现等。构件如何实现的问题只有准备修改构件的人需要知道，其他人只需要了解构件的功能、使用条件和接口。

分类和检索软件构件：随着软件构件的不断丰富，软件构件库的规模不断扩大，软件构件库的组织结构将直接影响构件的检索效率。软件构件库结构的设计和检索方法的选用，应当尽量保证用户容易理解，易于使用。

对可重用软件库进行分类，可便于用户的检索使用。构件分类的方法有枚举分类、刻面分类和属性值分类 3 种典型模式：

（1）枚举分类（Enumerated Classification）。枚举分类方法通过层次结构来描述构件，在该结构中定义软件构件的类以及子类的不同层次。实际构件放在枚举层次的适当路径的最底层。

枚举分类模式的层次结构容易理解和使用，但在建立层次之前必须完成领域工程，使层次中的项具有足够的信息。

（2）刻面分类（Faceted Classification）。刻面分类模式在对复杂的刻面描述表进行构造时，比枚举分类法灵活性更大、更易于扩充和修改，具体分析过程如下所述：

- 分析应用领域并标识出一组基本的描述特征，这些描述特征称为刻面。
- 描述一个构件的刻面的集合称为刻面描述表。
- 根据重要性确定刻面的优先次序，并把它们与构件联系起来。
- 刻面可以描述构件所完成的功能、加工的数据、应用构件的操作、任务实施等特征。
- 通常，刻面描述不超过 7 个或 8 个。
- 把关键词的值赋给重用库中每个构件的刻面集。
- 使用自动工具完成同义词词典功能，从而可以根据关键词或关键词的同义词，在构件库中查找所需要的构件。

（3）属性值分类（Attribute-Value Classification）。属性值分类模式为一个领域中的所有构件定义一组属性，然后与刻面分类法类似地给这些属性赋值。属性值分类法与刻面分类法相似，只是有以下区别：

- 对可重用的属性个数没有限制。
- 属性没有优先级。
- 不使用同义词词典功能。

上述几种软件构件库的分类方法，在查找效果方面大致相同。

4. 软件重用环境

软件构件的重用必须由相应的环境来支持，环境应包含下列元素：

- 软件构件库：存放软件构件和检索构件所需要的分类信息。
- 软件构件库管理系统：管理对构件库的访问。
- 软件构件库检索系统：用户应用系统通过检索系统来检索构件、重用构件。
- CASE 工具：帮助用户把重用的构件集成到新的设计中去。

上述功能可以嵌入软件构件重用库中。重用库中存储各种各样的软件成分，例如规格说明、设计、代码、测试用例及用户指南等。重用库包括有关构件的数据库以及数据库的查询工具，构件分类模式是构件数据库查询的基础。

如果在初始查询时得到大量的候选软件构件，则应该对查询进行进一步求精，以减少候选的软件构件。在找到候选软件构件以后，要对软件构件的功能、使用条件、接口、任务实施等进行进一步了解，以便选取合适的软件构件。

5. 逆向工程概念

在工程技术人员的一般概念中，产品设计生产过程是一个从设计到完成产品的过程，即设计人员首先在大脑中构思产品的外形、性能和大致的技术参数等，然后在详细设计阶段完成各类数据模型，再将这个模型转入研发流程，最终完成产品的整个设计研发周期。这样的产品设计过程称为"正向设计"过程。

逆向工程是一种产品设计技术的再现过程，即对一项目标产品进行逆向分析及研究，从而演绎并得出该产品的处理流程、组织结构、功能特性及技术规格等设计要素，进而制作出功能相近，但又不完全一样的产品。简单地说，逆向工程就是根据已有的产品，反向推出产品设计数据（包括各类设计图或数据模型）的过程。因此，逆向工程可以被认为是一个从产品到设计的过程。

由于法律对知识产权的保护，复制制造与别人完全一样的产品是不允许的。因此逆向工程可能会被误认为是对知识产权的严重侵害，但是在实际应用上，逆向工程反而可能会保护知识产权所有者。例如在集成电路领域，如果怀疑某公司侵犯知识产权，可以用逆向工程技术来寻找证据。在 2007 年年初，我国相关的法律为逆向工程正名，承认了逆向技术用于学习研究的合法性。

逆向工程（Reverse Engineering）又名反向工程，源于商业及军事领域的硬件制造业。相互竞争的公司为了解对方设计和制造工艺的机密，在得不到设计和制造说明书的情况下，通过拆解实物获得产品生产信息。软件的逆向工程基本类似，只不过通常拆解分析的不仅有竞争对手的程序，还有自己公司的软件。

软件的逆向工程是分析程序，力图在比源代码更高的抽象层次上建立程序的表示过程。它不仅是设计的恢复过程，还可以借助工具从已存在的程序中抽取数据结构、体系结构和程序设计信息。软件逆向工程也可被视作"开发周期的逆行"。对一项软件程序进行逆向工程，类似于逆行传统瀑布模型中的开发步骤，即根据实现阶段的输出（即软件程序）还原出在设计阶段所进行的构思。软件逆向工程仅仅是一种检测或分析的过程，它并不会更改目标系统。软件的逆向工程可以使用净室技术来避免侵犯版权。图 11-3 描述了软件逆向工程的过程及可能恢复的信息。

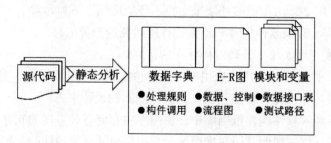

图 11-3　软件逆向工程的过程及可能恢复的信息

6. 逆向工程任务实施

软件逆向工程有多种任务实施，主要有以下 3 种：

（1）分析通过信息交换所得的观察。最常用于协议逆向工程，涉及使用总线分析器和数据包嗅探器。在接入计算机总线或网络并成功截取通信数据后，可以对总线或网络行为进行分析，以制造出拥有相同行为的通信实现。此法特别适用于设备驱动程序的逆向工程。

（2）反汇编。使用反汇编器，把程序的原始机器码翻译成较便于阅读理解的汇编代码。这适用于任何计算机程序，对不熟悉机器码的人来说效果更好。反汇编流行的相关工具有OllyDebug 和 IDA。

（3）反编译。使用反编译器尝试从程序的机器码或字节码重现高级语言形式的源代码。

随着计算机技术在各个领域的广泛应用，特别是软件开发技术的迅猛发展，基于某个软件，以反汇编阅读源码的方式去推断其数据结构、体系结构和程序设计信息，已成为软件逆向工程技术关注的主要方向。目前应用的主流逆向工程软件有 Imageware、GeomagicStudio、CopyCAD、RapidForm、Ug。

软件逆向工程技术是用来研究和学习先进的技术，特别是当手里没有合适的文档资料，又很需要实现某个软件功能的时候。也正因为这样，很多软件为了垄断技术，在软件安装之前，会要求用户同意不去逆向研究。

软件再工程：软件再工程（Reengineering）是软件逆向工程的扩充。软件逆向工程提取需要的信息后，软件再工程基于对原系统的理解和转换，在不变更整个系统功能的前提下，生产新的软件源代码。软件再工程是以软件工程方法学为指导，对既有对象系统进行调查，再将其重构为新形式代码的开发过程。

从软件重用方法学来说，如何开发可重用软件和如何构造采用可重用软件的系统体系结构是两个最关键问题。不过对再工程来说，前者很大一部分内容是对既有系统中非可重用构件的改造。因此可以使用 CASE 工具（逆向工程和再工程工具）来帮助理解原有的设计。软件再工程的成本取决于重做工程的难度。源代码转换成本最低，程序结构重构次之，程序和数据重构成本较高，体系结构迁移成本最高。尽管如此，软件再工程与重新开发软件相比，成本和风险还是更小一些，原因是软件工程的起点不同。在软件再工程的各个阶段，软件的可重用程度决定着软件再工程的工作量。

◎ 任务实施

1. 再分析阶段

再分析阶段的主要任务是对既有系统的规模、体系结构、外部功能、内部算法、复杂度等进行调查分析。这一阶段最直接的目的，就是调查和预测再工程涉及的范围。重用是软件工程经济学最重要的原则之一，重用得越多，再工程成本越低，所以再分析阶段最重要的目的是寻找可重用的对象和重用策略。最终确定的再工程任务和工作量，也将决定可重用对象范围和重用策略。再工程分析者最终提出的重用范围和重用策略将成为决定再工程成败以及再工程产品系统可维护性高低的关键因素。

2. 再编码

根据再分析阶段做成的再工程设计书，再编码过程将在系统整体再分析基础上对代码做进一步分析。如果说再分析阶段的产品是再工程的基本设计书，那么再编码阶段就要产生类似详细设计书的编码设计书。不过不同的是再工程是个整体，无法将再分析、再设计、再编码截然分开，因此瀑布模型不适用于再工程。

3. 再测试

一般来说，再测试是再工程过程中工作量最大的一项工作。如果能够重用原有的测试用例及运行结果，将能大大降低再工程成本。对于可重用的部分，特别是可重用的局部系统，还可以免除测试，这也正是重用技术被再工程高度评价的关键原因之一。当然，再工程后的系统总有变动和增加的部分，对受其影响的整个范围都要毫无遗漏地进行测试。由于软件规模庞大，种类很多，因此不是每个软件都需要进行再工程。大多数情况下，那些决定要移植，或要重新设计，或为复用而需验证其正确性的程序才被选择实施再工程。目前再工程最成功的例子是人们理解深刻、相对稳定的一些领域，如信息系统等。

单元小结

软件重用是指在软件开发过程中重复使用相同或相似的软件构件的过程。这些软件构件包括应用领域知识、开发经验、设计经验、体系结构、需求分析文档、设计文档、程序代码及测试用例等。

软件重用包括领域工程和软件工程。领域工程的目的是在特定的领域中标识、构造、分类和传播软件构件，以便在特定的应用领域中重用这些软件构件。软件工程在开发新系统时，可从软件重用构件库中选取适当的构件，新建的构件可放入构件库备用。

软件重用是降低软件开发和维护成本、提高软件生产率、提高软件质量的合理而有效的途径。为了开发可重用的软件构件，应该为每个应用领域建立标准的数据结构、标准的接口协议和程序体系结构。可重用软件构件库的分类方法有3种典型模式，分别为枚举分类、刻面分类和属性值分类。在软件维护时，目前常采用软件重用技术、逆向工程和再工程。

习题 11

1. 可重用的软件成分包括哪些？如何重用这些成分？
2. 简述类构件的3种重用方式。
3. 简述构件分类的3种模式。
4. 为学生信息处理领域建立一个简单的结构模型，叙述其有哪些主要构件，并选用适当的分类方法对构件进行分类。

单元 12　软件工程管理

 **单元导读**

　　软件工程管理是通过软件开发成本控制、人员组织安排、软件工程开发计划制订、软件配置管理、软件质量保证、软件开发风险管理等一系列活动，经过合理地配置和使用各种资源，来保证软件质量的过程。软件工程管理贯穿于整个软件生命周期。

教学目标

- 了解软件工程管理的意义。
- 理解软件规模估算的方法。
- 学会合理的组建软件工程人员团队。
- 掌握软件配置管理。
- 掌握软件质量保证措施。
- 掌握软件开发风险管理方法。
- 掌握软件工程标准及文档编写。

任务 1 认识软件工程管理

任务描述

软件工程管理是指通过合理的配置和使用，软件开发过程中的成本和人员，以及开发计划、配置管理、质量保证、风险管理等的一系列活动中的各种资源，确保软件质量的过程。软件工程管理贯穿于整个软件生命周期，通过对软件工程相关标准进行学习以及对软件产品特点进行了解，明确软件工程管理的重要作用和管理内容。

任务要求

明确软件工程中相关的标准，熟悉软件产品的特点，掌握软件工程管理的重要意义及软件工程管理的内容。

知识链接

1. 软件工程标准的类型

根据软件工程标准制定的机构和标准适用的范围有所不同，可以将软件工程标准分为五种类型，即国际标准、国家标准、行业标准、企业（机构）标准及项目（课题）标准。以下分别对五类标识符及标准制定（或批准）的机构做一些简要说明。

（1）国际标准。由国际联合机构制定和公布，提供各国参考的标准。国际标准化组织（ISO）是这一国际标准的建立组织者，1946 年，伦敦机构有着广泛的代表性和权威性，它所公布的标准也有较大影响；20 世纪 60 年代初，该机构建立了"计算机与信息处理技术委员会"，专门负责与计算机有关的标准化工作。

（2）国家标准。由政府或国家级的机构制定或批准，适用于全国范围的标准，中华人民共和国国家质量监督检验检疫总局是我国的最高标准化机构，它所公布实施的标准统称为"国标（GB）"。其他国家标准名称如下所示：

软件工程标准分类

- 英国国家标准（British Standard，BS）。
- 日本工业标准（Japanese Industrial Standard，JIS）。
- 美国国家标准协会（American National Standards Institute，ANSI）。这是美国一些民间标准化组织的领导机构，具有一定权威性。
- 美国商务部国家标准局联邦信息处理标准（Federal Information Processing Standards，FIPS）。

（3）行业标准。由行业机构、学术团体或国防机构制定，并适用于某个业务领域的标准。

GJB 是中华人民共和国国家军用标准的代号。这是由我国国防科学技术工业委员会批准，适合于国防部门和军队使用的标准。

此外，近年来我国许多经济部门开展了软件标准化工作（例如航天航空部、原国家机械工业委员会、对外经济贸易部、石油化学工业总公司等），通过参考国际标准或国家标准制定和公布本部门工作的规范，对各自行业所属企业的软件工程工作起了有力的推动作用。

（4）企业标准。一些大型企业或公司，根据软件工程工作的需要，制定适用于本部门的规范。例如，美国 IBM 公司通用产品部（General Products Division）1984 年制定的"程序设计开发指南"，仅供公司内部使用。

（5）项目规范。项目规范由某一科研生产项目组织制定，且为该项任务专用的软件工程规范。例如，计算机集成制造系统（Computer Integrated Manufacturing Systems，CIMS）的软件工程规范。

2. 目前中国的软件工程标准化现状

中国制定和推行标准化工作的总原则是依据国际标准，对于能够在中国适用的标准一律按等同采用的方法，以促进国际交流。

至今，中国已陆续制定和发布了 20 项国家标准。这些标准可分为 4 类：

（1）基础标准。

- 《信息技术软件工程术语》（GB/T 11457—2006）。
- 《信息处理 数据流程图、程序流程图、系统流程图、程序网络图和系统资源图的文件编制符号及约定》（GB/T 1526—1989）。
- 《信息处理 程序构造及其表示法的约定》（GB 13502—1992）。
- 《信息处理 单命中判定表规范》（GB/T 15535—1995）。
- 《信息处理 系统计算机系统配置图符号及约定》（GB/T 14085—1993）。

（2）开发标准。

- 《信息技术 软件生存周期过程》（GB/T 8566—1988）。
- 《计算机软件测试规范》（GB/T 15532—2008）。

（3）文档标准。

- 《计算机软件文档编制规范》（GB/T 8567—2006）。
- 《计算机软件需求规格说明规范》（GB/T 9385—2008）。
- 《计算机软件测试文档编制规范》（GB/T 9386—2008）。
- 《系统与软件工程用户文档的管理者要求》（GB/T 16680—2015）。

（4）管理标准。

- 《软件工程 产品质量第 1 部分：质量模型》（GB/T 16260.1—2006）。
- 《软件工程 产品质量第 2 部分：外部度量》（GB/T 16260.2—2006）。
- 《软件工程 产品质量第 3 部分：内部度量》（GB/T 16260.3—2006）。
- 《软件工程 产品质量第 4 部分：使用质量的度量》（GB/T 16260.4—2006）。
- 《计算机软件可靠性和可维护性管理》（GB/T 14394—2008）。
- 《软件工程》（GB/T 19000.3—2008）。
- 《应用于计算机软件的指南》（GB/T 19001—2000）。

近年来中国制定了部分国家军用标准。根据国务院和中央军委在 1984 年 1 月颁发的军用标准化管理办法中的规定，国家军用标准是指对国防科学技术和军事技术装备发展有重大意义而必须在国防科研、生产、使用范围内统一的标准。凡已有的能满足国防系统和部队使用要求的国家标准，不再制定军用标准。出于军用的特殊需要，近年来已制定了12 项以 GJB 为标记的软件工程国家军用标准。

3. 软件产品的特点

软件产品是知识密集型的逻辑思维产品，它具有如下特性：

- 软件是逻辑产品，具有高度的抽象性。
- 同一功能的软件可以有多样性。
- 软件生产过程复杂，具有易错性。
- 软件开发和维护主要是根据用户需求定制的，其过程具有复杂性和易变性。
- 软件的开发和运行经常受到计算机系统环境的限制，因而软件有安全性和可移植性等问题。
- 软件生产有许多新技术需要软件工程师进行进一步研究和实践。如软件复用、自动生成代码等新的软件开发工具或新的软件开发环境等。

任务实施

通过对软件工程相关标准的学习，熟悉我国目前在软件工程方面的相关标准，促进对软件工程管理的理解，软件产品的特殊性告诉我们实施软件工程管理的重要性。

1. 软件工程管理的重要性

基于软件本身的复杂性，软件工程将软件开发划分为若干个阶段，每个阶段采取不同的方法完成不同的任务。为此，软件工程管理需要有相应的管理策略。

软件工程管理涉及很多学科，例如：系统工程学、标准化、管理学、逻辑学、数学等。同时，随着软件规模的不断增大，软件开发人员日益增加，软件开发时间不断增长，软件工程管理的难度逐步增加。如果软件开发管理不善，造成的后果会很严重。因此软件工程管理非常重要。

2. 软件工程管理的内容

软件工程管理的内容包括对软件开发成本、软件开发控制、开发人员、组织机构、用户、软件开发文档、软件质量等方面的管理。

软件开发成本的管理主要是对软件规模进行估算，从而估算软件开发所需要的时间、人员和经费。

软件开发控制包括进度控制、人员控制、经费控制和质量控制。由于软件产品的特殊性和软件工程技术的不成熟，制订软件工程进度计划比较困难。通常把一个大的开发任务分为若干期工程，例如：分为一期工程、二期工程等，然后再制订各期工程的具体计划，这样才能保证计划实际可行，便于控制。在制订计划时，要适当留有余地。

软件工程管理很大程度上是通过管理文档资料来实现的，因此，要为开发过程中的初步设计、中间过程和最后结果建立一套完整的文档资料。文档标准化是文档管理的一个重要要求。

软件质量保证是软件开发人员在整个软件工程的生命周期中都应十分重视的问题。

软件开发开始之前就应启动风险管理活动：标识潜在的风险，预测风险出现的概率和影响，并按重要性对风险排序，然后制订计划来管理风险。

任务 2　估算软件规模

任务描述

在一个软件开发项目中，对软件规模大小和开发成本估算是非常重要的，它对在确保成本不超过预算的情况下完成软件项目起到关键作用，软件开发成本不同于物理产品成本，其主要是人的劳动消耗。软件规模及成本估算的准确性是影响软件项目成败的关键因素。在本任务，通过学习软件开发成本的估算方法，应做到使项目开发在规定的时间内不超预算的情况下完成，确保软件的质量。

任务要求

对软件规模估算在软件开发中的作用有一个明确的认识，熟悉软件开发成本估算方法，对代码行技术、任务估算技术、COCOMO2 模型等估算原理能够理解和掌握，熟悉程序环形复杂程度的度量方法。

知识链接

在计算机技术发展的早期，软件的成本只占计算机系统总成本的很小一部分。因此，在估算软件成本时，即使误差较大也无关紧要。现在，软件已成为整个计算机系统中成本最高的部分，若软件开发成本的估算出现较大的误差，可能会使盈利变为亏本。由于软件成本涉及的因素较多，因此难以对其进行准确的估算。

软件项目开始之前，要估算软件开发所需要的工作量和时间，首先需要估算软件的规模。我们可以使用多种不同的方法进行软件开发成本的估算，对估算结果进行比较，这样将有助于暴露不同方法之间不一致的地方，从而更准确地估算出软件成本。

1. 软件开发成本估算方法

为了使开发项目能在规定的时间内不超过预算的情况下完成，较准确的成本预算和严格的管理控制是关键。一个项目是否开发，经济上是否可行，主要取决于对成本的估算。对于一个大型的软件项目，由于项目的复杂性，开发成本的估算不是一件简单的事。

软件成本估算方法主要有自顶向下估算、自底向上估算、差别估算。

（1）自顶向下估算方法。估算人员参照以前完成的项目所耗费的总成本或总工作量来推算将要开发的软件的总成本或总工作量，然后把它们按阶段、步骤和工作单元进行分配，这种方法称为自顶向下估算方法。

自顶向下估算方法的主要优点是重视系统级工作，不会遗漏系统级工作的成本估算，例如集成、用户手册和配置管理等工作；且估算工作量小、速度快。它的缺点是不清楚较低层次工作的技术性困难问题，而这些困难往往会使成本增加。

（2）自底向上估算方法。这种方法是将每一部分的估算工作交给负责该部分工作的人来做，优点是估算较为准确，缺点是往往会缺少对软件开发系统级工作量的估算。最好采用自顶向下与自底向上相结合的方法来估算开发成本。

（3）差别估算方法。差别估算是将开发项目与一个或多个已完成的类似项目进行比较，找出与类似项目的若干不同之处，并估算每个不同之处对成本的影响，从而推导出开发项目的总成本。该方法的优点是可以提高估算的准确度，缺点是不容易明确"差别"的界限。

2. 代码行技术和任务估算技术

（1）代码行技术。代码行技术是一个相对简单的定量估算软件规模的方法。该方法先根据以往经验及历史数据估算出将要编写的软件的源代码行数，然后以每行的平均成本乘上估计的总行数，估算出总的成本。

代码行技术的特点如下：

1）优点：

软件成本估算

- 代码行是所有软件开发项目都有的"产品"，很容易计算。
- 目前已有大量基于代码行的文献资料和数据。

2）缺点：

- 用不同语言实现同一软件产品时所需要的代码行数并不相同。
- 代码行技术不适用于非过程性语言。

（2）任务估算技术。先把开发任务分解成许多子任务，子任务又分解成下一层次子任务，直到每一任务单元的内容都足够明确为止，然后把每个任务单元的成本估算出来，汇总即得项目的总成本。

这种估算方法的优点是，由于各个任务单元的成本可交给该任务的开发人员去估计，因此估计结果比较准确。但这种方法也有缺点，由于具体工作人员往往只注意到自己职责范围内的工作，而对涉及全局的花费，如综合测试、质量管理、项目管理等，可能估计不足，因此可能造成对总体成本估计偏低。表 12-1 列出了软件任务和工作量的有关百分比供参考。

表 12-1　软件任务工作量分布表

任 务	占总工作量的比例 /%
可行性研究	5
需求分析	10
总体设计与详细设计	25
程序设计	20
测试	40

3. 程序环形复杂程度的度量

McCabe 方法根据程序控制流的复杂程度定量度量程序复杂程度。首先画出程序图，然后计算程序的环形复杂度。由于程序的环形复杂度决定了程序的独立路径个数，因此在进行路径测试前，可以先计算程序的环形复杂度。在估算软件规模时，也可先计算程序的环形复杂度，以此作为判断软件复杂程度的参考依据之一。

（1）程序图。McCabe 方法首先画出程序图（也称流图），这是一种简化了的流程图，把程序流程图中的每个框都画成一个圆圈；流程图中连接不同框的箭头变成程序图中的弧，即得到程序图。程序图仅描述程序内部的控制流程，完全不表现对数据的具体操作及分支或循环的具体条件。

（2）计算程序环形复杂度。用 McCabe 方法度量得出的结果称为程序的环形复杂度，程序环形复杂度的计算方法有以下 3 种。

1）程序的环形复杂度计算公式如式（12-1）所示。

$$V(G)=m-n+2 \tag{12-1}$$

式中：m 是程序图 G 中的弧数；n 是程序图 G 中的结点数；$V(G)$ 是程序的环形复杂度。

2）如果 P 是程序图中判定结点的个数，则程序环形复杂度计算公式如式（12-2）所示。

$$V(G)=P+1 \tag{12-2}$$

源代码中，IF 语句及 WHILE、FOR 或 REPEAT 循环语句的判定结点数为 1；CASE 型等多分支语句的判定结点数等于可能的分支数减去 1。

3）程序环形复杂度等于强连通的程序图中线性无关的有向环的个数。

任务实施

1. 代码行技术估算软件成本案例分析

代码行技术是比较简单的定量估算软件规模的方法。依据以往开发类似产品的经验和历史数据，估计实现一个功能所需要的源程序行数。当有以往开发类似产品的历史数据可供参考时，估计出的数值还是比较准确的。把实现每个功能所需要的源程序行数累加起来，就可得到实现整个软件所需要的源程序行数。

估算方法：由多名有经验的软件工程师分别进行估计，每个人都估计程序的最小规模（a）、最大规模（b）和最可能的规模（m）。

分别算出这 3 种规模的平均值、和之后，再用公式（12-3）计算程序规模的估计值。

$$L = \frac{\overline{a} + 4\overline{m} + \overline{b}}{6} \tag{12-3}$$

其中 L 的单位：LOC 或 KLOC。

表 12-2 所列是用代码行技术估算软件成本的一个例子，对软件各项功能需要的代码行数和开发成本分别进行估算，程序较小时，估算单位是代码行数（LOC）；程序较大时，估算单位是千行代码数（KLOC）。每行成本与开发工作的复杂性和工资水平有关，核算后填入表中。

表 12-2　代码行估算示例

功能	估计需要 代码行数	按经验 / [行 /（人·天 ）]	每行成本 / 元	该项成本 / 元	估算工作量 / （人·天 ）
获取实时数据	840	92			9.1
更新数据库	1212	122			12.8
脱机分析	600	134			4.4
生成报告	450	145			3.1
实时控制	1120	80			13.8
合计					42.2

然后计算估计的工作量和软件成本。每项功能的工作量（人·天）等于代码行数除以每人每天设计的行数；每项功能的成本等于代码行数乘以每行成本。

最后分别计算工作量的合计数和成本的合计数。

开发软件时要注意不断积累有关数据，以便今后的估算更准确。

2. COCOMO2 模型估算方法

COCOMO 是构造性成本模型（Constructive Cost Model）的英文缩写，是 B.Boehm 于 1981 年提出的一种软件开发工作量估算模型。它是一种层次结构的软件估算模型，是最精确、最易于使用的成本估算方法之一。1997 年 B.Boehm 等提出 COCOMO2 模型，是 COCOMO 模型的修订版。

COCOMO2 模型分为如下所述 3 个层次，在估算软件开发工作量时，对软件细节问题考虑的详尽程度逐层增加。

（1）应用系统组成模型：用于估算构建原型的工作量，使用这种模型时应考虑到大量使用已有构件的情况。

（2）早期设计模型：用于软件结构设计阶段。

（3）后期设计模型：用于软件结构设计完成之后的软件开发阶段。

COCOMO2 模型把软件开发工作量表示成代码行（KLOC）的非线性函数，如式（12-4）所示。

$$E = \alpha \times KLOC^b \times \prod_{i=1}^{17} f_i \tag{12-4}$$

式中：E 为开发工作量（以人·月为单位）；α 为模型系数；$KLOC$ 为估算的源代码行数（以千行为单位）；b 为模型指数；f_i（i=1 ～ 17）是软件成本因素。

每个软件成本因素都根据其重要程度和对工作量影响的大小被赋予一定的数值，称为工作量系数。这些软件成本因素对任何一个项目的开发工作都有影响，应该重视这些因素。

B.Boehm 把软件成本因素划分为产品因素、平台因素、人员因素和项目因素 4 类。软件成本因素及对应的工作量系数见表 12-3。

表 12-3　软件成本因素及工作量系数

类型	成本因素	级别					
		甚低	低	正常	高	甚高	特高
产品因素	1. 要求的可靠性	0.75	0.88	1.00	1.15	1.39	
	2. 数据库规模		0.93	1.00	1.09	1.19	
	3. 产品复杂程度	0.75	0.88	1.00	1.15	1.30	1.66
	4. 要求的可重用性		0.91	1.00	1.14	1.29	1.49
	5. 需要的文档量	0.89	0.95	1.00	1.06	1.13	
平台因素	6. 执行时间约束			1.00	1.11	1.31	1.67
	7. 主存约束			1.00	1.06	1.21	1.57
	8. 平台变动		0.87	1.00	1.15	1.30	
人员因素	9. 分析员能力	1.50	1.22	1.00	0.83	0.67	
	10. 程序员能力	1.37	1.16	1.00	0.87	0.74	
	11. 应用领域经验	1.22	1.10	1.00	0.89	0.81	
	12. 平台经验	1.24	1.10	1.00	0.92	0.84	
	13. 语言和工具经验	1.25	1.12	1.00	0.88	0.81	
	14. 人员连续性	1.24	1.10	1.00	0.92	0.84	
项目因素	15. 使用软件工具	1.24	1.12	1.00	0.86	0.72	
	16. 多地点开发	1.25	1.10	1.00	0.92	0.84	0.87
	17. 开发进度限制	1.29	1.10	1.00	1.00	1.00	

　　为了计算模型指数 b，COCOMO2 模型使用了 5 个分级因素 W_i（$1 \leqslant i \leqslant 5$），5 个分级因素分别是项目先例性、开发灵活性、风险排除度、项目组凝聚力和过程成熟度。

　　每个成本因素划分为 6 个级别，每个级别的分级因素取值为：甚低 $W_i=5$，低 $W_i=4$，正常 $W_i=3$，高 $W_i=2$，甚高 $W_i=1$，特高 $W_i=0$。可以用式（12-5）计算 b 的值。

$$b=1.01+0.01 \times \sum_{i=1}^{5} W_i \qquad (12-5)$$

由公式（12-5）可得 b 的取值范围为 1.01 ～ 1.26。

　　在估算工作量的方程中，模型系数 α 的典型值为 3.0，应根据经验数据确定本组织所开发的项目类型的数值。

任务 3　组建软件工程人员

🔍 任务描述

　　软件开发技术的发展从很多方面都减少了软件开发人员的工作量，但软件开发的特殊性也是人力密集型行业，离工业化生产差距很大，软件开发人员的技术、能力以及开发团队建设的好坏，对软件质量有很大影响。应通过对软件工程团队组建过程中需要注意的因素的学习，组建优秀的软件工程团队，提高软件开发的质量和效率。

任务要求

通过学习和掌握软件开发人员应具备的能力，熟悉软件小组成员的工作内容，更合理地为软件开发项目组建软件开发团队，提高软件开发质量和效率。

知识链接

对于一个软件工程来说，与之相关的人员主要有软件开发人员和软件的用户。如何合理地组织软件开发人员，如何能在开发过程中得到用户的密切配合与支持，是关系到软件工程成败的重要因素。

1. 软件开发团队在软件开发中的重要性

软件企业与传统工业企业不同，与现代企业的其他行业也不同。软件企业最主要特征是，企业最主要的资产是一批掌握技术、熟悉业务、懂得管理的人。软件企业主要的成本是人的成本，软件企业主要的财富积累是知识和经验的积累。因此，软件企业的人力资源管理是企业最主要的管理内容。软件项目组的管理过程，几乎全部是围绕人来进行的管理。而对身为管理对象的人本身该如何管理的讨论，则越来越成为软件领域所要讨论的核心问题。软件项目队伍是项目的基本工作单元，队伍的作用非常重要，它是顺利实施项目的基础平台。

软件项目管理的主体是软件开发团队。一个软件项目管理的好坏，很大程度就体现在软件开发团队的建设和管理上。软件开发团队是软件项目实施的基础，它直接影响和制约着软件项目管理的最终效果。

在开发复杂软件的时候，通常每个人开发不同的部分，运行这些软件的设备本身就可能来自不同的供应商，而事后将软件的不同模块集成在一起，带来的问题会更多。一个软件模块本身没有问题，但是合在一起却可能不能工作。所有这些问题都需要一个可以高效合作的团队来共同解决，所以建立一支工作效率高的队伍非常重要。

2. 软件开发人员

软件开发人员一般分为项目负责人、系统分析员、高级程序员、程序员、初级程序员、资料员和其他辅助人员。系统分析员和高级程序员是高级技术人员；后面其余几种工作人员是低级技术人员。根据项目规模的大小，有的人可能身兼数职，但每个人的职责必须明确。

软件开发人员要少而精，对担任不同职责的人，要求所具备的能力不同。

（1）项目负责人需要具有组织能力、判断能力和对重大问题作出决策的能力。

（2）系统分析员需要有概括能力、分析能力和社交活动能力。

（3）程序员需要有熟练的编程能力。

参加软件生命周期各个阶段活动的人员，既要明确分工，又要互相联系。因此，要求各类人员既能胜任工作，又要能很好地相互配合，没有一个和谐的工作环境，很难完成复杂的软件项目。各类开发人员在软件工程各阶段的参加程度如图 12-1 所示。

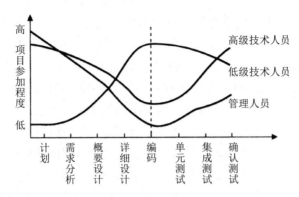

图 12-1　各类开发人员在软件工程各阶段的参加程度

3. 组织机构

开发人员不能只是一个简单的集合，要求具有良好的组织结构，具有合理的人员分工和有效的通信。软件开发的组织机构没有统一的模式，但是通常可采用以下 3 种组织结构的模式：

（1）按项目划分的模式（Project Format）。

（2）按职能划分的模式（Functional Format）。

（3）矩阵型模式（Matrix Format）。

矩阵型模式是将前两种模式结合起来，一方面按工作性质成立一些专门职能组，如开发组、业务组、测试组等；另一方面，每个项目都有负责人，每个人作为某个项目组的成员，参加该项目的工作。

通常程序设计工作是按小组进行的，程序设计小组的组织形式可以有主程序员组、民主制程序员组及层次式组织 3 种。

（1）主程序员组。如果程序设计小组的大多数软件开发人员是比较缺乏经验的人员，而程序设计过程中又有许多事务性工作（如大量信息的存储和更新），则可采取主程序员组的组织方法。也就是说，以经验多、能力强、技术好的程序员作为主程序员，其他人多做些事务性工作，为主程序员提供充分的支持，所有联络工作都通过一两个人来进行。

主程序员组的核心有主程序员、辅助程序员和程序管理员。

● 主程序员：应由经验丰富、能力较强的高级程序员担任，全面负责系统的设计、编码、测试和安装工作。主程序员组的制度突出了主程序员的重要性，将责任集中在少数人身上，有利于提高软件质量。

● 辅助程序员：应由技术熟练、富有经验者担任，协助主程序员工作，设计测试方案，分析测试结果，以验证主程序员的工作。

● 程序管理员：负责保管和维护所有软件文档资料，帮助收集软件的数据，并在研究、分析和评价文档资料的准备方面进行协助工作，如提交程序、保存运行记录、管理软件配置等。

另外，需配备一些临时或长期的工作人员，如项目管理员、工具员、文档编辑、语言和系统专家、测试员及后援程序员等。

使用主程序员组的组织方式，可提高生产率，减少总工作量。

（2）民主制程序员组。民主制程序员组的程序设计成员完全平等，享有充分的民主，通过协商作出技术决策，发现错误时，每个人都积极主动地想方设法攻克难关。很显然，这种组织结构对调动积极性和激发个人的创造性是很值得称道的。但是，这种组织也有缺点，假设小组有 n 个人，通信的信道将有 $n(n-1)/2$ 条，如果小组人数较多，通信量会非常大；而且如果组织内有缺乏经验的新手或技术水平不高的成员，可能难以完成任务。

（3）层次式组织。这种组织中，组长负责全组工作，直接领导 2～3 名高级程序员，每位高级程序员管理若干程序员。这种组织比较适合完成层次结构的课题。

一般来讲，程序设计小组的成员以 2～8 名为宜。如果项目规模较大，一个小组不能在预定时间内完成任务，则可使用多个程序设计小组，每个小组在一定程度上独立自主地完成工程中的部分任务。这时，系统的概要设计工作特别重要，应保证各部分之间的接口定义良好，并且越简单越好。

把主程序员组和民主制程序员组的优点结合起来，根据软件项目的规模大小，安排适当的程序设计小组的成员和人数，合理地、层次式地进行管理，有利于提高软件工程的质量和效率。

4．用户

软件是为用户开发的，在开发过程中必须自始至终得到用户的密切合作和支持。开发人员要特别注意与用户多沟通，了解用户的心理和动态，排除来自用户的各种干扰和阻力。其干扰和阻力主要有以下几种：

（1）不积极配合。用户在行动上表现为消极、漠不关心或不配合。在需求分析阶段，做好这种类型的用户的工作是很重要的，通过他们中的业务骨干，可以真正了解到用户的要求。

（2）求快求全。用户中部分人员急切希望马上就能用上软件系统，应当让他们认识到开发一个软件项目不是一朝一夕就能完成的，软件工程不是靠人多就能加快速度的；同时还要让他们认识到开发软件系统不能贪大求全。

（3）功能的变化。在软件开发过程中，用户可能会不断提出新的要求或修改以前提出的要求。从软件工程的角度，并不希望有这种变化。但实际上，不允许用户变更自己所提出的要求是不可能的。因为每个人对事物的认识要有个过程，不可能一下子提出全面、正确的要求。对来自用户的这种变化要正确对待，要向用户解释软件工程的规律，并在可能的条件下，部分或有条件地满足用户的合理要求。

任务实施

1．软件开发团队的建设内容

软件开发团队建设

高效的软件开发团队是建立在合理的开发流程及团队成员密切合作的基础之上的，成员共同迎接挑战，有效地计划、协调和管理各自的工作以至达成明确的目标，高效的开发团队具有如下特征：

（1）对共同目标有明确、清晰的认知。高效的开发团队应对要达成的目标有清楚的理解，并知道目标具有的重大意义和价值。清晰明确的目标会激励团队成员把个人目标升华到群体目标，团队的成员会更愿意为团队目标做出承诺，共同努力实现目标。

项目经理及团队成员对于实施什么样的项目；为什么要实施这样的项目，团队的工作范围有哪些，实施项目的主要目标（包括项目的时间要求、成本指标、质量性能参数等），完成项目的重要交付成果及其衡量标准，以及实施项目的制约因素及假设前提等问题有着共同的认识与一致的理解。

由于观念上的统一，队员很容易在行为上步调一致，他们都强烈希望为争取项目成功付出努力，能满腔热忱地为实施项目活动付出自己的智慧、时间和努力，并且能自觉地运用团队精神和共同的价值观去规范自己的行为，去争取项目的成功。

（2）团队成员相互信任，精诚合作。成员间相互信任是高效团队的显著特征。只有相互信任才能够真诚地相互交流，相互支持，共享工作成果，能够围绕项目展开紧密的合作，能够相互指出工作中存在的不足，从而减少相互推卸责任、相互指责，增加团队的凝聚力，提高项目开发的效率。

精诚合作可以让队员强烈地意识到个人和团队的力量，充分了解团队合作的重要性，可以让队员视彼此的合作为团队智慧和力量的源泉，而不仅限于完成自己的任务。还可以使团队队员不羞于寻求他人的帮助，能够自觉地以双赢思维相互协调、彼此配合，积极主动地向他人提供所需要的指导与支持，分担团队发展和领导的责任。在冲突和问题面前能够设身处地地站在对方的立场上看问题，能够集思广益倾听团队中其他人的意见。

（3）融洽的关系及通畅的沟通。团队成员之间高度信任、相互尊重，既关注工作本身，更珍惜彼此之间的友谊，能够共同营造和谐、宽松、友爱的工作环境。他们愿意分享知识、经验和信息，互相关心，使团队有一种强烈的凝聚力，成员在团队中有一种归属感与自豪感，彼此能够分享他人及团队的成功。团队应当致力于进行开放性的信息交流与沟通，承认彼此存在差异，鼓励不同的意见，并允许自由地表达出来。

面对冲突和问题，当事人能够就事论事寻求彼此都能接受的解决问题的方案，并通过诚恳而友善的反馈来帮助团队成员认识他们的长处及弱点，帮助团队达成项目目标。

（4）具有共同的工作规范和框架。软件项目的开发是创造性的工作，但需要良好的开发纪律。建立共同的工作框架使团队成员知道如何达到目标，知道自己应该做到什么及对开发过程达成共识；建立规范使各项工作有标准可以遵循，使成员知道团队的风格是怎样的；建立一定的纪律约束可以保证计划的正常执行。

在项目策划阶段，团队对如何完成任务、由谁去完成、完成任务的期限、所需技术等方面通过责任分配矩阵（Responsibility Assignment Matrix，RAM）得到清楚的界定，团队成员分工清晰、权责对等，每个人都清楚自己在项目中的角色、职责及汇报关系，包括上级是谁，下级是谁，遇到困难从何处取得支持等。每个人都能得到充分的授权，在完成他应该做的事情的同时，还应有一种整体观念，明确自己工作上的失误将对他人、对整个项目所造成的影响。

2. 软件开发团队成员技术要求

软件开发团队的人才选拔和培养是建设高效团队的基础。一个软件项目是由项目经理、系统分析员、设计员、程序员和测试员共同协作完成的，在这个过程中每个角色的职责是不一样的，因此在人才选拔和培养的标准上各有不同。各角色的职责和要求如下：

（1）项目经理。

职责：制定产品的目标；制定各个工作的详细任务表，跟踪这些任务的执行情况，并进行控制；组织会议对程序进行评审；综合具体情况，对各种不同方案进行取舍并作出决定；协调各项目参与人员之间的关系。

人员要求：对产品有激情，具有领导才能；能正确而迅速地作出确定；能充分利用各种渠道和方法来解决问题；能跟踪任务，有很好的日程观念；能在压力下工作。

（2）系统分析员。

职责：了解用户需求。写出《软件需求规约》，建立用户界面原型。

人员要求：应该善于协调，并且具有良好的沟通技巧。担任此角色的人员中必须要有具备业务和技术领域知识的人才。

（3）设计员。

职责：定义类的方法和属性以及各个类之间的关联，画出类图；进行数据库设计。

人员要求：掌握面向对象分析与设计技术，统一建模语言。

（4）程序员。

职责：按项目的要求进行编码和单元测试。

人员要求：拥有良好的编程技能和测试技术。

（5）测试员。

职责：执行测试，描述测试结果，提出问题的解决方案。

人员要求：了解被测试的系统，具备诊断和解决问题的技能，编程技能。

任务4　管理软件配置

任务描述

软件开发过程从开发环境的建立到各阶段产生的大量文档、代码等，会不断地产生一些记录成果的文档及源码，这些内容构成了软件产品的主体内容和软件开发必不可少的东西。同时在软件项目开发过程中，变更会经常发生而影响着这些配置项的变更。开发过程中开发人员不仅要保证每个软件配置项的正确性，而且必须保证一个软件的所有配置项是完全一致的，否则就会造成开发活动混乱，软件配置管理就显得尤为重要。熟悉软件配置管理的任务及配置管理过程，可以更好地确保软件开发过程有序地进行。

⊞ 任务要求

理解软件配置项的定义，掌握软件配置管理的任务和过程。在软件开发过程中，更好地管理软件配置项，使软件的开发更加的有序，确保软件各阶段配置项内容变化一致。

⊘ 知识链接

1. 软件配置概述

在软件开发过程中，从开发环境建立，到各阶段产生大量文档、代码等，开发活动会需要一些必不可少的工具，不断地产生一些记录成果的文档以及源代码，这些内容构成了软件产品的主体内容和开发软件必不可少的东西，即软件配置项（Software Configuration Items，SCI）。

软件配置（Software Configuration）是软件产品在开发和运行过程中产生的全部信息，这些信息随着软件开发运行工作的进展而不断变更。

软件过程产生的全部信息可分为如下所述 3 类：一类是供技术人员或用户使用的软件工程文档；一类是计算机程序源代码、可执行程序及存储在计算机内的数据库等；一类是数据（程序内包含的或程序外的数据）。

随着软件开发过程的进行，软件配置项的数量会迅速增加。而且由于种种原因，软件配置项的内容随时都可能发生变化。开发过程中，软件开发人员不仅要努力保证每个软件配置项正确，而且必须保证每一个软件的所有配置项是完全一致的，否则就会造成开发活动的混乱。但是软件配置的变化是不可避免的，随着配置项的增加，这种变化会使软件开发活动陷入困境。因此，必须专门管理和控制这种变化。

变更是软件项目与生俱来的特性，因为经常会变更，所以软件开发基本上都是迭代化的过程。变更不是坏事，因为每当变更被提出来的时候，都是发现缺陷或错误的时候。但是，若不能适当控制和管理变化，软件开发过程就会很快失控，造成混乱并产生更多严重的错误。

软件配置管理（Software Configuration Management，SCM）是在软件的整个生命周期内管理变更的一组活动。软件配置管理与软件维护不同，软件维护是在软件交付给用户使用以后，根据用户的需要修改软件的活动；软件配置管理是在软件项目定义时就开始，一直到软件退役后才停止的控制活动，软件配置管理的目的是使软件变更所产生的错误达到最小，从而有效地提高软件生产率。

2. 基线

基线这一术语也是来自国外，所以在表述上与我国也有些差异。若按我国的习惯理解，其实"基线"就是"定稿"与"没定稿"的分界线。

基线

当软件开发活动到达一个里程碑时，所产生的软件配置项就要接受正式的技术复审，复审通过以后，就定稿了，这些配置项就要交给专人管理，这就叫进入了基线。

IEEE 把基线定义为：已通过正式复审的软件中间产品或软件文档，它可以作为进一步开发的基础，并且只有通过正式的变化控制过程才能改变它。由此可见，基线是一个软件配置管理概念，它有助于我们在不严重妨碍合理变化的前提下来控制变化。

简而言之，基线就是通过了正式复审的软件配置项的集合。在软件配置项进入基线之前，可以反复修改它；一旦进入了基线，当发现有误时虽然仍然可以修改，但是必须经过正式的流程，未经批准不能随意变更。

除了软件配置项之外，许多软件工程组织也把软件工具纳入配置管理之下，也就是说，把特定版本的编辑器、编译器和其他 CASE 工具，作为软件配置的一部分固定下来。因为修改软件配置项时必须要用到这些工具，为防止不同版本的工具产生的结果不同，应该把软件工具也基线化，并且列入综合的配置管理过程之中。

💬 任务实施

软件配置管理是软件质量保证的重要一环，主要任务是控制变化，同时也负责各个软件配置项和软件各种版本的标识、软件配置审计以及对软件配置发生的任何变化的报告。软件配置管理主要有 5 项任务：标识软件配置变更、控制软件配置变更、版本控制、软件配置变更的审计和软件配置状态报告。

1. 标识软件配置变更

软件配置是软件在某一具体时刻的瞬时写照。软件配置项是软件工程生命周期中不断产生的信息项，它是软件配置管理的基本单位。随着软件工程的进展，软件配置在不断地变更，因此配置管理首先要标识这种变更。标识软件配置变更的主要目标是以可理解、可预见的方式确定一个有条理的文档结构、提供调节、修改的方法并协助追溯各种软件配置变更、对各种软件配置变更提供控制设施。

为便于在配置项各层次中进行追溯，应确定好全部文档的格式、内容及控制机构。要用同一种编号体制提供软件配置项的信息，以便对所有产品、文档和介质指定合适的标识号。注意，标识方式要有利于控制变更，要便于增删和修改。

如下软件配置项是软件配置管理的对象，并可形成基线：

- 系统规格说明书。
- 软件项目实施计划。
- 软件需求规格说明书。
- 设计规格说明书（数据设计、体系结构设计、模块设计）。
- 源代码清单。
- 测试计划和过程、测试用例和测试结果记录。
- 操作和安装手册。
- 可执行程序（可执行程序模块、连接模块）。
- 数据库描述（模式和文件结构、初始内容）。
- 用户手册。
- 维护文档（软件问题报告、维护请求和工程变更次序）。

- 软件工程标准。
- 项目开发小结。

2. 控制软件配置的变更

在软件的生命周期中对软件配置项进行变更的评价及核准的机制称为控制变更。实施文档变更控制的方法大致有以下 3 种：

（1）给全部软件配置建立一个专门的软件库。

（2）把全部软件文档以及每个配置的其他成分都看作已建成的文档库的组成部分。

（3）用可靠的计算机终端访问文档检索设备及文字处理设备支持的联机软件库。

上述 3 种方法均可很好地实现文档变更控制。无论采用何种方法进行文档变更控制，都应建立一个参考系统，每个文档都应有单独编号，包括单独的项目标识号、配置单元项标识号、修改级号、属性编号等。

一般来说，控制变更可以建立单项控制、管理控制及正式控制 3 种不同的类型。其中以正式控制最正规，管理控制次之。

实行配置管理意味着对配置的每一种变动都要有复查及批准手续。变更控制越正规，复查及批准手续就越麻烦。

变更控制包括建立控制点和建立报告与审查制度。对于一个大型软件来说，不加控制的变更很快就会引起混乱。因此变更控制是一项重要的软件配置管理任务。变更控制的过程有存取控制和同步控制两个重要的要素。存取控制（访问控制）管理各个用户具有存取和修改特定软件配置对象的权限；同步控制可用来确保由不同用户所执行的并发变更不会互相覆盖。

3. 版本控制

版本控制联合使用规程和工具来管理所创建的配置对象的不同版本。借助于版本控制技术，用户能够通过选择适当的版本来指定软件系统的配置。实现这个目标的方法是把属性和软件的每个版本关联起来，然后通过描述一组所期望的属性来指定构造所需要的配置。

4. 软件配置变更的审计

软件配置变更审计工作的主要目的是保证基线在技术、管理上的完整性和正确性，保证对软件配置项所做的变更是符合需求和规定的。审计工作是软件配置变更控制人员批准软件配置项的先决条件。

软件配置变更的审计要进行正式的技术复审和软件配置复审。

- 正式的技术复审关注被修改后的配置对象的技术正确性。
- 软件配置复审对技术复审进行补充，例如检查配置项的变更标识是否完整、正确、明显等。

在软件的生命周期内，必须不断进行软件配置变更的审计工作，不要等到最后才进行。

5. 软件配置状态报告

- 发生了什么事情？

- 谁做的这件事？
- 这件事是什么时候发生的？
- 它将影响哪些其他事物？

配置状态变化对大型项目的成功有重大影响。当大量人员在一起工作时，可能一个人并不知道另一个人在做什么，两名开发人员可能试图按照相互冲突的想法去修改同一个软件配置项；软件工程队伍可能耗费几个月的工作量根据过时的硬件规格说明开发软件；察觉到所建议的修改有严重副作用的人可能还不知道该项修改正在进行。配置状态报告通过改善所有相关人员之间的通信，帮助消除这些问题。

综上所述，软件配置管理是对软件工程的定义、开发、维护阶段的一种重要补充。软件工程过程中，某一阶段的任何变更都会引起软件配置的变更，对这种变更必须加以严格控制和管理，必须把精确、清晰的信息传递到软件工程过程的下一步骤。

任务 5　软件质量保证

任务描述

软件质量保证是为了确保软件产品和服务满足用户要求而进行的有计划、有组织的活动。软件质量保证是为了使产品能够实现用户要求的功能，检验质量是否符合用户要求，因此需要站在用户的角度去分析评估。软件开发中要明确保证软件产品质量的意义所在，运用软件质量保证的策略，提高软件的质量，满足用户的实际需求。

任务要求

明确软件质量的意义，熟悉软件质量的特性，掌握软件质量保证的主要任务，切实通过运用软件质量保证策略，确保软件产品的质量。

知识链接

1. 软件质量的定义

软件质量可以从两个角度来看。从用户角度来看，质量就是适用性，即满足用户潜在或指明需求的程度；从产品角度来看，质量与产品的内在特性相关。

《IEEE 标准软件工程术语表》（ANSI/IEEE Std729－1983）定义软件质量为"与软件产品满足规定的和隐含的需求的能力有关的特征或特性的全体"，具体包括如下内容：

（1）软件产品中所能满足用户给定需求的全部特性的集合。

（2）软件具有所期望的各种属性组合的程度。

（3）用户主观得出的软件是否满足其综合期望的程度。

（4）决定所用软件在使用中将满足其综合期望程度的软件合成特性。

M.J.Fisher 将软件质量定义为"所有描述计算机软件优秀程度的特性的组合"。也就是说，为满足软件的各项精确定义的功能以及性能需求，并使软件符合文档化的开发标准，需要相应地给出或设计一些质量特性及其组合，作为在软件开发与维护中的重要考虑因素。如果这些质量特性及其组合都能在产品中得到满足，则这个软件产品质量就是高的。

软件质量反映了以下三方面的问题：

（1）软件需求是度量软件质量的基础，不符合需求的软件就不具备质量。

（2）规范化的标准定义了一组开发准则，用来指导软件人员用工程化的方法来开发软件。如果不遵守这些开发准则，软件质量就得不到保证。

（3）往往会有一些隐含的需求没有显式地提出来，如软件应具备良好的可维护性。如果软件只满足那些精确定义了的需求而没有满足这些隐含的需求，软件质量也不能得到保证。

软件质量是各种特性的复杂组合。它随着应用的不同而不同，随着用户提出的质量要求不同而不同。因此，有必要讨论各种质量特性以及评价质量的准则，还要介绍为保证质量所进行的各种活动。

2. 软件质量的特性

软件质量的特性反映了软件的本质。讨论一个软件的质量，问题最终要归结到定义软件的质量特性。而定义一个软件的质量，就等价于为该软件定义一系列质量特性。人们通常用软件质量模型来描述影响软件质量的特性。不同的质量模型定义了不同的质量特性。

McCall 等定义的质量特性如下所述：

- 正确性：在预定环境下，软件满足设计规格说明及用户预期目标的程度。它要求软件本身没有错误。
- 可靠性：软件按照设计要求，在规定时间和条件下不出故障、持续运行的程度。
- 效率：为了完成预定功能，软件系统所需的计算机资源的多少。
- 完整性：为某一目的而保护数据，避免它受到偶然或有意的破坏、改动或遗失的能力。
- 可使用性：对于一个软件系统，用户学习、使用软件及为程序准备输入和解释输出所需工作量的大小。
- 可维护性：为满足用户新的要求，或当环境发生了变化、运行中发现了新的错误时，对一个已投入运行的软件进行相应诊断和修改所需工作量的大小。
- 可测试性：测试软件以确保其能够执行预定功能所需工作量的大小。
- 灵活性：修改或改进一个已投入运行的软件所需工作量的大小。
- 可移植性：将一个软件系统从一个计算机系统或环境移植到另一个计算机系统或环境中运行所需工作量的大小。
- 可复用性：一个软件（或软件的部件）能再次用于其他应用（该应用的功能与此软件或软件部件的所完成的功能有关）的程度。
- 互连性：又称相互操作性。连接一个软件和其他系统所需工作量的大小。若该软件要联网，或与其他系统通信，或把其他系统纳入自己的控制之下，需有系统间的接口，使之可以连接。

《软件质量模型标准》（ISO/IEC 9162）定义的 6 个质量特性如下所述：

（1）功能性（Functionality）：是与一组功能及其指定的性质有关的一组属性，这里的功能是指满足明确或隐含的要求的那些功能。

（2）可靠性（Reliability）：是与在规定的一段时间和条件下，软件维持其性能水平的能力有关的一组属性。

（3）可用性（Usability）：是与一组规定或潜在用户为使用软件所需做的努力和对用户这样的使用所做的评价有关的一组属性。

（4）效率（Efficiency）：是在规定的条件下，软件性能水平与所使用的资源量之间的关系有关的一组属性。

（5）可维护性（Maintainability）：是与进行指定的修改所需的努力有关的一组属性。

（6）可移植性（Portability）：是与软件从某一环境转移到另一环境下使用的能力有关的一组属性。

这 6 个质量特性各有其子特性，见表 12-4。

表 12-4　6 个质量特性及其子特性

质量特性	质量子特性
功能性	适合性、准确性、互用性、安全性
可靠性	成熟性、容错性、易恢复性
易使用性	易理解性、易学性、易操作性
效率	资源效率、时间效率
可维护性	易分析性、易改变性、稳定性、易测试性
可移植性	适应性、易安装性、一致性、易替换性

3. 软件质量保证的概念

质量保证是为保证产品和服务充分满足消费者要求的质量而进行的有计划、有组织的活动。质量保证是面向消费者的活动，是为了使产品实现用户要求的功能，站在用户立场上来掌握产品质量的活动。

软件的质量保证就是为了向用户及社会提供满意的高质量的产品。进一步地，软件的质量保证活动也和一般的质量保证活动一样，是确保软件产品在软件生命周期所有阶段的质量的活动，即为了确定、达到和维护需要的软件质量而进行的所有有计划、有系统的管理活动。它包括的主要功能如下所述：

- 制定和展开质量方针。
- 制定质量保证方针和质量保证标准、建立和管理质量保证体系。
- 明确各阶段的质量保证业务、坚持各阶段的质量评审。
- 确保设计质量，提出并分析重要的质量问题。
- 总结实现阶段的质量保证活动，整理面向用户的文档、说明书等。
- 鉴定产品质量，鉴定质量保证体系，收集、分析和整理质量信息。

任务实施

1. 软件质量保证的主要任务

软件质量保证由各项任务构成，这些任务的参与者有两类人：软件开发人员和质量保证人员。前者负责技术工作，后者负责质量保证的计划、监督、记录、分析及报告工作。

软件开发人员通过采用可靠的技术方法和措施，进行正式的技术评审，并执行计划周密的软件测试来保证软件产品的质量。软件质量保证人员则辅助软件开发组得到高质量的最终产品。1993 年美国软件工程研究所（Software Engineering Institute）推荐了一组有关质量保证的计划、监督、记录、分析及报告的 SQA 活动。这些活动将由一个独立的 SQA 小组执行（或协助）。

（1）为项目制订 SQA 计划。该计划在制订项目计划时制定，由相关部门审定。它规定了软件开发小组和质量保证小组需要执行的质量保证活动，其要点包括：需要进行哪些评价；需要进行哪些审计和评审；项目采用的标准；错误报告的要求和跟踪过程；SQA 小组应产生哪些文档；为软件项目组提供的反馈数量等。

（2）参与开发该软件项目的软件过程描述。软件开发小组为将要开展的工作选择软件过程，SQA 小组则要评审过程说明，以保证该过程与组织政策、内部的软件标准、外界所制定的标准（如 ISO9001）以及软件项目计划的其他部分相符。

（3）评审各项软件工程活动，核实其是否符合已定义的软件过程。SQA 小组识别、记录和跟踪所有偏离过程的偏差，并核实其是否已经改正。

（4）审计指定的软件工作产品，核实其是否符合已定义的软件过程中的相应部分。SQA 小组对选出的产品进行评审，识别、记录和跟踪出现的偏差，核实其是否已经改正，并定期向项目负责人报告工作结果。

（5）确保软件工作及工作产品中的偏差已被记录在案，并根据预定规程进行处理。偏差可能出现在项目计划、过程描述、采用的标准或技术工作产品中。

（6）记录所有不符合要求的部分，并向上级管理部门报告。跟踪不符合要求的部分直到问题得到解决。除了进行上述活动外，SQA 小组还需要协调变更的控制与管理，并帮助收集和分析软件度量的信息。

2. 软件质量保证措施

为保证软件能充分满足用户要求而进行的有计划、有组织的活动称为软件质量保证。软件质量保证是一个复杂的系统，它采用一定的技术、方法和工具，以确保软件产品满足或超过在该产品的开发过程中所规定的标准。若软件没有规定具体的标准，应保证产品满足或超过工业或经济上能接受的水平。

保证软件质量方法

软件质量保证是软件工程管理的重要内容。软件质量保证包括以下措施：

（1）应用好的技术方法。软件质量控制活动要自始至终贯穿于软件开发过程，软件开发人员应该依靠适当的技术方法和工具，形成高质量的规格说明和高质量的设计，还要选择合适的软件开发环境来进行软件开发。

（2）软件测试。软件测试是软件质量保证的重要手段，通过测试可以发现软件中潜在的大多数错误。应当采用多种测试策略，设计可以高效地检测错误的测试用例并进行软件测试。但是软件测试并不能保证可以发现所有错误。

（3）进行正式的技术评审。在软件开发的每个阶段结束时，都要组织正式的技术评审，由技术人员按照规格说明和设计对软件产品进行严格的评审、审查。多数情况下，审查能有效地发现软件中的缺陷和错误。国家标准要求单位必须采用审查、文档评审、设计评审、审计和测试等具体手段来控制质量。

（4）软件质量标准的实施。软件开发人员和用户可以根据需要，参照国家标准、国际标准或行业标准，制定软件工程实施的规范。一旦形成软件质量标准，就必须确保一直遵循它们。在进行技术审查时，应评估软件是否与所制定的标准相一致。

（5）控制软件配置变更。在软件开发或维护阶段，对软件的每次变动都有引入错误的危险。例如修改代码可能引入潜在的错误、修改数据结构可能使软件设计与数据不相符合、修改软件时文档没有准确及时地反映出来等，都是维护的副作用，因此必须严格控制软件的修改和变更。控制软件配置变更是通过对软件配置变更的正式申请、评价变更的特征和控制变更的影响等直接提高软件质量。

（6）程序正确性证明。程序正确性证明的准则是，证明程序能完成预定的功能。

（7）记录、保存和报告软件过程信息。在软件开发过程中，要跟踪程序变动对软件质量的影响程度。记录、保存和报告软件过程的全部信息，是为了给软件质量保证活动收集信息和传播信息。评审、检查、控制变更、测试和其他软件质量保证活动的结果必须记录并报告给开发人员，并保存为项目历史记录的一部分。

只有在软件开发的全过程中始终重视软件质量问题，采取正确的质量保证措施，才能开发出满足用户需求的高质量的软件。

任务6　管理软件开发风险

任务描述

软件开发过程中几乎都会存在风险，能够预见可能影响项目进度或正在开发的软件产品的质量的风险，是每个项目管理者应该具备的能力。对于风险应该采取主动的策略，标示出潜在的风险，评估它们出现的概率和影响，对风险进行分类识别，早预测早预防，制定风险预防策略，把风险降到最低。

任务要求

学习软件开发风险的分类，对不同的风险进行分类识别，制定完善的风险预测机制，运用相应策略处理软件开发过程中存在的风险。

知识链接

软件开发总会存在一些风险，应对风险应该采取主动的策略。也就是说，早在技术工作开始之前就应该启动风险管理活动，标识出潜在的风险，评估它们出现的概率和影响，并且按重要性对风险进行排序；然后制订一个计划来管理风险。风险管理的主要目标是预防风险，但是并非所有风险都能预防，因此，软件项目组还必须制定一个处理意外事件的计划，以便一旦出现风险，能够以可控的和有效的方式做出反应。

软件开发风险有两个显著特点：产生风险的不确定性和风险产生的损失。

产生风险的不确定性：风险的事件可能发生也可能不发生，也就是说，没有 100% 发生的风险（100% 发生的风险是施加在软件项目上的约束，已经加以考虑）。

风险产生的损失：如果风险一旦变成了现实，就会造成不好的后果或损失。

1. 软件开发风险的分类

在分析软件开发的风险时，重要的是要量化产生风险的不确定程度以及与每个风险相关的损失程度。软件开发时，各种不同类型的风险，其不确定性是不一样的，可能产生的损失程度也不相同。为此，必须考虑风险的类型。

根据软件项目的风险从以下 7 个方面进行分析：需求、技术、成本、机构、人员、产品和进度。在表 12-5 中简单列出了 7 种风险类型及 IT 项目开发中常见的风险。

表 12-5　可能出现的 IT 项目开发中的风险

风险	风险类型	描述
需求风险	需求风险	软件需求与预期相比，可能会有很大的出入
计划编制风险	进度风险	计划跟不上变化
组织和管理风险	机构风险	有时管理者的决策将对项目进度产生巨大影响
人员风险	人员风险	有着丰富开发经验的人员随时可能跳槽
开发环境风险	技术风险	所需要的硬件等基础设备没有按时到位
客户风险	需求风险	达不到客户的要求
产品风险	产品风险	软件产品的质量不能得到保证
设计和实现风险	技术风险	开发人员的技术不能满足项目的需求
过程风险	机构风险	管理体制不够完善，进度跟不上

（1）需求风险。
- 需求已经成为项目基准，但需求还在继续变化。
- 需求定义欠佳，而进一步的定义会扩展项目范畴。
- 添加额外的需求。
- 产品定义含糊的部分比预期需要更多的时间。
- 在做需求分析时客户参与不够。
- 缺少有效的需求变化管理过程。

风险种类

（2）计划编制风险。

- 计划、资源和产品定义全凭客户或上层领导口头指令，并且不完全一致。
- 计划是优化的，是最佳状态，但计划不现实，只能算是期望状态。
- 产品规模（代码行数、功能点、与前一产品规模的百分比）比估计的要大。
- 完成目标日期提前，但没有相应地调整产品范围或可用资源。
- 涉足不熟悉的产品领域，花费在设计和实现上的时间比预期的要多。

（3）组织和管理风险。

- 仅由管理层或市场人员进行技术决策，导致计划进度缓慢，计划时间延长。
- 低效的项目组结构导致生产率降低。
- 管理层审查决策的周期比预期的时间长。
- 预算削减，打乱项目计划。
- 管理层作出了打击项目组织积极性的决定。
- 缺乏必要的规范，导致工作失误与重复工作。
- 非技术的第三方的工作（预算批准、设备采购批准、法律方面的审查、安全保证等）时间比预期的长。

（4）人员风险。

- 作为先决条件的任务（如培训及其他项目）不能按时完成。
- 开发人员和管理层之间关系不佳，导致决策缓慢，影响全局。
- 缺乏激励措施，士气低下，降低了生产能力。
- 某些人员需要更多的时间适应还不熟悉的软件工具和环境。
- 项目后期加入新开发人员，需进行培训并逐渐与现成员熟悉，从而使工作效率降低。
- 由于项目组成员之间发生冲突，导致沟通不畅、设计欠佳、接口出现错误和需要进行额外的重复工作。
- 不适应工作的成员没有调离项目组，影响了项目组其他成员的积极性。
- 没有找到项目急需的具有特定技能的人。

（5）开发环境风险。

- 设施未及时到位。
- 设施虽到位，但不配套，如没有电话、网线、办公用品等。
- 设施拥挤、杂乱或者破损。
- 开发工具未及时到位。
- 开发工具不如期望的那样有效，开发人员需要时间创建工作环境或切换新的工具。
- 新的开发工具的学习期比预期时间长，内容繁多。

（6）客户风险。

- 客户对于最后交付的产品不满意，要求重新设计和重做。
- 客户的意见未被采纳，造成产品最终无法满足用户要求，因而必须重做。
- 客户对规划、原型和规格的审核决策周期比预期的要长。

- 客户未能参与规划、原型和规格阶段的审核，导致用户需求不稳定和产品生产周期的变更。
- 客户答复的时间（如回答或澄清与需求相关问题的时间）比预期长。
- 客户提供的组件质量欠佳，导致额外的测试、设计、集成及客户关系管理工作。

（7）产品风险。
- 矫正质量低下的不可接受的产品，需要比预期进行更多的测试、设计和实现工作。
- 开发额外的不需要的功能，延长了计划进度。
- 严格要求与现有系统兼容，需要进行比预期更多的测试、设计和实现工作。
- 要求与其他系统或不受本项目组控制的系统相连，导致增加了无法预料的设计、实现和测试工作。
- 在不熟悉或未经检验的软件和硬件环境中运行所产生的未预料到的问题。
- 开发一种全新的模块将比预期花费更长的时间。
- 依赖正在开发中的技术将延长计划进度。

（8）设计和实现风险。
- 设计质量低下，导致重复设计。
- 一些必要的功能无法使用现有代码和库实现，开发人员需使用新库或者自行开发新功能。
- 代码和库质量低下，导致需要进行额外的测试以修正错误，或重新制作。
- 过高估计了增强型工具对计划进度的节省量。
- 分别开发的模块无法有效集成，需要重新设计或制作。

（9）过程风险。
- 大量的纸面工作导致进程比预期的慢。
- 前期的质量保证行为不真实，导致后期的重复工作。
- 太不正规（缺乏对软件开发策略和标准的遵循），导致沟通不足、质量欠佳，甚至需重新开发。
- 过于正规（教条地坚持软件开发策略和标准），导致过多耗时于无用的工作。
- 向管理层撰写进程报告占用开发人员的时间比预期的多。
- 风险管理人员粗心，导致未能发现重大的项目风险。

识别风险是风险管理的第一个阶段，这一阶段是要系统化地识别已知的和可预测的风险，在可能时避免这些风险，且当必要时控制这些风险。

根据风险内容，可以将风险分为以下内容：
- 技术风险：源于组成开发系统的软件技术或硬件技术的风险。
- 人员风险：与软件开发团队的成员有关的风险。
- 机构风险：源于软件开发的机构环境的风险。
- 工具风险：源于 CASE 工具和其他用于系统开发的支持软件的风险。
- 需求风险：源于客户需求的变更和需求变更处理过程的风险。

● 估算风险：源于对系统特性和构建系统所需资源进行估算的风险。

在进行具体的软件项目风险识别时，可以根据实际情况对风险进行分类。但简单的分类并不总是行得通的，某些风险根本无法预测。在这里，介绍一下美国空军软件项目风险管理手册中指出的如何识别软件风险。这种识别方法要求项目管理者根据项目实际情况标识影响软件风险因素的风险驱动因子，这些因素包括以下 4 个方面：

● 性能风险：产品能够满足需求和符合使用目的的不确定程度。
● 成本风险：项目预算能够被维持的不确定的程度。
● 支持风险：软件易于纠错、适应及增强的不确定的程度。
● 进度风险：项目进度能够被维持且产品能按时交付的不确定的程度。

2. 软件开发风险的识别

通过识别已知的和可预测的风险，项目管理者首先要做的就是在可能时避免这些风险，在必要时控制这些风险。

风险又可分成一般性风险和特定产品的风险两种类型。一般性风险对每个软件项目都是潜在的威胁。特定产品的风险只有那些对当前项目的技术、人员、环境非常了解的人才能识别出来。为了识别出特定产品的风险，必须检查项目计划和软件范围说明，搞明白本项目有什么特殊的性质可能会威胁项目计划这一问题。

采用建立风险条目检查表的方法，可以帮助人们有效地识别风险，该表主要用来识别下列已知的和可预测的风险。

● 产品规模：与要开发或要修改的软件总体规模相关的风险。
● 商业影响：与管理或市场所施加的约束相关的风险。
● 客户特性：与客户素质以及开发人员和客户定期沟通的能力相关的风险。
● 过程定义：与软件过程定义程度以及软件开发组织遵守软件过程程度相关的风险。
● 开发环境：与用来开发产品的工具的可用性以及质量相关的风险。
● 开发技术：与待开发系统的复杂性及系统所包含的技术的新奇性相关的风险。
● 人员才能与经验：与软件工程师的总体技术水平及项目经验相关的风险。

风险条目检查表可以采用不同的方式来组织，例如可以列出与上述每个主题相关的问题，针对一个具体的软件项目来回答，有了问题的答案，项目管理者就可以估计风险产生的影响；还有一种方法是仅仅列出与每一种类型相关的特性，最终给出风险因素和它们发生的概率。总之，项目管理者要通过查看风险条目检查表来初步判断一个软件项目是否处于风险之中。

任务实施

1. 软件开发风险的预测

风险预测也称为风险估计，设计人员可以从两个方面来评估每个风险：一是风险发生的可能性或概率；二是当风险变成现实时所造成的后果。

在进行了风险辨识后，进行风险估算时项目计划人员、其他管理人员以及技术人员应当从以下 4 个方面开展风险预测活动：

（1）建立一个尺度，以反映风险发生的可能性。

（2）描述风险产生的后果。

（3）估计风险对项目及产品的影响。

（4）标明风险预测的整体精确度，以免产生误解。

按此步骤进行风险预测，目的是可以按照优先级来考虑风险。任何软件团队都不可能以同样的严格程度来为每个可能的风险分配资源，通过将风险按优先级排序，软件团队可以把资源更多分配给那些具有最大影响的风险。

对辨识出的风险进行进一步的确认后分析风险，即假设某一风险出现后，分析是否有其他风险出现，或是假设这一风险不出现，分析它将会产生什么情况，然后确定主要风险出现最坏情况后，如何将此风险的影响降低到最小，同时确定主要风险出现的个数及时间。进行风险分析时，最重要的是量化不确定性的程度和每个风险可能造成损失的程度。为了实现这点，必须考虑风险的不同类型。识别风险的一个方法是建立风险清单，清单上列举出在任何时候可能碰到的风险，最重要的是要对清单的内容随时进行维护，随时更新风险清单，并向所有的成员公开，同时应鼓励项目团队的每个成员勇于发现问题并提出警告。建立风险清单的一个办法是将风险输入缺陷追踪系统中，建立风险追踪工具，缺陷失追踪系统一般能将风险项目标示为已解决或尚待处理状态，也能指定解决问题的项目团队成员，并安排处理顺序。风险清单给项目管理提供了一种简单的风险预测技术，表 12-6 是一个风险清单的例子。

表 12-6　风险清单

风险	类别	概率	影响
资金将会流失	商业风险	40%	1
技术达不到预期效果	技术风险	30%	1
人员流动频繁	人员风险	60%	3

在风险清单中，风险的概率值可以由项目组成员分别估算，然后对数值进行加权平均计算，得到一个有代表性的值；也可以通过先做个别估算而后求出一个有代表性的值来完成。风险产生的影响可以通过对影响评估的因素进行分析来研究。

一旦完成风险清单的内容，就要根据概率进行排序，高发生率、高影响的风险放在上方，依此类推。项目管理者对排序进行研究，并划分重要和次重要的风险，对次重要的风险再进行一次评估并排序，对重要的风险要进行管理。从管理的角度来考虑，风险的影响及概率是起着不同作用的，一个具有高影响且发生概率很低的风险因素不应该花太多的管理时间；而高影响且发生率从中到高的风险以及低影响且高概率的风险，应该首先列入管理考虑之中。表 12-7 所列为对识别出的风险进行分析后，其出现的概率及造成的结果。

表 12-7　项目开发中的风险分析

风险	出现的概率	造成的结果
开发经费出现赤字，须减少预算	小	灾难性
招聘不到符合项目要求的开发人员	大	灾难性
开发过程中，主要人员有急事离开	中等	严重
客户需求变化，要重新进行主体设计	中等	严重
新员工的培训跟不上	中等	可容忍
低估了软件的规模	大	可容忍
开发工具编码效率低	中等	可忽略

在此，需强调的是如何评估风险的影响，如果风险真的发生了，它所产生的后果会受到 3 个因素影响：风险的性质、范围及时间。风险的性质是指当风险发生时可能产生的问题。风险的范围是指风险的严重性及其整体分布情况。风险的时间是指何时能够感到风险及风险持续多长时间。可以利用风险清单进行分析，并在项目进展过程中迭代使用。应该定期复查风险清单，评估每一个风险，以确定新的情况引起风险的概率及其造成的后果。这个活动可能会添加新的风险，此时可以选择删除一些不再有影响的风险，并改变风险的相对位置。

2. 处理软件开发风险的策略

对于绝大多数软件项目来说，性能、成本、支持和进度 4 个风险因素都有一个临界值，超过临界值就会导致项目被迫终止。也就是说，如果性能下降、成本超支、支持困难或进度延迟（或这 4 种因素的部分组合）超过了预先定义的限度，则将因风险过大而使项目被迫终止。

如果风险还没有严重到迫使项目终止的程度，则项目组应该制定一个处理风险的策略。一个处理风险的有效策略应该包括风险缓解（或避免）、风险监控、风险管理和制订意外事件处理计划 3 方面内容。

（1）风险缓解。如果软件项目组采用主动的策略来处理风险，则避免风险总是最好的策略。这可以通过建立风险缓解计划来达到目的。

例如，假设人员频繁流动被标识为一个项目风险，基于历史和管理经验，估计人员频繁流动的概率是 0.7，也就是 70%，项目风险相当高，预测该风险发生时将对项目成本和进度有严重影响。

为了缓解这个风险，项目管理者必须制定一个策略来减少人员流动，可能采取的措施如下：

- 与现有人员一起探讨人员变动的原因，例如工作条件恶劣、报酬低、劳动力市场竞争激烈等。
- 在项目开始之前采取行动，想办法减少不能控制风险的原因。

- 项目启动之后，假设会发生人员变动，当人员离开时，使用开发技术来保证工作的连续性。
- 组织项目团队，使每一个开发活动的信息能被广泛传播和交流。
- 制定编写文档的标准，并建立相应机制以确保及时创建文档。
- 所有开发工作都需要经过同事的复审，从而使得不止一个人熟悉该项工作。
- 为每个关键的技术人员都指定一个后备人员。

（2）风险监控。随着项目的进展，风险监控活动开始进行。项目管理者主要监控某些能指出风险概率正在变高还是变低的因素。以上述人员频繁流动的风险为例，可以监控下述因素：

- 团队成员对于项目压力的态度。
- 团队的凝聚力。
- 团队成员彼此之间的关系。
- 与工资和奖金相关的潜在问题。
- 在公司内和公司外工作的可能性。

除了监控上述因素之外，项目管理者还应该监测风险缓解措施的作用。例如"制定编写文档的标准，并建立相应机制以确保及时创建文档"，如果关键技术人员离开该项目，这就是一个保证工作连续性的机制。项目管理者应该仔细监测这些文档，以保证每份文档确实都按时编写完成，而且当新员工加入该项目时，能够从文档中得到必要的信息。

（3）风险管理和制订意外事件处理计划。继续讨论前面的例子，假定项目正在进行之中，突然有人宣布要离开，如果已经执行了风险缓解措施，则有后备人员可用，必要的信息也已经写成了文档，有关知识已经在团队中进行了广泛交流。此外，对那些人员充足的岗位，项目管理者还可以暂时调整资源配置，或者重新调整进度，使新加入的人员能够赶上进度。同时，要求那些将要离开的人停止所有工作，在离开前的几星期进入知识交接模式，比如基于视频的知识获取、建立注释文档、与仍留在项目组的成员进行交流等。

值得注意的是，风险环节、监控和管理将花费额外的项目成本，例如备份项目的每个关键部件是要花费成本的。因此风险管理的另一个任务，就是评估在什么情况下，缓解风险、监控和管理措施所产生的效益高于实现这些步骤所花费的成本。通常，项目计划者要做一次常规的成本/效益分析。一般说来，如果采取某项风险缓解措施所增加的成本大于其产生的效益，则项目管理者很可能决定不采取这项措施。

对于大型项目，可以识别出几十种风险，如果为每一个风险都制定风险缓解措施，那么风险管理本身就变成一个"大项目"，因此，要将 Pareto 的 80-20 法则应用于软件风险管理上。经验表明，整个项目风险的 80%（即可能导致项目失败的 80% 的潜在因素）能够由 20% 已经识别的风险来说明。早期风险分析步骤中所做的工作有助于确定哪些风险在这 20% 中，从而可以让设计人员将精力集中在最高级别的风险上，并为其采取相应的缓解措施。

任务 7　实施软件工程标准

任务描述

在软件工程项目中，为了便于项目内部人员之间交流信息，制定相应的标准来规范软件开发过程和软件产品。标准化的规范能够完善软件工程文档，提高软件开发的质量和效率。

任务要求

通过对软件开发过程的了解，理解软件工程标准化的意义所在，对软件工程标准的制定过程以及软件工程标准的分类进行掌握，熟悉软件工程文档的编写内容及开发各阶段所需要编写的文档。

知识链接

1. 软件工程标准化的概念

随着软件工程学科的发展，人们对计算机软件的认识逐渐深入。软件工作的范围从使用程序设计语言编写程序，扩展到整个软件生存周期，诸如，软件概念的形成、需求分析、设计、实现、测试、调试、安装和检验、运行和维护直到软件引退（被新的软件所代替）。同时还有许多技术管理工作（如过程管理、产品管理、资源管理等）以及确认与验证工作（如评审与审计、产品分析、测试等）。所有这些方面都应逐步建立起标准或规范。

标准，即对重复性的事物和概念所做的统一规定。以科学、技术和实践经验的综合成果为基础，经有关方面协商一致，由一个公认机构批准，以特定形式发布，作为准则和依据。

标准化，即在经济、技术、科学及管理等社会实践中，对重复性事物的概念通过制定、发布和实施标准达到统一，以获得最佳秩序和社会效益的活动。它是一门综合性学科，具有综合性、政策性和统一性的特点。

2. 软件工程标准化的意义

开发一个软件项目，由多个层次、不同分工的人员相互配合，在开发项目的各个部分以及各开发阶段之间存在着许多联系和衔接问题。如果想把这些错综复杂的关系协调好，需要有一系列统一的约束和规定。在软件开发项目取得阶段成果或最后完成时，需要进行阶段评审和验收测试。投入运行的软件，其维护工作中遇到的问题又与开发工作有着密切的关系。软件的管理工作渗透到软件生存周期的每一个环节。所有这些都要求提供统一的行动规范和衡量准则，使得各种工作都能有章可循。

软件工程的标准化会给软件工作带来许多好处，如下所示：

（1）提高软件可靠性、可维护性和可移植性（这表明标准化可提高软件产品的质量）。

（2）提高软件的生产效率和软件人员的技术水平。

（3）提高软件人员之间的通信效率，减少差错和误解。

（4）有利于软件管理。

（5）有利于降低软件产品的成本和运行维护成本，缩短软件开发周期。

3. 软件工程标准的制定

软件工程标准的制定与推行通常要经历一个环状的生命期。最初，制定一项标准仅仅是初步设想，经发起后沿着环状生存周期，顺时针进行以下的步骤：

（1）建议：拟订初步的建议方案。

（2）开发：制定标准的具体内容。

（3）咨询：征求并吸收有关人员意见。

（4）审批：由管理部门决定能否推出。

（5）公布：公开发布，使标准生效。

（6）培训：为推行准备人员条件。

（7）实施：投入使用，需经历一定的期限。

（8）审核：检验实施效果，决定修订还是撤销。

（9）修订：修改其中不适当的部分，形成标准的新版本，进入新的周期。

为使标准逐步成熟，可能要在环状生存周期上循环若干圈，这需要做大量的工作。事实上，软件工程标准在制定和推行过程中还会遇到许多实际问题。其中影响软件工程标准顺利实施的一些不利因素应当特别引起重视，这些因素可能有以下 5 种：

（1）标准本身制定得有缺陷，或是存在不够合理、不够准确的部分。

（2）标准文本编写有缺点，如文字叙述可读性差、理解性差，或是缺少实例供读者参阅。

（3）主管部门未能坚持大力推行，在实施的过程中遇到问题未能及时加以解决。

（4）未能及时做好宣传、培训和实施指导。

（5）未能及时修订和更新。

由于标准化的方向是无可置疑的，应该努力克服困难，排除各种障碍，坚定不移地推动软件工程标准化的发展。

4. 软件工程标准的分类

软件工程标准的类型是多方面的，它包括过程标准（如方法、技术及度量等）、产品标准（如需求、设计、部件、描述及计划报告等）、专业标准（如职别、道德准则、认证、特许及课程等）以及记法标准（如术语、表示法及语言等）。

根据《软件工程标准分类法》（GB/T 15538—1995），软件工程标准主要有以下 3 类：

（1）美国国家标准局发布的《软件文档管理指南》（National Bureau of Standards，Guideline for Software Documentation Management，FIPS PUB 135，June 1984）。

（2）美国核子安全分析中心发布的《安全参数显示系统的验证与确认》（Nuclear Safety Analysis Center，Verification and Validation for Safety Parameter Display Systems，NASC-39，December 1981）。

（3）国际标准化组织公布的《信息处理——数据流程图、程序流程图、程序网络图和系统资源图的文件编制符号及约定》（ISO 5807－985），现已成为中华人民共和国国家标准（GB 1526－1989）。

GB 1526－1989 规定了图表的使用，而且对软件工程标准的制定具有指导作用，可启发人们去制定新的标准。

5. 软件工程标准的层次

根据软件工程标准的制定机构与适用范围，软件工程标准可分为国际标准、国家标准、行业标准、企业规范及项目（课题）规范 5 个等级。

（1）国际标准。由国际标准化组织（International Standards Organization，ISO）制定和公布，供世界各国参考的标准。该组织有很大的代表性和权威性，它所公布的标准有很高的权威性。如 ISO 9000 是质量管理和质量保证标准。

（2）国家标准。由政府或国家级的机构制定或批准，适用于全国，主要有以下几种：

1）GB：中华人民共和国国家质量技术监督局是中国的最高标准化机构，它所公布实施的标准简称为国标。如《软件开发规范》（GB 8566—1995）、《计算机软件需求说明编制指南》（GB 9385—88）、《计算机软件测试文件编制规范》（GB 9386—88）、《软件工程术语》（GB/T 11457—89）等。

2）ANSI（American National Standards Institute）：美国国家标准协会。这是美国一些民间标准化组织的领导机构，具有一定的权威性。

3）BS（British Standard）：英国国家标准。

4）DIN（Deutsches Institut Fur Nor-mung）（German Standards Organization）：德国标准协会（德国标准化组织）。

5）JIS（Japanese Industrial Standard）：日本工业标准。

（3）行业标准。由行业机构、学术团体或国防机构制定的适合某个行业的标准，主要有如下几种。

1）IEEE（Institute of Electrical and Electronics Engineers）：美国电气与电子工程师学会。

2）GJB：中华人民共和国国家军用标准。

3）DOD-STD（Department Of Defense-Standard）：美国国防部标准。

4）MIL-S（Mlitary-Standard）：美国军用标准。

（4）企业规范。大型企业或公司所制定的适用于本单位的规范。

（5）项目（课题）规范。某一项目组织为该项目制定的专用的软件工程规范。

6. 软件文档的重要性

软件文档（Document）也称文件，通常指的是一些记录的数据和数据媒体，它具有固定不变的形式，可被人和计算机阅读。它和计算机程序共同构成了能完成特定功能的计算机软件（有人把源程序也当作文档的一部分）。

众所周知，硬件产品和产品资料在整个生产过程中都是有形可见的，软件生产则有很大不同，文档本身就是软件产品。没有文档的软件，不能称其为软件，更谈不上软件产品。

软件文档的编制（Documentation）在软件开发工作中占有突出的地位和相当的工作量。高效率、高质量地开发、分发、管理和维护文档对于转让、变更、修正、扩充和使用文档，充分发挥软件产品的效益有着重要意义。

任务实施

文档编写方法

软件工程文档编写

在软件开发的各个阶段中，不同人员对文件的关心不同。表 12-8 表示了各类人员与软件文档的关系。软件开发人员在各个阶段中以文档作为前阶段工作成果的体现和后阶段工作的依据，软件文档的作用是显而易见的。软件开发过程中软件开发人员需制订相关工作计划或工作报告，这些计划和报告都要提供给管理人员，并得到必要的支持。管理人员则可通过这些文档了解软件开发项目的安排、进度、资源使用和成果等。软件开发人员需为用户了解软件的使用、操作和维护提供详细的资料，人们称这些资料为用户文档。以上三种文档构成了软件文档的主要部分。

表 12-8　各类人员与软件文档的关系

序号	人员文档	管理人员	开发人员	维护人员	用户
1	可行性研究报告	√	√		
2	项目开发计划	√	√		
3	软件需求说明书		√		
4	数据要求说明书		√		
5	测试计划		√		
6	概要设计说明书		√	√	
7	详细设计说明书		√	√	
8	数据库设计说明书		√	√	
9	模块开发卷宗		√	√	
10	用户手册		√	√	√
11	操作手册		√	√	√
12	测试分析报告		√	√	
13	开发进度月报	√			
14	项目开发总结	√			
15	维护记录	√		√	

1. 软件文档的作用

（1）提高软件开发过程的能见度。把开发过程中发生的事件以某种可阅读的形式记录在文档中。

（2）管理人员可把这些记载下来的材料作为检查软件开发进度和开发质量的依据，实

313

现对软件开发的工程管理。

（3）提高开发效率。软件文档的编制，使得开发人员对各个阶段的工作都进行周密思考、全盘权衡以减少返工，并且可在开发早期发现工作中的错误和不一致性，便于及时加以纠正。

（4）作为开发人员在一定阶段的工作成果和结束标志。

（5）记录开发过程中有关信息，便于协调以后的软件开发、使用和维护。

（6）提供对软件的运行、维护和培训的有关信息，便于管理人员、开发人员、操作人员、用户之间协作、交流和了解，使软件开发活动更科学、更有成效。

（7）便于潜在用户了解软件的功能、性能等各项指标，为他们选购符合自己需要的软件提供依据。从某种意义上来说文档是软件开发规范的体现和指南。按规范要求生成一整套文档的过程，就是按照软件开发规范完成一个软件开发的过程。所以，在使用工程化的原理和方法来指导软件的开发和维护时，应当充分注意软件文档的编制和管理。

2. 软件文档的分类

软件文档从形式上可以分为两类：开发过程中填写的各种图表（工作表格）和编制的技术资料或技术管理资料（文档或文件）。软件文档的编制可以用自然语言、特别设计的形式语言、介于两者之间的半形式化语言（结构化语言）以及各类图形进行表示。表格用于编制文档。文档可以书写，也可以在计算机支持系统中产生，但它必须是可阅读的。

按照软件文档的产生和使用范围，将其分为3类，见表12-9。

表 12-9　3 种文档

文档分类	使用范围
用户文档	用户手册
	操作手册
	维护修改建议
开发文档	软件需求（规格）说明书
	数据要求说明书
	概要设计说明书
	详细设计说明书
	可行性研究报告
	项目开发计划
管理文档	测试计划
	测试报告
	开发进度月报
	开发总结报告

3. 软件文档包含的内容

软件文档是在软件开发过程中产生的，与软件生存周期有着密切关系。就一个软件而言，其生存周期各阶段需要编写各种文件，表 12-10 描述了软件生存周期各阶段所需要编制的文档。

表 12-10 软件生存周期各阶段所需要编制的文档

序号	阶段文档	可行性研究与计划	需求分析	设计阶段	系统实现	测试阶段	运行与维护
1	可行性研究报告	√					
2	项目开发计划	√	√				
3	软件需求说明书		√				
4	数据要求说明书		√				
5	测试计划		√	√			
6	概要设计说明书			√			
7	详细设计说明书			√			
8	数据库设计说明书			√			
9	模块开发卷宗				√	√	
10	用户手册		√	√	√	√	√
11	操作手册			√	√	√	√
12	测试分析报告						
13	开发进度月报	√	√	√	√	√	
14	项目开发总结					√	√
15	维护修改建议						√

- 可行性研究报告：说明该软件开发项目的实现在技术上、经济上和社会因素上的可行性，评述为了合理地达到开发目标，可供选择的各种可能实施的方案，说明并论证所选定实施方案的理由。
- 项目开发计划：为软件项目实施方案制订出具体计划，应该包括各部分工作的负责人员、开发的进度、开发经费的预算、所需的硬件及软件资源等。项目开发计划应提供给管理部门，并作为开发阶段评审的参考。
- 软件需求说明书：也称软件规格说明书，其中对所开发软件的功能、性能、用户界面及运行环境等做出详细的说明。它是用户与开发人员双方在对软件需求取得共同理解的基础上达成的协议，也是实施开发工作的基础。
- 数据要求说明书：该说明书应给出数据逻辑描述和数据采集的各项要求，为生成和维护系统数据文卷做好准备。
- 测试计划：为做好组装测试和确认测试，需为如何组织测试制订实施计划。计划应包括测试的内容、进度、条件、人员、测试用例的选取原则、测试结果允许的偏差范围等。
- 概要设计说明书：该说明书是概要设计阶段的工作成果，它应说明功能分配、模块划分、程序的总体结构、输入 / 输出以及接口设计、运行设计、数据结构设计和出错处理设计等，为详细设计奠定基础。

- 详细设计说明书：着重描述每一模块是怎样实现的，包括实现算法、逻辑流程等。
- 用户手册：详细描述软件功能、性能和用户界面，使用户了解如何使用该软件。
- 操作手册：为操作人员提供该软件各种运行情况的有关知识及操作方法的细节。
- 测试分析报告：测试工作完成以后，应提交测试计划执行情况的说明。对测试结果加以分析，并提出测试的结论意见。
- 开发进度月报：该月报是软件人员按月向管理部门提交的项目进展情况报告。报告应包括进度计划与实际执行情况的比较、阶段成果、遇到的问题和解决的办法以及下个月的打算等。
- 项目开发总结报告：软件项目开发完成以后，应与项目实施计划对照，总结实际执行的情况，如进度、成果、资源利用、成本和投入的人力。此外还需对开发工作做出评价，总结出经验和教训。
- 维护修改建议：软件产品投入运行以后，发现需对其进行修正、更改等问题，应将存在的问题、修改的考虑以及修改的影响估计做详细的描述，写成维护修改建议，提交审批。

以上这些文档应当在软件生存期中，随着各阶段工作的开展适时编制。其中有的仅反映一个阶段的工作，有的则需跨越多个阶段。

这些文档最终要向软件管理部门，或是向用户回答以下几个问题：

（1）哪些需求要被满足，即回答"做什么"。

（2）所开发的软件在什么环境中实现以及所需信息从哪里来，即回答"从何处"。

（3）某些开发工作的时间如何安排，即回答"何时干"。

（4）某些开发（或维护）工作打算由"谁来做"。

（5）某些需求是怎么实现的。

（6）为什么要进行那些软件开发或维护修改工作。

上述 13 个文档都在一定程度上回答了这 6 个方面的问题。

单元小结

根据软件工程标准制定的机构和标准所适用的范围有所不同，分为国际标准、国家标准、行业标准、企业（机构）标准及项目（课题）标准 5 个类型。

软件工程管理的内容包括对软件开发成本、软件开发控制、开发人员、组织机构、用户、软件开发文档、软件质量等方面的管理。

软件成本估算方法主要有自顶向下估算、自底向上估算、差别估算等。

软件项目管理的主体是软件开发团队。

程序设计小组的组织形式可以有主程序员组、民主制程序员组及层次式组织 3 种。

　　软件配置（Software Configuration）是软件产品在开发和运行过程中产生的全部信息，这些信息随着软件开发运行工作的进展而不断变更。

　　软件过程产生的全部信息可分为 3 类，一类是供技术人员或用户使用的软件工程文档，一类是计算机程序源代码、可执行程序及存储在计算机内的数据库等，一类是数据（程序内包含的或程序外的数据）。

　　从用户角度来看，质量就是适用性，即软件满足用户潜在或指明需求的程度；从产品角度来看，质量与产品的内在特性相关。

　　软件项目的风险从需求、技术、成本、机构、人员、产品和进度 7 个方面进行分析。

习题 12

1. 软件工程管理包括哪些内容？
2. 什么是软件配置管理？软件配置管理有哪些任务？什么是基线？
3. 软件工程标准化的意义是什么？
4. 软件工程标准都有哪些？
5. 软件开发风险如何预测和处理？

参考文献

[1] 郭雷. 软件测试 [M]. 2 版. 北京：高等教育出版社，2017.

[2] 李爱萍，崔东华，李东生. 软件工程 [M]. 北京：人民邮电出版社，2014.

[3] 陆惠恩. 软件工程 [M]. 3 版. 北京：人民邮电出版社，2017.

[4] 黑马程序员. 软件测试 [M]. 北京：人民邮电出版社，2019.